INSANIDADE DIGITAL

OUTROS LIVROS DE NICHOLAS KARDARAS, Ph.D.

Glow Kids: How Screen Addiction Is Hijacking Our Kids—And How to Break the Trance [*Glow Kids: Como o Vício nas Tela Está Sequestrando Nossos Filhos e Como Romper Esse Transe*, em tradução livre]

How Plato and Pythagoras Can Save Your Life: The Ancient Greek Prescription for Health and Happiness [*Como Platão e Pitágoras Podem Salvar Sua Vida: Uma Antiga Prescrição Grega Para a Saúde e a Felicidade*, em tradução livre]

INSANIDADE DIGITAL

COMO AS MÍDIAS SOCIAIS ESTÃO AFETANDO NOSSA SAÚDE E O QUE FAZER PARA RECUPERAR A SANIDADE

DR. NICHOLAS KARDARAS

ALTA BOOKS
GRUPO EDITORIAL
Rio de Janeiro, 2023

Insanidade Digital

Copyright © 2023 ALTA CULT

ALTA CULT é um selo da EDITORA ALTA BOOKS do Grupo Editorial Alta Books (STARLIN ALTA EDITORA E CONSULTORIA LTDA.

Copyright © 2022 NICHOLAS KARDARAS

ISBN: 978-85-508-2095-8

Translated from original Digital Madness. Copyright © 2022 by Nicholas Kardaras. ISBN 978-1-250-27849-4. This translation is published and sold by permission of St. Martin's Press, the owner of all rights to publish and sell the same. PORTUGUESE language edition published by Grupo Editorial Alta Books. Copyright © 2023 by STARLIN ALTA EDITORA E CONSULTORIA LTDA.

Impresso no Brasil — 1ª Edição, 2023 — Edição revisada conforme o Acordo Ortográfico da Língua Portuguesa de 2009.

Todos os direitos estão reservados e protegidos por Lei. Nenhuma parte deste livro, sem autorização prévia por escrito da editora, poderá ser reproduzida ou transmitida. A violação dos Direitos Autorais é crime estabelecido na Lei nº 9.610/98 e com punição de acordo com o artigo 184 do Código Penal.

O conteúdo desta obra fora formulado exclusivamente pelo(s) autor(es).

Marcas Registradas: Todos os termos mencionados e reconhecidos como Marca Registrada e/ou Comercial são de responsabilidade de seus proprietários. A editora informa não estar associada a nenhum produto e/ou fornecedor apresentado no livro.

Material de apoio e erratas: Se parte integrante da obra e/ou por real necessidade, no site da editora o leitor encontrará os materiais de apoio (download), errata e/ou quaisquer outros conteúdos aplicáveis à obra. Acesse o site www.altabooks.com.br e procure pelo título do livro desejado para ter acesso ao conteúdo..

Suporte Técnico: A obra é comercializada na forma em que está, sem direito a suporte técnico ou orientação pessoal/exclusiva ao leitor.

A editora não se responsabiliza pela manutenção, atualização e idioma dos sites, programas, materiais complementares ou similares referidos pelos autores nesta obra.

Alta Cult é um Selo do Grupo Editorial Alta Books

Produção Editorial: Grupo Editorial Alta Books
Diretor Editorial: Anderson Vieira
Vendas Governamentais: Cristiane Mutüs
Gerência Comercial: Claudio Lima
Gerência Marketing: Andréa Guatiello

Assistente Editorial: Patricia Silvestre
Tradução: Cibelle Ravaglia
Copidesque: Rafael Surgek
Revisão: Isabella Veras; Denise Himpel
Diagramação: Joyce Matos

Rua Viúva Cláudio, 291 — Bairro Industrial do Jacaré
CEP: 20.970-031 — Rio de Janeiro (RJ)
Tels.: (21) 3278-8069 / 3278-8419
www.altabooks.com.br — altabooks@altabooks.com.br
Ouvidoria: ouvidoria@altabooks.com.br

Editora afiliada à:

À memória de minha mãe e de meu pai,
e à vida que ainda viverei com minha esposa, Luz,
e meus filhos, Ari e Alexi

AGRADECIMENTOS

Não foi fácil escrever este livro. O mundo estava desmoronando conforme eu escrevia, meus pais haviam falecido e, às vezes, os temas abordados eram bastante deprimentes. Por mais que este livro aborde a instabilidade da era moderna e a necessidade de resiliência, honra, determinação e paixão para empreender o trabalho significativo e necessário, tem sido um processo maravilhoso, ainda que difícil.

Esta obra foi uma experiência muito pessoal, pois senti intensamente a presença da minha mãe e do meu pai enquanto a escrevia e lembrei-me reiteradamente da importância de honrar aqueles que vieram antes de nós, nos amaram e nos mostraram o caminho. Claro, devo toda a minha gratidão e amor à minha esposa, Luz, a mulher que é a fonte da minha inspiração e cujo entusiasmo e força eu tanto admiro. E aos meus dois filhos que em breve serão homens feitos — eles estão crescendo em tempos surreais e difíceis —, só espero estar com vocês para amar e apoiá-los ao longo de suas jornadas.

Minha eterna gratidão ao meu agente extremamente genial e dedicado, Adam Chromy — ele entendeu minha perspectiva e a transformou em realidade. E ao meu editor bastante paciente, gentil e perspicaz — George Witte. Sua compreensão e cooperação foram inestimáveis. Meus sinceros agradecimentos aos meus amigos e colegas de trabalho durante essa jornada — espero que nos ajudemos mutuamente nesta vida, bem como nesta época insólita em que vivemos.

E meu sincero desejo de uma era futura melhor, mais saudável, reflexiva e solidária. Muito obrigado.

SUMÁRIO

Introdução — 1

PARTE 1: UM MUNDO QUE ENLOUQUECEU
1. Viciados na Matrix — 15
2. Um Mundo Que Enlouqueceu — 43
3. O Efeito do Contágio Social — 61
4. Violência Viral — 87
5. Mídias Sociais e a Armadilha Binária — 115

PARTE 2: DISTOPIA DIGITAL
6. A Nova Tecnocracia — 143
7. Mantendo a Distopia — 161
8. Complexos de Deus e Imortalidade — 183

PARTE 3: A CURA MILENAR
9. Minha Odisseia Pessoal — 199
10. Além da Terapia — 213
11. O Filósofo-guerreiro — 239

Notas — 259
Índice — 271

Não é sinal de saúde estar bem adaptado a uma sociedade doente.

— Krishnamurti

INTRODUÇÃO

ANTES DO PERÍODO SOMBRIO: FINAL DE JULHO DE 2019.

Poucos meses antes de a pandemia de Covid-19 assolar Nova York como uma bomba nuclear viral no início de 2020, eu estava conversando com meu pai na mesa de sua cozinha, em Woodside, Queens. Ele estava morrendo de câncer, lenta e dolorosamente; restavam-lhe apenas alguns meses, e não ficaria para ver o que o vírus faria em breve ao nosso mundo durante os anos mais surreais. No entanto, ele fora presciente sobre algumas de nossas dinâmicas sociais problemáticas e tóxicas que a Covid-19 apenas ajudou a amplificar. Meu pai era grego, e mesmo estando agonizante e sendo de época e lugar diferentes, tinha a intuição de que algo estava profundamente errado com a maneira como vivíamos.

Em seus últimos meses de vida, eu viajava semanalmente para Nova York: saía de casa, em Austin, onde eu gerenciava uma clínica de saúde mental, para vê-lo. Fizemos o nosso melhor para desfrutarmos os últimos momentos juntos. Apesar de ter sido forte e orgulhoso, agora que o câncer havia se espalhado pelos seus ossos, meu pai fora reduzido a cateteres e a uma cadeira de rodas, e cada movimento, por menor que fosse, resultava em uma careta de dor excruciante seguida por um gemido abafado.

Quando adolescente, ele sobreviveu à invasão dos nazistas à sua vila, no norte da Grécia; viveu a carnificina de uma guerra civil comunista; sobreviveu a uma migração transatlântica que o levou a Washington Heights, Nova York, durante a década de 1960; sobreviveu trabalhando em três empregos, sete dias por semana, por décadas, a fim de sustentar sua família e bancar a minha faculdade e a do meu irmão, na esperança de que tivéssemos uma vida melhor. Mas não conseguiu sobreviver ao ataque de um câncer implacável.

Assisti-lo se deteriorar era de cortar o coração. No entanto, embora todos os sistemas de órgãos de seu corpo começassem a sucumbir rapidamente, aos 88 anos, sua mente permanecia aguçada — talvez aguçada até demais —, pois ele frequentemente me surpreendia com seus insights e clareza. Conversávamos sobre política, eventos atuais, avanços científicos, brigas de parentes… Qualquer coisa mesmo. Em um mundo de futilidade à la Kardashian e *tweets* superficiais, meu pai era de uma época antiga, em que as pessoas diziam o que pensavam e não mediam as palavras; ele tinha clareza de pensamento, segurança moral e intelectual organizada pelo entusiasmo efêmero do dia.

Mas ele começou a se sentir como se vivesse em uma atmosfera de anacronismo, como um estranho em uma terra cada vez mais estranha. Enquanto nos sentávamos e conversávamos sobre coisas que me entusiasmavam no mundo em rápida transformação ao nosso redor — tudo, desde IA, mídias sociais e a natureza em evolução da identidade —, ele estampava seu sorriso experiente e dizia: "Ah, Niko… Estou feliz por não viver o suficiente para ver o mundo que você descreve."

Meu pai não entendia um mundo dependente da tecnologia — um mundo onde as pessoas não se olham nos olhos, em que ficam horas a fio diante de uma tela e se sentem perdidas e vazias. Odiava o que enxergava como nossa obsessão tecnológica. Era um homem que dedicara a vida à jardinagem e que também adorava cozinhar para todos como forma de expressar seu amor. Ele me repreendia se eu conferisse as mensagens de trabalho no meu celular enquanto o visitava: "Niko, pare de olhar essa coisa estúpida e fique *aqui*, já que veio." Ele nunca tinha ouvido a palavra *mindfulness*, tão propagandeada; nunca havia lido *Be Here Now* [Esteja Aqui Agora, em tradução livre] de Ram Dass… mas ele entendia. Melhor do que a maioria das pessoas.

Ele ria quando eu dizia que algumas partes da Grécia eram "Zonas Azuis", conhecidas pela longevidade; que talvez ele desafiasse os médicos e ainda tivesse muitos anos de vida, como seu pai, que viveu até 90 anos. "Niko, não sei nada de Zonas Azuis ou Vermelhas; sei que moro *aqui* agora. Mas também sei que vivíamos uma vida mais simples naquela época. Uma vida mais humana. Todo esse absurdo de hoje… Não é assim que as pessoas deveriam viver."

Introdução

Meu pai cresceu em uma vila pequena e remota nas montanhas, ao norte da Grécia, durante as décadas de 1930 e 1940. Não havia eletricidade nem água encanada dentro de casa. Era uma existência fria e espartana. Contudo, ele falava de sua infância (pelo menos, antes da invasão nazista) como uma época especial de paz, alegria e um profundo amor pela natureza. As árvores que plantou em sua vila quando menino ainda estavam de pé hoje, como imponentes exemplos vivos de sua relação simbiótica com o mundo natural: ele alimentava a natureza, e a natureza o alimentava. As pessoas trabalhavam arduamente, mas havia um ritmo determinado, não o frenesi vertiginoso e caótico da vida urbana moderna. E os valores eram diferentes; relacionamentos genuínos eram mais importantes do que coisas como dinheiro ou o carro ideal.

Comecei a me perguntar — sim, embora muitas vezes tenhamos a tendência de idealizar a vida no passado — se havia, talvez, alguma vantagem no que ele dizia. Afinal de contas, na última década, como autor e psicólogo, escrevi a respeito dos impactos da era moderna em nossa saúde mental cada vez mais deteriorada e administrei clínicas em todo o país tratando de todos os tipos de transtornos psiquiátricos e de dependência — questões que, aparentemente, só pioravam.

E passei os últimos anos tentando entender melhor um enigma simples: por que nossa saúde mental está se deteriorando à medida que nos tornamos uma sociedade tecnologicamente mais avançada? Após a morte do meu pai, comecei a perceber que sua vida poderia encerrar muitas das respostas aos problemas "modernos" que eu estava tentando entender melhor: por que estamos tão doentes e adoecemos cada vez mais?

E não tenham dúvidas, nos tornamos uma sociedade muito, bastante doente. Enquanto nos perdemos na masturbação digital do *Candy Crush*, Instagram e vídeos de gatinhos do YouTube, estamos morrendo em números recorde: mais de 200 mil pessoas, a maioria jovens adultos, morreram nos Estados Unidos em 2019 — *antes* da Covid-19 — de "mortes por desespero" psicologicamente impulsionadas (suicídio, overdose e alcoolismo). Some-se a isso as taxas recordes de solidão, ansiedade, depressão, extremismo, instabilidade política e tiroteios em massa, e temos os sinais reveladores de uma sociedade à beira do colapso. O pós-Covid, os números anteriores e as dinâmicas instáveis pioram tudo, e muito.

O que está acontecendo?

A resposta é que os seres humanos não são geneticamente concebidos para a vida impulsionada pela tecnologia do século XXI; não nascemos para sermos criaturas sedentárias, encarando uma tela, vidrados e desprovidos de significado. A triste realidade é que a vida moderna é a antítese das nossas necessidades psicológicas de caçadores-coletores; somos programados para conviver presencialmente em comunidade, fomos geneticamente concebidos para sermos fisicamente ativos e preparados psicologicamente para buscar significado.

Mas a era digital é uma criptonita para nossa necessidade de manter a sanidade. Todos estamos vivendo em um mundo enlouquecido, alucinado por uma corrida digital de ratos que trabalham em excesso, dormem pouco, estão confinados em cubículos, sobrecarregados sensorialmente, solitários e desprovidos de significado. Pessoas estressadas que estão perpetuamente "ligadas" e conectadas, mas que nunca têm a possibilidade de recarregar as baterias e nem de serem inteiramente humanas. Sem falar no Santo Graal digital do metaverso, no qual Mark Zuckerberg disse querer que todos nós habitemos. Sua visão para o nosso futuro é uma "internet incorporada", uma "realidade compartilhada" holográfica e imersiva aumentada em um universo virtual em que todos levaríamos nossas vidas. Penso que ele nunca assistiu ao filme *Matrix*... Falaremos mais sobre o metaverso de Zuckerberg depois.

O problema é que *nada disso* — nadinha de nada — corresponde à forma como os humanos foram concebidos evolutivamente para viver. E visto que nossa tecnologia superou nossa biologia, estamos ficando tecnológica e literalmente enlouquecidos porque somos loucos por nossos dispositivos — mesmo quando eles nos enlouquecem. Fisgados e seduzidos por nossa admirável tecnologia, tornamo-nos psicológica *e* fisicamente doentes.

A pandemia surreal apenas atiçou as chamas da nossa fogueira de imersão tecnológica total. As Big Techs abraçaram a velha máxima "Nunca deixe uma crise ser desperdiçada", já que nossa nova realidade socialmente distanciada *exigia* uma dependência turbinada da conexão digital — ainda que, há muito, tenhamos cruzado a fronteira irreversível de passar tempo demais vidrados em uma tela e de depender excessiva e patologicamente da tecnologia.

Com a Covid-19, o novo normal era escola e trabalho remotos, amigos e *vidas* remotas. Adeus aos churrascos, às aulas presenciais, aos apertos de mão, aos shoppings e à vida como a conhecíamos. Bem-vindos à nova existência hermética composta por um verdadeiro multiplex caseiro de telas onipresentes enquanto assistíamos à Netflix, nos divertíamos no Facebook, falávamos com a vovó no Zoom e éramos paparicados pela Amazon sem ao menos precisarmos pensar — tudo isso à medida que nos sentíamos cada vez mais sozinhos, vazios, isolados e deprimidos.

Escrevi o livro *Glow Kids* em 2016, e foi um trabalho pioneiro sobre o *vício* em tecnologia. Naquela época, a ideia de que os dispositivos digitais não causavam apenas dependência — o que chamei de "heroína digital"— era extremamente controversa. Muita gente do meio midiático reagiu: "Sério? Uma droga digital?" Eles me perguntaram isso na CNN, na NPR, na FOX e na GMA. No entanto, *Glow Kids* cutucou uma ferida exposta, e meu artigo de opinião sobre "Heroína Digital" no *New York Post* viralizou, com mais de 7 milhões de visualizações, o artigo mais lido daquele jornal em 2016.

Já hoje em dia: tanto a comunidade clínica quanto a população em geral aceita que as telas *podem* causar dependência e são potencialmente danosas à nossa saúde mental, pois diversas pesquisas demonstram que elas podem aumentar a depressão, a ansiedade, o TDAH e os pensamentos de automutilação. E documentários como *O Dilema das Redes* mostram ex-executivos de tecnologia que apresentam suas estratégias *de dependência*.

E-mails internos confirmaram que havia uma discussão no Facebook sobre a modificação de seu algoritmo nocivo, mas as alegações foram veementemente rechaçadas pelos tomadores de decisão. Qual foi a resposta da empresa aos dados que indicavam que o produto estava provocando a morte de adolescentes? "São ossos do ofício." Segundo o depoimento da ex-funcionária do Facebook e delatora Frances Haugen perante o Congresso, não se considerou modificar o algoritmo nocivo porque isso impactava a lucratividade e estava impulsionando o engajamento — apesar do fato de que também estava potencializando a autoaversão e as tendências suicidas. Ao que tudo indica, o Facebook estava disposto a aceitar que o dano colateral da busca pela lucratividade imoral podia contribuir com a morte de algumas adolescentes.

Os documentos internos do Facebook eram o equivalente à prova irrefutável na época das Big Tobacco, em que se demonstrou que os fabricantes de cigarros sabiam que seus produtos eram cancerígenos — mas optaram por comercializar Joe Camel para crianças *mesmo assim*. Na verdade, durante o depoimento de Haugen no Senado, o senador de Connecticut, Richard Blumenthal, disse que "o Facebook e as Big Techs estão enfrentando um momento como o das

Big Tobacco, um momento de acerto de contas." A Big Pharma e a Purdue Pharmaceuticals enfrentaram provas irrefutáveis e acertos de contas semelhantes. Os e-mails internos dessas empresas demonstravam que todo mundo sabia que o analgésico OxyContin, supostamente inofensivo, causava alta dependência, ainda que elas negassem publicamente seu potencial de adicção —, e, a partir desse pecado original, se desencadeou uma epidemia de opioides que mataria dezenas de milhares.

Hoje, sabemos o que alguns suspeitavam há muito tempo sobre as Big Techs: Sim, sabíamos que seus produtos e plataformas foram arquitetados *para* serem viciantes, a fim de aumentar o engajamento e, como resultado, a lucratividade; mas agora, temos provas de que os efeitos tóxicos à saúde mental *resultantes* dessa dependência intencional de seus produtos eram um dano conhecido e *aceitável*. Na realidade, pesquisas mostram que o estilo de vida vazio, sedentário, viciante, isolado e autoaversivo criado pelas Big Techs impulsiona a depressão e a desesperança. No entanto, quanto mais deprimidos e vazios nos sentimos, mais somos levados a fugir desses sentimentos recorrendo às drogas digitais que, para começo de conversa, potencializam o problema — o clássico "se correr o bicho pega, se ficar o bicho come". Damos voltas e mais voltas enquanto as Big Techs embolsam o troco sempre que recorremos ao nosso escapismo digital.

Como podemos consertar essa bagunça? Conforme discutirei no livro, a resposta pode não ser tão simples quanto a revogação da Section 230 do Communications Decency Act [Seção 230 da Lei de Decência nas Comunicações, em tradução livre], que concede isenção de responsabilidade às Big Techs por seu conteúdo, ou a aprovação da legislação antitruste para acabar com a Big Tech. Apesar de ambas precisarem inexoravelmente acontecer, isso não resolve muito nosso problema com as Big Techs e os venenos letais das mídias sociais emitidos por essas empresas. E o aumento da regulamentação e supervisão governamentais não facilita as coisas. Como muitos juristas ressaltam, isso poderia levar a questões da Primeira Emenda e ao equivalente à censura de conteúdo. E se fosse esse o caso, quem decidiria qual conteúdo é problemático ou "desinformativo"? Mark Zuckerberg? Jack Dorsey? Elon Musk? Os problemas apresentados são complexos e não têm soluções fáceis.

No entanto, existe um antídoto simples para combater o que muitos consideram ser um ataque violento de informações falsas e sua prima, a desinformação: a espada do pensamento crítico. Aparentemente, a mídia e os nossos políticos estão concentrando toda a sua energia e seu empenho em contribuir para a oferta de informações falsas (por exemplo, com discursos histéricos sobre os impactos nocivos das notícias com informações imprecisas ou falaciosas), mas prestam pouca atenção à demanda, ou seja, à capacidade do espectador/ouvinte/leitor de discernir o que pode ou não ser um conteúdo problemático.

Se as pessoas recorressem à razão e ao pensamento crítico, ficariam imunes ao fluxo interminável de informações — sejam elas falsas ou não. Aquela imbuída dos poderes do pensamento racional seria capaz de discernir o factual do ilusório. Infelizmente, o maior problema é que a lógica e o pensamento crítico nunca foram ensinados às crianças na escola, ou, se foram, sua capacidade de pensar analítica e criticamente derreteu como a neve da primavera devido à enxurrada constante das mídias sociais.

Quando era mais jovem, um dos meus prazeres secretos de homem insone era ouvir o programa de rádio noturno independente de Art Bell. Como radialista, ele tinha uma voz maravilhosa e suave. Somando isso à sua mente curiosa, tínhamos a mais diversificada gama de convidados imagináveis; numa noite, podíamos ouvir o físico Brian Greene discutindo a teoria das cordas, e na próxima, podíamos ouvir um viajante do tempo que estava caçando o Pé-grande. Nem é preciso dizer que alguns programas eram muito informativos, mas outros eram bobagens divertidas. Mas Art Bell acreditava que o ouvinte tinha a capacidade de decidir e, assim, ninguém jamais foi censurado ou impedido de comparecer ao seu programa.

Atualmente, com os debates acalorados sobre censura de conteúdo e informações falsas, acho importante lembrar isso — e focar mais a ajuda às pessoas para que retomem suas capacidades inatas de usar a razão e pensar criticamente. Um velho ditado afirma que apenas um indivíduo pode mudar as coisas que estão sob seu controle — ele mesmo. Assim, parte da solução para o problema das Big Techs/mídias sociais que analiso mais adiante neste livro é a adoção do pensamento clássico, visando a estimular da melhor forma nossa capacidade individual de pensar de maneira clara e analítica ao mesmo tempo que atravessamos as águas digitais e turbulentas durante esses anos conturbados.

Não significa que não existam iniciativas de regulamentação e legislação que precisem entrar em vigência para impedir que as Big Techs prejudiquem *intencionalmente* seus usuários. Conforme mencionado, precisamos interpelar essas empresas e as mídias sociais ferinas que estão impulsionando nossa crise de saúde mental — não apenas pelo vício em tecnologia citado, e a depressão vazia que o acompanha, mas também porque suas plataformas estão *comprometendo* nossa capacidade de pensar com clareza.

A imersão assídua em plataformas polarizadoras de mídias sociais mudou de forma inerentemente patológica e doentia a arquitetura de nossos cérebros e a maneira como processamos informações, subvertendo qualquer potencial de pensamento racional. Verdade seja dita, como as mídias sociais engoliram nosso mundo, desenvolvemos um tipo de pensamento binário social preto e branco — o oposto do pensamento crítico com nuances; afinal, é difícil encontrá-las em 144 caracteres ou em câmaras de eco de polarização interminável. Infelizmente, esse pensar binário polarizador não somente acelerou nosso atual conflito cultural e divisão política. Agora, Twitter, Facebook, Instagram e TikTok promovem consequências *clínicas* e acentuadas: pensadores binários que não enxergam tons de cinza são mais reativos, menos resilientes, condicionados a fomentar a impulsividade e fragilidade — ingredientes e sintomas de inúmeros transtornos de saúde mental.

O próprio Facebook nasceu de uma escolha binária "ou é ou não é" — agora é "Curtir" ou "Descurtir", já que essas escolhas e outras formas de conteúdo de extrema polarização estão inextricavelmente integradas ao genoma da plataforma. Na realidade, no que tem sido chamado de um "loop de *extremificação*", *todas as* plataformas de mídias sociais se comportam como mecanismos autorreforçadores de classificação e de natureza binária, enviando aos usuários conteúdo cada vez mais intensificado e impulsionado por algoritmos, projetados para excitar o cérebro primitivo com base nas preferências percebidas. Se simpatizante da esquerda, a câmara de eco impulsionada por algoritmos direciona ainda mais conteúdo de esquerda ao usuário. O mesmo acontece com o de direita, mas em direção oposta, ampliando e aprofundando o abismo da polaridade.

Em busca de maior engajamento do usuário, ou *stickiness*, as *principais diretrizes* de programação do organismo midiático e social evoluíram para um sistema perfeito de viés de confirmação, amplificando e inflamando as crenças já existentes de um indivíduo. Porque, no final das contas, é assim que todas as plataformas de mídias sociais são monetizadas. Contudo, a realidade lamentável é que esse loop de *extremificação* binária atua como um veneno à saúde mental de muitos de seus usuários.

Pouco depois de escrever *Glow Kids*, comecei a ver de perto alguns desses efeitos tóxicos para a saúde mental; em minhas clínicas especializadas nessa área, observei cada vez mais clientes jovens que enxergavam as coisas de forma absoluta e eram incapazes de lidar com os fatores diários de estresse. Muitos pareciam extremamente reativos, zangados, solitários, vazios, carentes de uma identidade central, facilmente manipulados e confusos, sofriam de autoimagem negativa, estavam deprimidos, se automedicavam e geralmente tinham dificuldade em serem bem-sucedidos. O denominador comum era que quase todos enxergavam as coisas em preto ou branco. Na prática, eu recebia cada vez mais encaminhamentos de pacientes adultos que sofriam com transtornos de *personalidade* mais problemáticos — um tipo de transtorno mental que apresentava um padrão inflexível e doentio de pensamento, desenvolvimento e comportamento. E além dos clientes de minhas clínicas, em nossa sociedade em geral, observei um aumento significativo da polarização em um nível que nunca havia visto antes.

Tudo parecia retratar o que Marshall McLuhan havia dito na década de 1960: "O meio é a mensagem"; agora, o meio (digital, binário, mídias sociais) não é apenas a mensagem, como também *modela* o cérebro daqueles que a recebem, dando forma a um *pensamento dicotômico* limitado e binário, sem a profundidade e a complexidade do que é conhecido como *pensamento de espectro*. E, infelizmente, esse pensamento dicotômico, preto e branco também é a característica diagnóstica do transtorno de personalidade borderline, ou TPB.

Onde isso nos levará? Não está claro, mas o prognóstico para qualquer pessoa — ou qualquer sociedade — que enfrenta o TPB sem qualquer intervenção é péssimo. A Covid-19 somente piorou as coisas. Como se jogassem mais lenha em uma fogueira descontrolada, todas as quarentenas, o distanciamento social e a vida virtual duplicaram o tempo que passamos em frente às telas e triplicaram a depressão, provocando picos recordes de overdoses e suicídios.

Meu pai tinha razão — não é assim que os seres humanos devem viver.

O estilo de vida moderno e ultratecnológico — em que ficamos vidrados em telas de dispositivos sem nos movimentarmos fisicamente — não são apenas tóxicos para nossa saúde mental, como também resultam diretamente em taxas recordes de câncer, doenças cardíacas, obesidade e diabetes, sinais reveladores de uma sociedade doentia e sedentária em sofrimento. Claro, podemos ter alguns aparelhos eletrônicos estilosos e dispositivos super inteligentes, mas, parafraseando Al Pacino no filme *Um Dia de Cão*, "Estamos morrendo aqui!"

Fisicamente. Mentalmente. Emocionalmente. Fomos abatidos.

A triste realidade é que a maioria de nós está anestesiada digitalmente ou distraída — ouso dizer *viciada*? — demais para perceber nossa deterioração mental e física. Parafraseando Pink Floyd, estamos todos *confortavelmente entorpecidos* demais para saber — ou para nos importar —, e ainda nem estamos no metaverso!

Quem está organizando e controlando este pesadelo moderno? Esqueça os banqueiros, os políticos e os empresários; o verdadeiro poder do século XXI repousa nas mãos de um seleto grupo de bilionários da tecnologia. Na verdade, foram os mansos — com suas réguas de cálculo — que herdaram a Terra, geeks da tecnologia que cresceriam e se tornariam megalomaníacos como Bezos, Gates e Zuckerberg. Essa nova tecnocracia originada pelas Big Techs não somente domina o mundo, como também extrai dados de nossas vidas e controla o que vemos, o que pensamos, como votamos, como vivemos — e até como morremos. Sua prioridade é simplesmente ganância ou algo mais? Conforme eu fazia pesquisas para escrever este livro, descobri pistas sobre o fator motivador dos oligarcas das Big Techs. Além da sede usual por ganância e poder, descobri que eles podem ter outra motivação mais *interessante* — condizente com as pessoas mais poderosas que já viveram na face da Terra e que desenvolveram grandiosos complexos de Deus...

Mais adiante, entrarei em detalhes.

Independentemente da motivação, descobrimos as estratégias das Big Techs com desertores de alto nível, como Tristan Harris, do Google, e Chamath Palihapitiya, do Facebook (entre muitos outros): criar plataformas e dispositivos que causam dependência e algoritmos para manter o engajamento e gerar lucro. Usar o conteúdo que mais ativa o cérebro primitivo (indignação política, jogos violentos) para maximizar esse engajamento e criar habituação. Desse modo, como explica Shoshana Zuboff, de Harvard, eles mineram os dados e criam uma "economia de vigilância" monetizada. Então repetem isso indefinidamente.

Além dos efeitos de dependência e negativos à saúde mental, há outra dinâmica perturbadora: dependendo dos caprichos dos oligarcas das Big Techs, o comportamento das pessoas pode ser moldado por algoritmos para ir além de gerar maior engajamento do produto. Esses podem criar um efeito de pensamento coletivo voltado ao conteúdo que pode distorcer o comportamento das pessoas, inclusive seus posicionamentos políticos, suas ideologias, bem como suas percepções do que pode ou não ser considerado um comportamento normativo e não normativo.

Na prática, nosso vício tecnológico — que leva ao comprometimento da saúde mental — também pode levar à lavagem cerebral digital e à modificação de comportamento. Ao contrário dos regimes ditatoriais anteriores que foram capazes de aprisionar as pessoas *apenas* fisicamente ou obrigá-las a se conformar por meio do medo, agora, pela primeira vez na história da humanidade, uma meia dúzia pode controlar nossos *pensamentos* — já considerado terreno sagrado em uma sociedade livre. Mesmo durante os piores momentos da opressão totalitária — dos gulags aos campos de concentração —, os déspotas podiam maltratar o corpo, mas o prisioneiro era livre em sua mente. Hoje não. Hoje, a mente é o campo de batalha — e as Big Techs querem controle total.

E temos outra novidade: não apenas ficamos presos em gaiolas digitais viciantes e de lavagem cerebral, mas também, realmente como na síndrome de Estocolmo, nos apaixonamos por nosso cativeiro e pelos captores que criaram a gaiola.

Bem-vindo à máquina. Ou à Matrix. Ou à caverna de Platão. Ou ao sonho digital. Seja lá o que for, como uma armadilha para insetos... uma vez que se entra, nunca se pode sair.

Será?

Descobri que, sim, há uma saída da Matrix, e, como o Neo, há uma pílula vermelha que podemos tomar para retomar nossa sanidade individual e coletiva em meio a essa insanidade digital moderna.

Qual a solução?

A cura para nossas vidas modernas e ultratecnológicas repousa categoricamente no passado. Na verdade, o antídoto para o moderno é antigo — como nos *clássicos*. Como explicarei no decorrer desta obra, temos um modelo secular para uma vida saudável com maior bem-estar mental e clareza que pode nos ajudar a retomar uma reorientação mais saudável, mais sã e mais equilibrada; podemos, mais uma vez, reconquistar nossa humanidade e viver da maneira que fomos geneticamente concebidos e evoluímos para viver.

A realidade nua e crua é que estamos desequilibrados como espécie. A tecnologia pode ser uma ferramenta maravilhosa, mas, como Thoreau já disse: "Os homens se tornam ferramentas de suas ferramentas." A isso, eu também acrescentaria: hoje, não apenas somos as ferramentas de nossas ferramentas, mas também nos tornamos as ferramentas deterioradas daqueles que fabricam nossas ferramentas.

Chega. É hora de despertar do pesadelo disfarçado de sonho... É hora de nos libertarmos de nossas gaiolas digitais reconfortantes e, mais uma vez, vivermos como seres humanos totalmente engajados e corpóreos.

Precisamos dessa cura ancestral *agora* mais do que nunca.

PARTE 1

UM MUNDO QUE ENLOUQUECEU

1

Viciados na Matrix

Uma borboleta sonhando...

Era a imagem de uma vaca.

Sim, uma imagem vale mais que mil palavras — mas essa era tão bizarra, tão desconcertante aos sentidos que eu só conseguia pensar que algo tinha dado muito errado, terrivelmente errado. Porque não se tratava apenas da imagem de qualquer vaca comum — era a imagem de uma vaca com óculos de realidade virtual.

Uma vaca de verdade. Com óculos de realidade virtual. Realidade opcional.

Como um relógio de Salvador Dalí, ao mesmo tempo familiar e estranhamente perturbador, fora o encontro da ficção científica com o surreal em uma imagem inusitada que deixou claro que todos nós estamos passando por um período turbulento, e que é melhor apertarmos os cintos — e despertarmos *rápido*.

Tive essa percepção induzida por vacas em uma tarde chuvosa e nublada em São Francisco, no dia 3 de dezembro de 2019. Havia poucos meses que meu pai falecera, assim, o típico clima de Bay Area também refletia meu humor. Eu havia sido convidado para palestrar no prestigioso Commonwealth Club, instituição respeitável e um tanto antiquada, o fórum de relações públicas mais antigo de todos os Estados Unidos. A instituição recepcionava uma variedade de pensadores vanguardistas e líderes mundiais que desempenharam papel fundamental em nosso mundo; fora onde Franklin Roosevelt proferira o lendário discurso sobre o New Deal e também aquele no qual o presidente Eisenhower, o primeiro-ministro soviético Nikita Khrushchev, Hillary Clinton, Al Gore e diversos vencedores do Prêmio Nobel deram o ar de sua graça.

Com ou sem chuva, é um lugar especial para uma palestra.

Como psicólogo, docente e autor que investiga como a nova tecnologia está impactando nossa espécie, fui convidado a ministrar uma palestra e depois a participar de um painel ameaçadoramente intitulado como: "Humanity at a Crossroads: New Insights into Technology's Risks for Humans and the Planet" ["A Humanidade em uma Encruzilhada: Novos Insights sobre os Riscos da Tecnologia para os Seres Humanos e o Planeta", em tradução livre]. O tema era justamente a minha especialidade.

Ainda estava de luto pelo falecimento do meu pai, mas o evento era demasiado importante e havia sido planejado com meses de antecedência, com palestrantes de todo o mundo; assim, após muito pensar, decidi não cancelar. Na verdade, pensei que seria uma ótima maneira de honrar a memória de meu pai e deixá-lo orgulhoso.

O auditório ficou em pé somente enquanto o respeitável painel de cientistas e especialistas discutia todos os tipos de miséria e desolação iminentes; o tema recorrente era a destruição humana e planetária por nossas mãos viciadas em tecnologia. Ao mesmo tempo, foram apresentadas pesquisas assustadoras sobre o 5G e os efeitos do câncer, discussões sobre IAs nefastas e sencientes, bem como distúrbios neurológicos e clínicos como consequência de nossa obsessão por nossos pequenos dispositivos reluzentes.

Era uma pauta reconhecidamente deprimente — até o slide daquela vaca surreal aparecer na tela enorme atrás do palco. De início, as pessoas na plateia riram da imagem absurda, depois ficaram em silêncio conforme se familiarizavam com suas repercussões tenebrosas. Segundo o palestrante, um respeitado cientista da Holanda, as vacas que vivem em realidade virtual, enganadas para acreditar que estão em um pasto melhor e mais verde, produzem mais leite.

Esqueça o lema "Esposa Feliz, Vida Feliz" — esse era o mais fácil e sinteticamente alcançável "Vaca Feliz, Leite Abundante". Aquele bovino desafiado pela realidade estava na Matrix — e, como Neo, não tinha absolutamente nenhuma ideia do quanto ilusório era seu mundo. A sensação de desconforto que todos no auditório começaram a sentir partiu da percepção de que, se estamos começando a colocar óculos de realidade virtual em vacas para induzi-las a acreditar que uma ilusão é real, então o que — ou quem — seria o próximo? Pior ainda, assim como um software com falhas, há indícios de que já estamos vivendo em uma ilusão planejada e com curadoria digital, que deturpa nossas identidades, nossas percepções, nossa política, nossos valores, nosso senso de liberdade e, de fato, nossa própria existência.

No momento em que escrevia esta obra, após eu acabar de escrever sobre nossos amigos bovinos de realidade virtual, Mark Zuckerberg anunciou o *rebranding* do Facebook para Meta e sua nova visão de metaverso para o nosso não tão Admirável Mundo Novo. Como detalharei na Parte 2, as vacas com óculos de RV que eu estava usando como metáfora para nosso mundo ilusório de alta tecnologia talvez não sejam tão metafóricas assim. Se Zuckerberg conseguir o que pretende e implementar seu novo Grande Plano para um Metamundo, todos nós estaremos usando óculos de RV e habitando uma "internet espacial" e um mundo virtual ilusório de "realidade compartilhada" — que ele controlaria.[1]

Segundo pessoas de sua confiança, Zuckerberg está apostando tudo em sua nova visão messiânica de como todos devemos viver — e como fará a curadoria dessa nova realidade para nós. Mas, com certeza, muitas pessoas já viram ficção científica, não é? Não podemos entrar passivamente na noite digital — podemos? Futuristas e escritores de ficção científica há muito profetizam os aspectos mais sombrios de um futuro tecnologicamente impulsionado; de Orwell a Aldous Huxley; de HG Wells a Robert Heinlein; e sim, em filmes como *Matrix, O Exterminador do Futuro* e *2001: Uma Odisséia no Espaço*, todos alertaram sobre possíveis futuras distopias induzidas pela tecnologia... De humanos escravizados... De máquinas sen700escientes assumindo o controle.

Sem dúvidas, desfrutamos de benefícios surpreendentes, resultado de nossos avanços tecnológicos, e vimos a vida se transformar de forma radical nos últimos cem anos. No entanto, inovações maravilhosas sempre têm um preço: a morfina ajudou soldados feridos, mas levou a uma epidemia de dependência; descobrimos os mistérios do átomo, que levaram à energia abundante — e às bombas nucleares destrutivas; mesmo a descoberta original do fogo, possibilitando a sobrevivência dos primeiros seres humanos, também resultou em destruição significativa.

Trata-se do que alguns teóricos chamam de *promessa* e de *dilema do perigo*, bem como dos fundamentos do que os cientistas chamam de *Princípio da Precaução*[2] — ou seja, se alguns cientistas pensam que determinada ação ou invenção pode ser muito arriscada ou bastante negativa, então é melhor não prosseguir. Infelizmente, esse princípio raramente é aplicado. E, com certeza, se analisarmos bem, muitas das ideias e temas que os futuristas e escritores de ficção científica imaginaram, de uma forma ou de outra, saíram das páginas ou das telas e vieram para nossas realidades cotidianas — com alguns dos *perigos* das consequências indesejadas:

Smartphones fantásticos que possibilitam a comunicação com qualquer pessoa no planeta e o acesso a informações ilimitadas na palma da mão (mas que viciam e nunca nos possibilita ficarmos "desconectados"); fábricas totalmente automatizadas (que tornam obsoletos os trabalhadores humanos)[3]; carros autônomos (que podem falhar ou serem hackeados)[4]; mídias sociais e interativas globalmente conectadas (que estão perpetuamente nos rastreando e extraindo dados de nossas vidas, ao mesmo tempo que amplificam narrativas politicamente orientadas)[5]; *home assistants* "inteligentes" com voz humana e com IA, desenvolvidos para nos atender e prever nossas necessidades (enquanto também nos espionam e viabilizam nossa deterioração física e mental)[6]; avanços nas ciências e na medicina, que curaram enfermidades atrozes que há muito assolavam a humanidade (ao mesmo tempo que também *criam* vírus estranhos e novos, doenças, riscos biológicos e potencial destruição planetária como consequência de pesquisas eticamente questionáveis e irresponsáveis).[7]

Há quem possa dizer: "Ei, tudo bem, há males que vêm para o bem — um equilíbrio necessário. Podemos aceitar isso", porque, afinal, a vida do século XXI, impulsionada pelas Big Techs, não ficou mais fácil? Casas inteligentes que simplificam nossas vidas, e smartphones que nos mantêm confortavelmente conectados e informados. "São coisas boas", talvez a maioria das pessoas digam. "Gosto do meu iPhone, Alexa e Netflix sob demanda... qual é o problema?"

Alexa, música, por favor — e dois cubos de gelo no martíni!

Na verdade, muitos sentem que estamos vivendo em uma era aparentemente mágica de facilidade e conforto; com certeza, nenhum de nós teve que encarar a ameaça à nossa existência sob a forma de uma IA destruidora da humanidade com armas em punho *à la* "eu voltarei" — cuspindo um Arnold Schwarzenegger direto do *Exterminador do Futuro*. Portanto, a sensação tem sido: "Ei, vamos todos relaxar e aproveitar nossa nova realidade massageada pela tecnologia; vamos nos deliciar com a saborosa salsicha digital sem nos preocupar tanto com sua fabricação — ou com os fabricantes e seus motivos."

Mas então veio a pandemia de 2020. O que parecia um mundo facilitado por nossa tecnologia (embora com alguns sinais de alerta evidentes) começou a parecer um mundo em que nossas vidas se tornavam cada vez mais *dependentes* dela. Como quem bebia dois martínis no almoço e agora precisava de uma garrafa de vodca para passar o dia e não tremer, nossa tolerância à tecnologia — e nossa necessidade dela — aumentou e muito.[8]

Como qualquer adicção, precisávamos disso... Precisávamos *muito* disso.

A solução tecnológica estava pronta, e o hábito de ficar vidrado em uma tela com certeza se tornou difícil de largar. Segundo algumas estimativas, o tempo que ficamos em frente às telas dobrou durante a pandemia — já que, não por coincidência, os índices de depressão triplicaram. A manchete ousada de um artigo do *New York Times* de 21 de março de 2020, escrito pela cautelosa ex-redatora do caderno de tecnologia Nellie Bowles, declarou: CORONAVIRUS ENDED THE SCREEN-TIME DEBATE. SCREENS WON [*O coronavírus encerrou o debate sobre o tempo que passamos em frente às telas. Elas ganharam*, em tradução livre].

De forma saudosa, ela escreve que, antes da Covid-19, costumava se preocupar em passar muito tempo em frente às telas e tentava inúmeras "desintoxicações digitais", mas sempre tinha uma recaída e acabava "voltando para aquela tela brilhante e lisa". Mas, na era das quarentenas e do distanciamento social, ela se rendeu ao que parecia inevitável: "Eu me livrei das algemas da culpa de passar tanto tempo em frente a uma tela. Minha televisão está ligada. Meu computador está aberto. Meu celular está desbloqueado, brilhando. Quero estar ao redor das telas. Se tivesse um óculos de realidade virtual por perto, eu o usaria".

Fim de jogo. Vitória das telas.

Mas se as telas ganharam, quem perdeu? Fomos nós.

Apostamos em uma jogada *snake-eyes*, o pior resultado possível (desculpem por misturar metáforas de jogos de tênis e jogos de dados). Pelo menos, a maioria de nossa espécie perdeu. Alguns seletos estão vencendo de forma indecente, manipulando o jogo conforme gerenciam o equivalente a cassinos digitais; lugares manipuladores, angustiantes e artificiais, em que ficamos aprisionados por sensações digitais e viciantes, geradoras de dopamina, ao mesmo tempo que descemos vertiginosamente pelo mundo insólito das maratonas de séries como *Tiger King* e nos submetemos ao Reddit, às banalidades das mídias sociais e ao escapismo do odeio-minha-vida-real por meio dos videogames.

Além de nossa adicção, comecei também a suspeitar que estávamos desenvolvendo uma alucinação em massa induzida pela tecnologia, como as vacas com óculos de RV; que estávamos todos entrando confortavelmente em uma atmosfera acolhedora de um sonho digital sedutor. À medida que adentramos esse sonho, nos tornamos ainda mais fracos, mais doentes, mais dependentes da tecnologia — e cada vez mais vulneráveis a uma maior dependência tecnológica.

Não restam dúvidas de que as coisas não estavam tão boas para a raça humana antes da pandemia; claro, tínhamos alguns bens materiais, mas estávamos deprimidos, obesos, solitários, adictos, tendo overdoses, cometendo suicídio, contraindo câncer e doenças cardíacas em níveis recordes. Após a pandemia, esses números pioraram muito.[9] Como mencionei, a triste verdade é que nossa genética de caçadores-coletores simplesmente não foi programada para uma vida tecnológica do século XXI; não somos feitos para sermos sedentários, ficarmos vidrados em uma tela e desprovidos de significado, presos dentro de casa e escravizados por nossa dependência tecnológica.

É por isso que, à medida que a tecnologia progrediu, a humanidade regrediu. Ao contrário do antigo anúncio dos cigarros Virginia Slims, *não* percorremos um longo caminho, querida! Estamos conectados e sintonizados; egoístas demais para sermos autorreflexivos; telas brilhantes e visões medíocres; tecnologia sofisticada, mas assistência médica precária. E têm sido nossa tecnologia e nosso estilo de vida impulsionado tecnologicamente que estão nos enlouquecendo e nos debilitando, adoecendo e, em última instância, nos matando.

No entanto, muitos de nós estão alienados.

O Sapo Fervido

Podemos entender melhor o alienamento de nossa própria autodestruição por meio da conhecida parábola do sapo. Você conhece a história?

Um sapo estava sentado em uma panela com água morna. Aos poucos, lentamente, a temperatura aumentava. Ele nem se mexia.

Mais cedo ou mais tarde, a chama ficou mais forte, e a água, tão quente que chegava a ferver. O sapo ainda não se mexia. Embalado pela temperatura gradual, ele morreu fervido vivo e não fez nada para se salvar. Contudo, se jogarmos um sapo na água fervente, ele inevitavelmente pula para preservar sua vida.

Advertência: nenhum sapo foi ferido ao recontar essa história popular. E embora a veracidade dessa parábola tenha sido fervorosamente — no bom sentido — debatida, continua sendo uma grande metáfora para a incapacidade — ou falta de vontade — das pessoas em perceber o perigo caso ele se estabeleça de forma gradativa. Em nossa Era Digital, a temperatura das coisas aumentou bem rápido, pois, em um piscar de olhos evolutivo, passamos de desenhos em cavernas ao Instagram. Mas se as coisas começaram a ferver tão rápido, por que não pulamos para fora da água? Por que estamos permitindo que nos fervam vivos — ainda mais agora, que passamos a entender melhor que estamos sendo *prejudicados* por nossa obsessão tecnológica?

A princípio, as coisas esquentaram pouco a pouco — há quase 3 milhões de anos, criamos ferramentas primitivas[10]; depois veio a descoberta do fogo há cerca de 1 milhão de anos[11] e a formação de tribos, bem como o que chamamos de "civilização"... Alguns avanços agrícolas... Guerras intercaladas — não podemos esquecê-las. Passaram-se milênios, e ainda éramos essencialmente a mesma espécie: tribais, caçadores-coletores que se tornaram agrícolas e guerreiros. Então, *bang*! Veio a Revolução Industrial... E em num piscar de olhos... Computadores, a era da informação — e o Twitter. Nesse sentido, a água aparentemente ainda está fria, gelada — depois fervente! Ainda que se tenha demorado séculos para passar dos desenhos das cavernas aos 144 caracteres, foi a última parte do desenvolvimento humano — do motor a vapor ao mecanismo de busca — que se deu em ritmo arrebatador.

Na verdade, o mundo sofreu uma mudança sísmica com o advento do primeiro computador pessoal (o Altair), em 1974, do primeiro PC comercialmente bem-sucedido, em 1984 (o Macintosh da Apple), do revolucionário iPhone de Steve Jobs, em 2007, e do iPad em 2010.

Para a maioria das pessoas nascidas após o ano 2000, um mundo altamente digitalizado é a regra — não há referência de uma vida antes dos PCs e smartphones. Para esses nativos digitais, que são como os peixes que sequer percebem que a água existe, pois nasceram ali dentro, e ela é a única coisa que conhecem, a maioria dos Millennials e da Geração Z toma como certa a imersão tecnológica. E para aqueles com mais de 30 anos (e eu me incluo nisso), bem... Embora nosso mundo tecnológico baseado em telas possa ter progredido de forma vertiginosa pelos padrões evolutivos, até por nossa percepção *pessoal* ao longo de nossas vidas, a imersão completa e autodestrutiva em nosso bacanal tecnológico de telas ocorreu paulatinamente ao longo de várias décadas.

Usarei minha vida como exemplo (tenho 57 anos no momento em que escrevo... Nasci no auge das Gerações *Baby Boomer* e X). Em minha vida, a evolução das telas e da tecnologia foi assim: uma enorme TV colorida semelhante a um móvel, com painéis de madeira e uma tela pequena de resolução baixa, que era a âncora de nossa sala de estar no Queens, Nova York, na década de 1970. À medida que ela se desgastava, era necessário um alicate para mudar de canal e aproveitar a recompensa limitada de cinco canais.

Nos anos de 1980, essa TV gigantesca e colossal cedeu lugar a uma Sony Trinitron mais elegante. A vida e as telas permaneceram bastante estáveis pelos próximos vinte anos; no ensino médio, eu me limitava a escrever em uma *máquina de escrever eletrônica* que, na faculdade, acabou cedendo lugar a algo chamado processador de texto. Por volta dos meus 20 anos, surgiu um computador pessoal bastante desajeitado. Decidi não ter um, mas meus amigos nerds da Bronx Science e de Cornell compraram. Na mesma época, um garoto rico da região ganhou um telefone celular grande e robusto, que não parecia muito móvel.

Passaram-se dez anos... A água estava esquentando aos poucos... E meu amigo ganhou um celular de flip — aquilo parecia ter saído diretamente do meu programa de TV favorito quando criança, *Jornada nas Estrelas*. As TVs fizeram dieta e ficaram gradativamente mais finas... E mais finas. Até que uma ficou plana! E bem nessa época, meu amigo ganhou um tal de iPhone, capaz de se conectar à internet... Foi uma loucura!

Por fim, entrei na onda com quase 30 anos, ganhei um smartphone e me encantou a maneira como conseguia segurar em minhas mãos um portal para todas as informações acumuladas no planeta. Esqueça a Biblioteca de Alexandria — eu tinha um Samsung Galaxy!

Eu estava apaixonado.

Mas uma coisa engraçada aconteceu com meu caso de amor tecnológico. À medida que minha TV ficava mais plana, minha barriga ficava cada vez mais rechonchuda. E comecei a me apegar ao meu pequeno dispositivo. Tipo, me apegar muito. Meu sono foi prejudicado, minha capacidade de atenção diminuiu, e meu humor se tornou cada vez mais taciturno. Costuma-se dizer que os smartphones tornam as pessoas mais estúpidas; para mim, parecia que meu celular brilhante me tornava alguém mais sombrio e deprimido.

Enquanto eu parecia regredir, meu celular progredia com iterações sempre crescentes. Quem poderia competir com esses diabinhos luminosos? Resposta: Ninguém. A tecnologia foi arquitetada para estimular cada vez mais nossa dopamina e nos deixar sedentos por mais — sempre mais. E somos preparados para almejar as versões mais recentes e melhores de nossos dispositivos, que prometem nos levar a níveis ainda mais altos de um êxtase orgásmico digital. Mas, como qualquer vício, nunca é o bastante. Essa é a segunda razão pela qual as pessoas não ficam furiosas e gritam: "Não vamos mais aguentar isso!"; trata-se da simples dinâmica da adicção. Melhor dizendo, por que nenhum dependente grita e reclama das indústrias do álcool, do tabaco ou farmacêutica — ou do traficante de drogas local? Resposta: porque *precisam* deles.

Não bastasse isso, a Era Digital se resume ao nosso vício e à nossa *necessidade* por nossos dispositivos indispensáveis — arquitetados para serem indispensáveis por plataformas impulsionadas por algoritmos desenvolvidos para aumentar o "engajamento" (termo de marketing para criar um hábito digital — outro nome para solução) e recompensas que intensificam a dopamina ("Sim! Eles 'curtiram' minha foto!"). Esqueça os *happy hours* pague menos, beba mais, isso é marketing em um nível totalmente diferente; sua modificação sofisticada de comportamento é desenvolvida por gente brilhante e por seus sistemas de IA ainda mais inteligentes. Se uma pessoa comum não tem a menor chance de lutar contra isso, imagine uma criança.

E todas essas informações! A mente não consegue lidar com tudo isso. É de se admirar que estejamos enlouquecendo com os contínuos e intermináveis tweets, bipes, flashes e rolagens de hiperlinks, YouTubes, textos, Instagrams e feeds de notícias?

O termo *excesso de informação* não lhes faz justiça.

Por vezes, encaro repetidamente a tela do meu computador, anestesiado por todas as imagens e informações desfocadas e quero gritar aos céus: "Posso apenas ter uma hora para olhar uma maldita árvore e admirar suas folhas e galhos... E o lindo pássaro azul que acabou de pousar nela? Posso, por favor, ó onisciente deus do Algoritmo, que estais no cérebro de Sergey Brin, por *obséquio*, apenas ter minha vida de volta?

Você sabe, minha *vida real*?

Mas a tela continua sedutoramente me encarando de volta, onisciente, me consumindo com o conteúdo viciante que ela acha que quero. Como a maioria das pessoas nos Estados Unidos do século XXI, sinto-me aprisionado, prisioneiro de meus próprios dispositivos, deixe-me perguntar: quem é o diretor que controla nossa nova prisão virtual?

A Nova Tecnocracia

Todos sabemos quem são eles; o pequeno grupo de bilionários, Senhores da Tecnologia... Megalomaníacos como Bezos, Gates, Jobs e Zuckerberg.

A Nova Tecnocracia não apenas controla o mundo (como se isso não fosse o suficiente, agora estão competindo entre si para conquistar espaço), também está minerando os dados de nossas vidas, já que controla o que vemos, como vivemos, como pensamos e como votamos. Para nossos Senhores Feudais Digitais, não passamos de dados para seus algoritmos e de consumidores de suas variedades de produtos e plataformas. Correção: como muitos desertores da indústria tecnológica sugeriram, *somos nós* o produto que eles estão monetizando — nossos dados; nossa atenção; nosso comportamento. Os dispositivos não são o produto — são apenas as armadilhas que eles usam para nos capturar (e tomar nossos dados).[12]

Esse seleto grupo tecnológico de *geeks* outrora idealistas, geniais, mas egocêntricos, cresceriam para se tornar os mestres de nosso universo; as crianças que estavam mexendo com placas de circuito em suas garagens se tornariam as pessoas mais ricas e poderosas que já viveram. No entanto, no processo de expansão e crescimento de suas empresas tecnológicas e inovadoras, elas não perderiam somente o idealismo, como também libertariam uma criatura bestial no mundo — um monstro que muda, se metamorfoseia e se liberta de seus criadores... Como um Frankenstein digital.

Moldando Mentes nas Mídias Sociais

O monstro moderno que se libertou das garras de seus criadores é a soma de nossas mídias sociais.

Para uma espécie socialmente conectada como a nossa, as mídias sociais deveriam ter sido a combinação perfeita, como chocolate e manteiga de amendoim. O que podia dar errado? Agora, com mais de uma década de experimentos, é como se as mídias sociais tivessem se metamorfoseado em um organismo vivo e consciente, que respira e é alimentado por nossas emoções mais intensas e virulentas — nossa identidade primitiva, escrita em letras minúsculas em um teclado QWERTY.

Nós alimentamos o monstro e, em seguida, ele nos alimenta — uma câmara de eco tóxica e polarizadora.

No entanto, é necessário nos perguntarmos que tipo de personalidade ou mentalidade se desenvolve quando convicções, interesses e ideias de alguém são sempre refletidos de volta nessa amplificação do viés de confirmação — nesse loop de *extremificação*, onde nosso ecossistema digital é criado à nossa própria imagem? Isso é narcisismo com um nome diferente. Um habitante digital não *pensa* que o mundo gira em torno dele, o mundo *realmente* gira em torno dele.

Graças à mineração de dados e aos algoritmos preditivos, uma pessoa que acredita em determinada ideologia política agora habita uma realidade digital, onde essa ideologia é a religião do reino; talvez a mesma pessoa tenha pesquisado tênis de corrida no Google e, milagrosamente, anúncios desse produto aparecem em todos os confins da esfera de dados. Como deuses, pensamos em algo e, então, esse pensamento se exterioriza e molda nosso mundo digital — o que, por sua vez, não somente reforça nossas convicções originais com um viés exacerbado de confirmação, como também cria um universo egocêntrico que pode facilmente se transformar em narcisismo.

Devido à necessidade introspectiva de autorrealização, na década de 1970, chamávamos os Boomers de "Geração Eu"; na Era Digital, a introspecção foi deturpada pelo prisma das mídias sociais em uma egolatria narcisista e, assim, a revista *TIME* apelidou os Millennials "denominados narcisistas" de "Geração Eu, Eu, Eu" em uma matéria de capa de maio de 2013. Após quase dez anos, as coisas só pioraram, já que agora temos uma geração inteira nascida e criada no eu-eu-eu-verso com curadoria de algoritmo.

Os efeitos clínicos desse contágio das mídias sociais que produz egocentrismo e um pensamento binário e polarizado estão se alastrando. Na realidade, estamos vendo que a sociedade em geral e o organismo político estão ficando doentes e corrompidos por esse vírus digital intrusivo que adoeceu todo o corpo hospedeiro. E, como sabemos, sociedades doentias geram pessoas doentes; culturas tirânicas geram pessoas violentas; culturas oprimidas geram cidadãos sem esperança e deprimidos. E nossa sociedade viciada em tecnologia, impulsiva, hipersensível, egocêntrica, que busca gratificação instantânea com suas câmaras de eco polarizadoras das mídias sociais gerou uma população volatilmente raivosa, intolerante, narcisista, do tipo borderline.

Essa polarização extrema em nosso atual cenário político e social pode ser um reflexo irremediável do DNA inerente ao monstro das mídias sociais e do útero digital onde ele se originou. Na verdade, é uma reflexão metafórica *e* literal da definição de "digital", em que os uns e zeros da polaridade binária agora moldam nosso panorama cultural e psicológico, formando extremos preto e branco sem nuances; um mundo em que temos que ser "1" ou "0", não há espaço para frações ou para a sutil área cinza entre os extremos.

O transtorno de personalidade borderline — caracterizado pelo pensamento tudo ou nada, preto ou branco — é nosso atual diagnóstico cultural, em que tweets históricos em LETRAS MAIÚSCULAS e o extremismo político (em ambas as extremidades do espectro) substituíram o pensamento crítico racional e o diálogo civilizado.

Vício em tecnologia. Transtornos mentais. Polarização. Uma sociedade à beira do colapso. Muitos desertores tecnológicos recém-arrependidos negam que esse era o plano; não era assim que as coisas deveriam ser. Chamath Palihapitiya, ex-vice-presidente do Facebook na área de crescimento de usuários, expressou "uma tremenda culpa" por sua criação, alegando que as mídias sociais são "ferramentas que estão destruindo o tecido social do funcionamento da sociedade" e acrescentou: "Não há diálogo civilizado nem cooperação, apenas informações falsas, inverdades".[13] Jeff Seibert, ex-executivo do Twitter, não crê que tudo isso tenha sido intencional: "Acredito piamente que ninguém pretendia causar quaisquer dessas consequências, jamais."[14]

Contudo, liberar novas tecnologias é um jogo imprevisível. Talvez o pesquisador inovador descubra algo maravilhoso como a penicilina — ou exploda o laboratório inteiro com todos dentro. Não raro, equilibrar-se na corda bamba das eventuais vantagens e desvantagens da nova tecnologia se resume em *promessa* vs *perigo*. Mas ainda que você não exploda o laboratório, muitas vezes, é impossível prever as consequências indesejadas. Bailey Richardson, executiva dos primórdios do Instagram, explicou essa imprevisibilidade dos algoritmos: "O algoritmo tem uma mente própria. Mesmo sendo escrito por uma pessoa, ele é desenvolvido de forma a alimentar a máquina que, depois, muda a si mesma."[15]

Uma vez que o gênio sai da garrafa...

No entanto, Sean Parker, o primeiro presidente do Facebook, interpretado de forma interessante por Justin Timberlake no filme *A Rede Social*, traça um cenário diferente. Parker, atualmente "objetor de consciência" de mídias sociais, afirmou que todas essas consequências, incluindo a dependência tecnológica e o conteúdo do cérebro primitivo que gera dopamina e que impulsiona a *battle of the eyeballs* ["batalha pelos globos oculares", em tradução livre"], foi, *na verdade*, intencional e arquitetada — não "acidental".

Segundo Parker, "É exatamente o tipo de coisa que um hacker como eu faria, porque se trata de explorar uma vulnerabilidade da psicologia humana. Os inventores, criadores — eu, o Mark [Zuckerberg], o Kevin Systrom do Instagram, todas essas pessoas — conscientemente entendiam isso. E fizemos mesmo assim."[16]

No final das contas, quaisquer que fossem as intenções, os resultados foram os mesmos: uma bomba atômica foi lançada no panorama sociocultural. Sim, é possível usar o FaceTime para falar com sua avó, mas, como veremos, uma série de danos imprevisíveis foi desencadeada. Resumindo o problema: pode ser que Sean Parker esteja apenas procurando aumentar o engajamento com técnicas sofisticadas de modificação de comportamento, mas o monstro cresceu para além da mera dependência tecnológica: surgiram plataformas indutoras de insanidade que mudaram de modo profundo nossa sociedade, estimulando nossa crise de saúde mental, associada ao aumento recorde de suicídios.[17]

Para a Nova Tecnocracia, talvez as motivações dessas pessoas tenham sido inofensivas no início áureo do Vale do Silício, em que a curiosidade infantil e científica se transformou no jovem adulto exuberante que dizia "nós podemos mudar o mundo!", mas que, inevitavelmente, deu lugar a uma sede insaciável por dinheiro e poder. Além disso, essas pessoas foram impulsionadas pela miopia do complexo de Deus, como muitos inventores e cientistas costumam ser — infelizmente, não passam tempo suficiente refletindo com discernimento ético sobre o que pode ocorrer quando seus monstros de laboratório tecnológicos nascerem. Ou, por quantias exorbitantes de dinheiro, essas pessoas param de se importar.

Veja o Google. Seus fundadores, Larry Page e Sergey Brin, estudantes otimistas e ingênuos de Stanford, criaram o lema da empresa, "Don't Be Evil", e prometeram nunca monetizar seu mecanismo de busca.[18] *Agora*, veja no que isso deu. Assim que perceberam como era fácil gerar dinheiro via mecanismo de busca próprio por meio da venda de palavras-chave para empresas ambiciosas (em vez de entrar na confusão de venda de espaço publicitário, como seus concorrentes vinham fazendo), o jogo havia apenas começado! Todos os ideais nobres e elevados caíram no esquecimento; era necessário abrir espaço para grandes quantias de dinheiro. Na época, os eufóricos Sergey e Larry até anunciaram alegremente em seu site: "Você pode ganhar dinheiro sem fazer o mal."

Mas após algumas centenas de bilhões de dólares em monetização, acusações de espionagem vindas de seus funcionários *e* de seus usuários, da canibalização de mais de duzentas empresas, buscando hegemonia do setor em um jogo de monopólio óbvio *e* das acusações de manipulação de buscas com viés e programação inerentes, o Google decidiu descartar seu lema até então sem sentido "Don't Be Evil"; foi completamente removido do código de conduta corporativo do Google em 2018.[19]

O mal agora era permissível — *claro* que era.

E pode-se argumentar que esse é, de fato, o caminho inevitável rumo ao crescimento e ao poder; como Lorde Acton disse: "O poder tende a corromper, e o poder absoluto corrompe absolutamente." Mas então, por que isso não se aplica à indústria tecnológica e àqueles que a criaram? Afinal, nenhum ser humano já teve tamanha riqueza e poder. A pergunta que precisamos fazer é: como as perspectivas dessas pessoas — e até mesmo da própria humanidade — seriam subvertidas por tanto poder?

Para que fique claro, esse não era meu foco original.

Como psicólogo especializado em saúde mental e adicção, todo o meu foco na última década foi a "dependência das telas", não o contexto mais amplo dos aspectos culturais e econômicos do problema. Tendo visto em primeira mão os efeitos clínicos cada vez mais nocivos do tempo que passamos nas telas, fiquei alarmado com a rapidez com que esses novos dispositivos mágicos estavam criando problemas graves para as pessoas — sobretudo para os mais jovens.

Comecei a escrever, pesquisar, oferecer tratamentos clínicos e, em geral, chamar a atenção para a conscientização sobre os impactos da invasão das telas em nossa sociedade e sobre o "vício em tecnologia" que, invariavelmente, elas trouxeram. Todo o meu foco era na *dependência tecnológica*, à medida que desenvolvia programas e protocolos de tratamento para lidar com o que estava se tornando uma epidemia global crescente.

Fui até contratado pelo Exército dos Estados Unidos para ministrar treinamentos aos profissionais de saúde mental do Departamento de Defesa (DoD) sobre a avaliação e o tratamento do vício em videogames. No exército, o vício em jogos é tão grave que houve diversos casos documentados e lamentáveis de bebês que morreram no berço por negligência dos pais militares, que estavam jogando maratonas de videogame. O problema se tornou tão acentuado que o DoD teve que criar uma nova causa de morte para os atestados de óbito infantil: "Morte devida à Distração Eletrônica".[20]

Comecei a perceber que, como aqueles pais militares negligentes que jogavam videogame, estávamos todos, em um grau ou outro, "eletronicamente distraídos" não somente de nossas vidas, como também do panorama em geral. Sim, o vício em tecnologia é ruim. No entanto, aquela vaca com óculos de RV me ajudou a perceber que eu estava dando murro em ponta de faca ao focar cegamente como *problema* o tempo que passávamos na frente das telas sem entender e abordar a dinâmica social mais ampla que estava ocorrendo.

Eu tinha uma sensação incômoda e crescente de que o problema era muito mais profundo e atroz do que o simples, mas horrível, "vício em tecnologia"; a habituação aos nossos dispositivos passou a ser um mecanismo necessário para uma estratégia mais abrangente. O problema era, de fato, bem mais complexo do que "Johnny e Suzie gostam de passar muito tempo em frente às telas". Havia grandes mudanças sociais acontecendo; havia impactos mentais e médicos; havia implicações sociopolíticas e econômicas. Acima de tudo, nossa espécie estava ficando cada vez mais fragilizada e morrendo.

E enquanto eu pesquisava para escrever este livro, descobri que não se tratava apenas de ganância (embora ela seja sempre um fator); a ganância propriamente dita é bastante desinteressante para as pessoas mais poderosas que já viveram. Ela é tão *antiquada*. Na Parte 2 do livro, discutirei outras motivações. Independentemente de se tratar de ganância ou algo mais, não restam dúvidas de que a estratégia vai além do mero *vício* em tecnologia. O vício como controle é um ingrediente necessário — pois *sempre* esteve nas dinâmicas de poder e oligarquias ao longo das eras. Porque ele aprisiona uma pessoa; subjuga o livre-arbítrio e torna o indivíduo um escravo de seus impulsos compulsivos. A escolha racional morreu, restando uma ânsia que tudo consome ou um desejo insaciável pelo objeto de vício — uma ânsia que não parece racional, pois muitas vezes impacta nocivamente a vida de uma pessoa: um diabético com desejo incontrolável por açúcar come o pote inteiro de sorvete, apesar do potencial de coma diabético. Ou, um fumante com câncer de pulmão e enfisema que simplesmente não consegue largar seu Marlboro.

A Gaiola de Dopamina

Em um nível humano, a adicção parece confusa. Por que uma pessoa racional se comportaria de forma tão irracional na promoção ou busca de seu vício? No entanto, em um nível neurofisiológico, a dependência é muito simples de entender e começa com a dopamina, neurotransmissor da sensação de bem-estar, e seu papel no sistema de recompensa do cérebro. Quando uma pessoa se envolve em um comportamento dopaminérgico de sensação de bem-estar (pense em sexo, drogas, Instagram), a dopamina é liberada no núcleo accumbens, um aglomerado de células nervosas abaixo dos hemisférios cerebrais associado ao prazer e à recompensa, conhecido também como *centro de prazer do cérebro*.[21]

E então, a diversão começa. Envolver-se em um comportamento dopaminérgico aumenta os níveis de dopamina, de modo que a via de recompensa dessa substância é ativada; trata-se de um circuito de recompensa de neurofeedback que traz sensação de bem-estar (conhecido também como *circuito de recompensa de dopamina mesolímbica*) que instrui o indivíduo a repetir o que acabou de fazer a fim de obter a mesma recompensa prazerosa repetidas vezes. E, dependendo do nível dopaminérgico (ativador de dopamina) de uma substância ou comportamento, ele, então, se correlaciona com o seu potencial viciante.

Talvez alguém pergunte: "Se for esse o caso... Por que todos nós não buscamos experiências dopaminérgicas prazerosas *continuamente* se nossos cérebros estão conectados dessa maneira? Por que não somos todos compulsivamente adictos a alguma coisa?" Talvez alguns respondam que, de certa forma, muitos de nós somos e temos dificuldade em lidar com nossos prazeres secretos e compulsivos.

A resposta mais ampla a essa pergunta é que o cérebro também tem o que podemos considerar como um mecanismo de freio. Se o vício é o acelerador conectado ao nosso cérebro primitivo, então nosso lobo frontal — que nos possibilita pensar nas consequências — é o sistema de freio do nosso cérebro. Sim, podemos receber um impulso estimulador de dopamina, mas o córtex frontal nos possibilita fazer o que chamamos de "se... então", pensando: *se* sou diabético e como aquele potão de sorvete, *então* posso entrar em coma diabético. Ou, talvez uma pessoa tenha um impulso sexual, mas esse sistema de freio neural possibilita que um indivíduo normal reflita sobre as consequências de qualquer que seja a ação impulsiva.

Se traduzirmos esses construtos neurobiológicos em termos freudianos, podemos afirmar que o impulso viciante faz parte de nossa identidade e que a voz em nossa cabeça dizendo "Pega leve!" seria o nosso superego, também conhecido como nossa *consciência,* as normas internalizadas de nossa sociedade, de nossos pais e de outras influências. Assim sendo, se temos a ânsia de chutar nossa mesa, correr nu pelo escritório e derramar café quente na cabeça de nosso chefe, dizendo que ele que faça o trabalho e vá plantar batatas, nosso bom e velho córtex frontal/superego nos diz: "Calma lá — talvez isso não seja uma boa ideia; você tem aluguel para pagar, família para alimentar — não seria *certo* fazer isso."

Justo. Mas a pergunta de um milhão de dólares é "por que o cérebro da pessoa que está sofrendo com um transtorno aditivo simplesmente não aciona o freio, digamos assim, e proíbe que ela alimente o comportamento viciante e impulsivo?" Resposta: por inúmeras razões, o uso "racional" do sistema de freio de uma pessoa dependente foi sequestrado — ou comprometido. Para entender isso, primeiro é necessário compreendermos que o circuito de recompensa da dopamina primitivamente tinha uma função evolutiva importante (nem sempre foi só cocaína e Instagram). O papel original de nossa resposta de recompensa à dopamina era incentivar duas funções biológicas vitais e essenciais à sustentação da espécie: alimentação e procriação. Já que comida e sexo são bons porque aumentam a dopamina, buscamos essas atividades para aumentar a sensação de bem-estar — e, como resultado, seguimos vivos como espécie.

Simples assim. No entanto, as atividades dopaminérgicas naturais, como sexo para procriação e alimentação para sobreviver, usualmente ocorrem após algum nível de empenho e por períodos de tempo relativamente curtos

— com as devidas desculpas a Sting e a qualquer outro entusiasta tântrico. Normalmente, embora haja exceções, não fazemos uma maratona para comer compulsivamente ou para procriar, pois, uma vez que saciamos o desejo de dopamina, tendemos a interromper o comportamento.

Para pessoas predispostas à dependência, moderar o comportamento que traz sensação de bem-estar parece impossível; por uma série de razões etiológicas, a pessoa dependente simplesmente não consegue parar depois que começa. E drogas viciantes e comportamentos dopaminérgicos como cocaína, jogos de azar ou compulsões digitais estimulam a dopamina. Na verdade, drogas dopaminérgicas ou plataformas digitais fornecem um atalho ao nosso sistema de recompensa de dopamina, podendo ativá-lo repetidas vezes por *horas ou até dias* de uma só vez. O uso ou o envolvimento contínuo com essas substâncias e experiências por longos períodos também inunda o núcleo accumbens com muita dopamina por intervalos prolongados de tempo, mas sem cumprir nenhuma função biológica essencial.

Infelizmente, a evolução não nos concedeu defesa contra esse ataque de dopamina sequestrada, de modo que, quando nos tornamos dependentes, sofremos uma redução ou paralisação da dopamina sem, ao menos, aliviar *um pouco* suas células receptoras sobrecarregadas. Devido a essa capacidade reduzida de produzir naturalmente dopamina, a pessoa adicta precisa ingerir mais da substância viciante ou se envolver mais com o comportamento viciante — como passar *cada vez mais* tempo nas mídias sociais, por exemplo — apenas para manter os níveis básicos de dopamina.

Ou seja, em um problema clássico de dependência, a exposição crônica a substâncias ou comportamentos viciantes reduz a massa cinzenta do córtex frontal — o "sistema de freio" de tomada de decisão do cérebro associado ao controle de impulsos —, o que, por sua vez, compromete a capacidade de uma pessoa de *não* se envolver com a substância ou com o comportamento viciante. A adicção basicamente quebra nossos freios.[22] E assim o carrossel do vício gira, ao mesmo tempo que o dependente tenta saciar um desejo insaciável de dopamina, embora falte o controle do impulso para interromper o ciclo vicioso.

O problema adicional da adicção com a Era Digital (ao contrário da dependência de substâncias, por exemplo) é a onipresença; recebemos uma enxurrada de sensações digitais despertadas de modo constante e que estão perpetuamente aumentando nossa dopamina e inundando nossos receptores dessa substância.

A Dra. Anna Lembke, professora da Escola de Medicina da Universidade de Stanford e autora do livro *Nação Dopamina*, aborda a armadilha viciante da modernidade: temos muitas escolhas, e há muitas coisas que podem nos estimular e aumentar, assim, nossa dopamina. Em seguida, desenvolvemos maior tolerância a atividades dopaminérgicas e ficamos entediados com práticas e tarefas cotidianas.[23] Basta olhar à nossa volta para os rostos de tantos jovens que parecem totalmente entediados e apáticos com a vida e que apenas conseguem sentir sensações em plataformas digitais estimulantes — seja com jogos de fantasia hiper-realistas e imersivos, mídias sociais que reforçam continuamente a dopamina ou pornografia cada vez mais explícita e extrema. Para eles, ler um livro, passear em um parque ou beijar um interesse romântico simplesmente não é o bastante.

Essa é a parte cerebral da adicção. Mas também existem outros fatores, ou o que podemos chamar de *teorias etiológicas*, que tratam do que também pode causar adicção ou contribuir para que uma pessoa seja mais vulnerável à dependência do que outra.

Para muitos profissionais de saúde e pesquisadores, entender realmente a adicção é como uma charada envolta em um mistério dentro de um enigma. Muitos têm dificuldade até mesmo em categorizá-la — trata-se de hábito ruim, falta de força de vontade, doença, transtorno mental, resposta de aprendizagem desadaptativa, falha moral, condição genética ou psicológica? Teorias etiológicas não faltam, desde a da aprendizagem social até a do apego, teorias genéticas, teorias baseadas em trauma e assim por diante.

Pesquisas *demonstram* que pessoas predispostas à adicção têm níveis basais mais baixos de dopamina, tal como de outros neurotransmissores, por exemplo endorfinas e norepinefrina; assim, elas são mais propensas a desenvolverem dependência a qualquer substância ou comportamento que aumente a dopamina, já que seus cérebros anseiam mais do que os daquelas que têm níveis normais de neurotransmissores.

É por isso também que tantas pessoas adictas têm comorbidades — ou seja, também sofrem de outro transtorno de saúde mental. Na verdade, a grande maioria daquelas que luta contra o vício — mais de 85% — também tem outros problemas de saúde mental; se são diagnosticadas ou não é outra história. Os dois principais são depressão e ansiedade; a maioria das pessoas que luta contra o vício dirá que também sofre de depressão e/ou ansiedade e está *se automedicando* com a dependência. O problema é que a adicção e os transtornos de saúde mental são forças "bidirecionais", que mutuamente criam sinergias e se amplificam. Um exemplo seria a pessoa que está deprimida e começa a beber em excesso a fim de aliviar a depressão. Como o álcool é uma droga depressora, pode temporariamente aliviar alguns dos sentimentos depressivos, mas acaba por acentuar a depressão ao reduzir os níveis de serotonina. O mesmo ocorre com a tecnologia; a maioria dos clientes que atendo diz: "Escapo da minha ansiedade e depressão jogando ou ficando nas mídias sociais excessivamente." Mais uma vez, o problema é que quanto mais você fica sedentário e vidrado em uma tela, mais a depressão se acentua. E menos propensas a fazer coisas — como exercícios e convívio social — que sabemos que podem ajudar a aliviar a depressão.

Dito isso, sabemos também que existem determinadas substâncias ou comportamentos que afetam a dopamina mais do que outros — e podem ser considerados mais viciantes. Por exemplo, pesquisas de imagens cerebrais demonstram que se alimentar pode aumentar os níveis de dopamina em 50%, ao passo que o sexo pode aumentá-la em 100%; cheirar cocaína aumenta a dopamina em 350%, e ingerir metanfetamina gera um aumento colossal de 1.200%.[24] É por isso que diríamos que a metanfetamina tem o maior efeito dopaminérgico — e, portanto, o maior potencial de dependência — entre as substâncias mencionadas.

Então, até que ponto as experiências virtuais são dopaminérgicas? Segundo o estudo de imagens cerebrais mencionado acima, os videogames aumentam a dopamina tanto quanto o sexo: cerca de 100%. Em suma, uma pessoa está obtendo o equivalente a um orgasmo cerebral sempre que joga um videogame. É de se admirar, então, que estejamos tão viciados em nossos dispositivos?

Devido à nossa imersão social completa em nossa cultura tecnológica, quase todos nós somos, em graus variados, muito dependentes de nossos dispositivos. E essa dependência confere uma quantidade colossal de poder e controle às pessoas que criam nossos dispositivos e às plataformas que todos nós usamos — porque o vício tem sido instrumento produtivo para entorpecer as massas e para manter o controle.

Vício Digital como Ópio das Massas

Há, sem dúvidas, outros métodos além do vício para dominar as massas. Os livros de história estão repletos de exemplos de classes poderosas e dominantes que controlam e oprimem pessoas por meio de diversas técnicas. A história de como poucos controlam muitos é tão longa quanto os registro históricos. Karl Marx descreveu a religião, de modo curioso, como "o ópio das massas", um sistema compartilhado de crenças que amansa as massas para mantê-las sob controle e para impedi-las de se rebelar.

Ou também há a subjugação pela boa e velha força bruta militar, como se vê na maioria das ditaduras. Quando homens com uniformes coloridos assumem o comando, seja uma junta militar, os coronéis, o führer, o líder supremo ou o generalíssimo, normalmente é hora de fugir — do contrário, é "Salve, grande líder!" pelos próximos anos ou décadas. Mas para além das religiões e generais, o vício provou ser uma forma eficaz de manter as massas perfeitamente submissas. Afinal, os dependentes são um grupo manipulável enquanto perseguem seu elixir. Qualquer criatura que se sinta aprisionada — mental, física, emocional, econômica e existencialmente — tem maior probabilidade de buscar uma fuga viciante e entorpecente; como os pobres ratos dos experimentos de dependência da década de 1950 que estavam sozinhos e aprisionados nas caixas de Skinner. Assim, desesperadas e reiteradas vezes, acionavam a alavanca para a venturosa fuga da morfina — comida — até que inevitavelmente chegavam a uma overdose. Compreendemos inequivocamente que um dos principais motivadores da adicção é a necessidade de fugir de uma realidade insustentável — o que um pesquisador comprovou com experimentos.

Na década de 1970, o professor e pesquisador canadense Dr. Bruce Alexander comprovou, por meio de seus célebres experimentos do *Rat Park* ["Parque dos Ratos", em tradução livre][25], que uma realidade ou ambiente insuportável leva à adicção — *não* necessariamente à substância viciante. Na década de 1950, devido aos primeiros experimentos com a caixa de Skinner, os pesquisadores presumiram que haviam comprovado o poder de uma droga que causa dependência — que, de *tão* tentadora e viciante, faria o rato tolo escolhê-la em vez da comida e ter mais do que depressa uma overdose.

Apesar disso, o Dr. Alexander teve a ideia de que talvez esses experimentos não estivessem calculando o potencial de dependência da droga; ao contrário, estavam mensurando o efeito do isolamento e da prisão em uma criatura social — como ratos e humanos. Para testar sua hipótese, ele criou o "Rat Park": uma verdadeira utopia em que os ratos eram livres para perambular, brincar e socializar uns com os outros. Eles tinham rodas para brincar e se exercitar, queijo para comer e parceiros com que transar. E também tinham acesso livre e irrestrito à água com fármacos — a mesma água de alta octanagem à qual os ratos do grupo de controle, sozinhos em gaiolas, também tinham acesso.

Adivinha o que aconteceu?

Nenhum dos ratos no Rat Park ficou dependente da água com fármaco ou morreu. Na verdade, alguns provaram esse líquido, mas não gostaram e passaram a evitá-lo. Quem precisa de água com fármaco? Eles tinham amigos e espaços abertos para brincar; era o paraíso na Terra — para ratos. E quanto aos solitários aprisionados em gaiolas? Todos morreram de overdose. A conclusão extremamente importante que o Dr. Alexander tirou foi que o vício escapista resultava mais de um ambiente tóxico — incluindo isolamento e falta de envolvimento social — do que da própria substância.

Essas conclusões também podem se aplicar aos seres humanos?

De acordo com o pesquisador, "As pessoas não precisam ser colocadas em gaiolas para se tornarem adictas — mas existem indícios de que as pessoas que se tornam viciadas se sentem 'engaioladas'?". Na realidade, todo adicto com quem já trabalhei descreveu, de uma forma ou de outra, sua dependência como uma prisão, ou uma forma de escravidão à substância ou ao comportamento viciante.

No entanto, podemos nos sentir aprisionados e enjaulados *antes* de ficarmos dependentes — e isso pode ser um dos motivadores do vício escapista? Qualquer um consegue enxergar como humanos podem ser fisicamente livres, mas ainda se sentir psicologicamente aprisionados em uma "gaiola": a pessoa que odeia seu trabalho, mas não pode pedir demissão por razões financeiras; outra que está presa em um casamento ruim; a que não tem oportunidades de trabalho ou moradia; a que sofre de uma condição física ou psicológica debilitante. E, conforme veremos, ficar diante de uma tela brilhante hora após hora, todo santo dia, também é um ambiente aprisionador.

O Dr. Alexander queria comprovar se os resultados de seus ratos se aplicavam às pessoas. Embora a ética em relação à pesquisa humana impossibilitasse a replicação do *Rat Park* com humanos, ele foi capaz de estudar os registros históricos de um experimento "natural": a colonização de povos originários e sua subjugação em reservas. Ele percebeu que os povos originários do Canadá e dos Estados Unidos foram colocados em suas próprias caixas de Skinner: reservas que lhes privavam de suas conexões culturais, de suas práticas e de seus vínculos sociais tradicionais. E o que ele descobriu corroborava suas conclusões do *Rat Park*: antes da colonização (gaiola) dos povos originários norte-americanos, quase não havia registros de adicção. No entanto, e depois que os povos originários foram colocados em reservas? Segundo o Dr. Alexander: "Uma vez que os povos originários foram colonizados, o alcoolismo se tornou quase universal; havia reservas inteiras em que praticamente todos os adolescentes e adultos eram alcoolistas ou toxicodependentes ou 'não bebiam nada alcoólico.'"

E de modo sintomático, em reservas em que o álcool estava disponível, mas em que a cultura nativa fora preservada até certo ponto (normalmente em reservas canadenses), os povos originários foram capazes de consumir álcool de forma não dependente. Nesse ínterim, as reservas que expropriaram a cultura nativa (normalmente em reservas norte-americanas) presenciaram o abuso generalizado das drogas e do alcoolismo. O *Rat Park* — e a colonização dos povos originários — nos mostra que seres sociais, quando colocados em isolamento físico, mental ou cultural — "gaiolas", se preferir —, ficam mais suscetíveis à adicção, incluindo vícios comportamentais.

Segundo o Dr. Alexander: "A visão da dependência no *Rat Park* é que a atual enxurrada de adicção está ocorrendo porque nossa sociedade hiperindividualista, hipercompetitiva, fora de si e dominada pela crise faz com que a maioria das pessoas se sinta social e culturalmente isolada. Elas encontram alívio temporário na toxicodependência ou em qualquer um dos milhares de outros hábitos e atividades, já que o vício lhes possibilita escapar de seus sentimentos, anestesiar seus sentidos e experimentar um estilo de vida viciante como substituto de uma vida plena."[26]

A pergunta que suscita mais dúvidas partindo da citação do Dr. Alexander acima: nosso atual mundo de alta tecnologia *cria* a "sociedade hiperindividual, hipercompetitiva, fora de si e dominada pela crise" que ele afirma ser motivadora da adicção? Penso que qualquer pessoa sensata responderia que *sim*.

Todos conseguimos entender como pessoas solitárias que se sentem aprisionadas, que carecem de um forte senso de identidade cultural ou de um senso de apoio comunitário, que são expostas a substâncias ou a experiências altamente dopaminérgicas, podem se tornar vítimas do escapismo viciante. Pessoas que se sentem aprisionadas em seus destinos, como os ratos nas caixas de Skinner, são mais propensas a acionar a alavanca da morfina — o que, por sua vez, perpetua sua impotência engaiolada e adicta.

Como mencionei, Karl Marx chamou a religião de *o ópio das massas*; ele escreveu que era a promessa de uma fuga para um futuro espiritual que tornava a rotina diária e a miséria em um estado totalitário mais tolerável (uma gaiola mais tolerável, por assim dizer) e tornava o cidadão mais propenso a aceitar seu destino terreno e a não se rebelar. Mas agora, em vez de um ópio metafórico, temos *opiáceos* das massas, como o fentanil — e também temos a "heroína digital" como o *mais novo* ópio para exercer controle social, ludibriando e entorpecendo as pessoas em um mundo digital de sonho. Todos têm a mesma finalidade: uma espécie de sedativo em forma de conformismo social. Fiéis tementes a Deus não tendem a incitar rebeliões; adolescentes toxicodependentes não conseguem competir por empregos ou por status social — e jogadores perdidos na Matrix normalmente não saem do porão de mamãe e papai.

Na Era Digital, todos nos tornamos dependentes da tecnologia, relativa ou completamente. Essa dependência nos preparou para vícios de todos os tipos — e nos transformou em *fantasmas sedentos e* debilitados, doentes e adictos, criaturas deploráveis da mitologia budista com apetite voraz, mas insaciável — porque a voracidade adicta *nunca* pode ser saciada. Em nossa sociedade predatória e digitalmente preparada, fomos condicionados a alimentar o poço sem fundo e querer o próximo iPhone, o melhor carro, a casa maior, o parceiro mais atraente. Infelizmente, é tudo ouro de tolo; o iPhone nunca será bom o suficiente quando o próximo modelo for lançado; a casa nunca será grande o bastante, nem o parceiro, atraente o suficiente se a pessoa se sentir vazia e tentar preencher o vazio com recompensas externas ou validação. Entorpecer os sentidos *nunca* é a solução para o vazio existencial.

Pior ainda, não apenas fomos ludibriados a precisar de nossa solução digital e amá-la para preencher o vazio, como também nos apaixonamos pelas gaiolas digitais a ponto de nem percebermos que estamos aprisionados nelas. Pelo menos os ratos nos experimentos de adicção *sabiam* que estavam presos em uma gaiola; no entanto, não temos a mínima ideia de que estamos aprisionados por uma rede global de pequenas jaulas em forma de telas, que não somente nos viciaram e escravizaram, como também têm a capacidade de nos monitorar, nos submeter a uma lavagem cerebral e inibir nossas possibilidades de crescer e prosperar. Cegos por nossa obsessão tecnológica, entendemos que a condição de dependência suscetível é exatamente a questão.

O Metaverso

Para controle máximo, no entanto, as telas são muito limitantes. Afinal, não passam de gaiolas *bidimensionais*; por que se contentar com elas quando temos gaiolas de RV holográficas totalmente imersivas? Caramba, se conseguimos deturpar a realidade de algumas pobres vacas com óculos de RV — e torná-las mais produtivas — por que não tentar o mesmo artifício com humanos? Melhor ainda, por que não criar todo um universo virtual alterado de "realidade compartilhada", também conhecido como *metaverso,* e tornar tudo acessível por óculos de RV?

Em 2019, quando estava naquele congresso em São Francisco no Commonwealth Club e vi a imagem das vacas usando óculos de realidade virtual, eu não sabia o que Mark Zuckerberg anunciaria dois anos depois. Tudo o que sabia é que sentia uma sensação de mal-estar... porque parecia que eu estava olhando *nosso* futuro. Entra Zuckerberg com seus novos óculos de realidade virtual no estilo Ray-Ban, que ele espera que nos levem ao *seu* metaverso — e ao declínio catastrófico da realidade.

Tudo começou em setembro de 2021, quando ele anunciou o mais recente produto do Facebook: um par de "óculos inteligentes" Ray-Ban, que havia dito anteriormente fazer parte do empenho da companhia para, de fato, construir uma "empresa do metaverso". "A próxima versão do produto será o lançamento de nossos primeiros óculos inteligentes Ray-Ban em parceria com a EssilorLuxottica.[27] Os óculos têm formato icônico e possibilitam fazer algumas coisas bem legais... São empenhos que também fazem parte de um objetivo maior: ajudar a construir o metaverso", Zuck disse aos investidores do Facebook durante uma teleconferência de investidores naquele ano, com seu inconfundível tom de humanoide monótono.

E tem mais. Música sinistra.

"Acredito que nos próximos anos, e assim espero, as pessoas passem a nos enxergar de uma empresa primordialmente de mídia social para uma de metaverso."[28] A princípio, o conjunto de estratégias das Big Techs estava nos viciando em suas plataformas por meio de variadas técnicas de modificação de comportamento. Agora, o objetivo é mais ambicioso; ao criar, controlar e fazer a curadoria do metaverso e, como resultado, das realidades que nossas mentes vivenciarão, estaremos realmente na Matrix: "Pense nisso como uma internet incorporada na qual você está imerso, em vez de apenas observando", soltou Zuckerberg durante uma teleconferência com investidores, em julho de 2021.

Uma "internet incorporada"?

E ele continuou: "A qualidade determinante do metaverso é a *presença*, a sensação de que você está realmente ali com outra pessoa ou em outro lugar... Isso resultará em experiências inteiramente novas e" — (quem diria não?) — "oportunidades econômicas". Curioso, pois o que Zuckerberg chama de "presença" e "sensação de que você está realmente ali" por meio do metaverso, quando você *não* está ali é, na verdade, *alucinação*. Pelo menos, foi assim que aprendemos a chamar isso na pós-graduação. Mas suponho que eu esteja me distraindo do assunto principal.

Vejamos mais sobre essa ilusão — quero dizer, esse tal de *metaverso* — que Zuck compartilhou na Conferência VivaTech de 2021 em Paris: "Pense na quantidade de coisas existe na sua vida que não precisa ser física e pode ser facilmente substituída por um holograma digital, em um mundo onde você usa óculos." Por mais que Zuckerberg continue enumerando que coisas como arte, roupas e mídia podem ser hologramas virtuais, é inevitável não pensar que nosso CEO do Facebook, socialmente inadaptado, também quis dizer que podemos criar pessoas virtuais — mesmo que ele não fale nessas palavras.

No entanto, ele nos mostra seu complexo de Deus interior enquanto cantarola sem parar sobre o que imagina serem seus novos poderes de criação: "Serei capaz de estalar meus dedos e acionar um holograma", diz o Oligarca Tecnológico de 37 anos. "Será incrivelmente impactante."

Não tenho a menor dúvida disso.

Não sei vocês, mas acho que sou antiquado — gosto da minha realidade. Não quero ninguém — nem o dispositivo de ninguém — se intrometendo entre mim e minha percepção sensorial do mundo *real*. E por mundo real, quero dizer aquele que não tem curadoria da equipe amigável do Facebook, as pessoas que nos trouxeram desinformação, venderam nossos dados pessoais e estão estimulando a depressão e a onda de suicídios. Não, obrigado; eu definitivamente não quero que minha percepção da realidade seja filtrada. Claro, quando mais jovem, posso ter alterado meus sentidos em certas ocasiões — mas essa alteração da mente não era uma "realidade compartilhada" controlada pelas Big Techs.

E como um bom traficante de drogas que distribui amostras grátis para atrair clientes, Zuck está até mesmo disposto a fornecer óculos de RV de graça (*isso* deveria ser um alerta) para "incentivar a adoção generalizada" — e a imersão em seu metaverso.

Resistir é inútil.

Mas *devemos* resistir a essa "realidade compartilhada" das pessoas que criaram uma mudança sísmica em nossa cultura — e não para melhor. Contudo, em vez de gritar em protesto, estamos alheios e permitimos que os Senhores Feudais da Tecnologia façam o que querem conosco. Estamos sofrendo de uma forma social de síndrome de Estocolmo. Fazemos de pessoas como Steve Jobs ícones culturais, idolatramos magnatas excêntricos da tecnologia como Elon Musk e endeusamos as aparentes ações beneficentes de Bill Gates — mesmo quando, sem saber, fomos escravizados por seus algoritmos. No entanto, a maioria das pessoas está alegremente inconsciente enquanto tuíta e expõe suas vidas no Instagram.

Costuma-se dizer que a maior conquista do diabo (se é que existe tal criatura) é convencer o mundo de que ele não existe. A verdadeira artimanha nesta distopia digital, um lugar desesperador habitado por milhões de fantasmas sedentos é convencer os habitantes adictos e escravizados de que eles são realmente livres — uma ilusão necessária — e de que suas vidas não parecem a de roedores fúteis que giram e giram em uma roda de consumo sem fim e sem nenhum propósito real. Em estados totalitários como a China, a escravidão não precisa ser sedutora ou camuflada. Para que o esforço? Nessa sociedade, os escravizados e oprimidos não têm instrumento prático para escapar de suas algemas; as centenas de milhares de operários fabris oprimidos, que trabalham para a Foxconn na cidade de Shenzhen sob condições abomináveis para fabricar nossos iPads, só têm o suicídio como instrumento (como discutiremos mais adiante na Parte 2). Não é necessário lhes fornecer óculos de RV ou uma espécie de dose de soma (bebida sagrada alucinógena, consumida nos rituais védicos) digital para fazê-los se sentirem melhor. O estado não se importa, porque não teme a revolta.

Em países "livres" como os Estados Unidos, a ilusão da Matrix precisa ser mantida, caso contrário, a rebelião pode eclodir. É onde Orwell se encontra com Huxley: tecno-totalitarismo com uma dose de soma para engolir tudo e torná-lo saboroso. Não somos diferentes das vacas com óculos de RV; pensamos que estamos ao ar livre, quando na verdade estamos em *lockdown* digital. E agora, se o Facebook conseguir o que quer, também teremos os óculos de RV... Talvez todos possamos "compartilhar a realidade" juntos, vacas e humanos, todos pastando de modo despreocupado em um pasto agradável e pacífico.

A ilusão não somente nos transforma em operários melhores e mais contentes, como também nos impede de romper a cerca e escapar. Na realidade, já foi dito que os operários ideais do futuro serão inteligentes o bastante para manter as máquinas, mas não tão inteligentes (ou conscientes o bastante) para enxergar o panorama geral de sua escravidão. E assim o *Big Brother* de Orwell manterá o copo de cerveja sempre cheio e os videogames sendo continuamente jogados... Mas seja lá o que faça, *não* desperte! Apenas continue vivendo no mundo dos sonhos virtual como nossos pobres amigos bovinos.

No entanto, ao contrário daquelas vacas com óculos de realidade virtual, tudo o que temos a fazer é tirar os óculos metafóricos sedutores e alteradores da realidade que nos foram dados (ou os verdadeiros óculos de realidade virtual do Facebook) e abrir nossos olhos para despertar do pesadelo disfarçado de sonho. Somos humanos, e precisamos lutar pela nossa humanidade e não entrar calados na noite virtual.

Sim, existem outras forças sociais além das Big Techs que estão nos tornando mais vulneráveis e adoentados: o complexo industrialterapêutico que lucra US$100 bilhões por ano, que patologiza as pessoas, tornando-as mais fragilizadas e dependentes; pais helicópteros, que envolvem os jovens em plástico bolha e os privam de sua capacidade de desenvolver resiliência e as ferramentas psicológicas de que precisarão para aprender a enfrentarem e levarem a vida em seus termos; crises verdadeiras como a pandemia, tiroteios em massa e a enxurrada diária de más notícias e conflitos polarizadores; bem como a perda de propósito e significado genuínos em nosso mundo materialista, vazio e hedonista de Xbox... Todas essas dinâmicas acima mencionadas desempenharam um papel crítico no esmorecimento e subjugação de nossa espécie na era tecnológica.

Mas como *exatamente* nossa realidade dependente de tecnologia está fomentando nossa pandemia de saúde mental?

2

Um Mundo Que Enlouqueceu

Reflexões Sobre um Paciente Enfermo

Certa noite, eu estava sentado em casa, pouco tempo após a morte de meu pai, vendo diversas notícias deprimentes.

Foi pouco antes da pandemia de 2020.

A casa estava silenciosa, meus filhos estavam dormindo, e meu escritório estava escuro — exceto pela luz azul e fria da minha tela. Eu tinha uma ânsia obstinada que não conseguia satisfazer há muitos anos. Na verdade, não era tanto uma ânsia — mas um pavor.

Uma consciência cada vez maior de que algo estava decidido e absurdamente errado.

Como psicólogo, atendi clinicamente mais de dois mil pacientes durante os últimos vinte anos — de crianças a adolescentes, passando por *Millennials*, adultos de meia-idade e idosos. Como docente universitário, ministrei aulas para mais de mil alunos de pós-graduação e me mantenho atualizado sobre as tendências de saúde mental para ser um professor mais embasado; e, como autor que escreveu sobre os impactos da tecnologia nos seres humanos, tive que desempenhar tanto o papel de sociólogo quanto de repórter investigativo.

Durante esse tempo, mesmo que lentamente, tornou-se cada vez mais óbvio que o paciente estava doente — e piorava. O paciente propriamente dito é um macrorganismo conhecido como *Homo sapiens*, de forma coletiva. Vamos chamá-lo de Homo Sapien — edição do século XXI. As pistas estavam lá o tempo todo, escondidas à vista de todos; eu e muitos de meus colegas observamos uma mudança na saúde mental de nossos clientes em nossas práticas clínicas — no nível micro — nos últimos dez a quinze anos. Agora, quando me sento em meu consultório tarde da noite para ler diversas publicações científicas, notícias e itens do dia, percebo uma noção mais clara dos sintomas e, talvez, das causas raízes do que o aflige. Será fundamental compreendermos tudo isso, se ainda tivermos um pouco de esperança de recuperar a saúde de nosso paciente sofredor.

Mas não acredite somente em minhas palavras. Investigue. Olhe ao seu redor. Aqueles com senso de lucidez conseguem enxergar que algo saiu terrivelmente errado. Além da divisão política repugnante e mordaz, temos a acentuação das tensões culturais e sociais que superam muito as das décadas anteriores. Há uma sensação de pavor e ansiedade pairando no ar. As pessoas se sentem inquietas e desprotegidas (como evidenciado pelo advento de sistemas residenciais de segurança, dispositivos de rastreamento de crianças e pelo aumento crescente da ansiedade, da depressão e dos analgésicos prescritos). É a sensação de estar em um navio — outrora grande e bonito — que estranhamente está à deriva, rumando para águas desconhecidas com um iceberg no horizonte, que ainda não vemos, mas podemos *sentir* coletivamente.

Em termos fundamentais, aqueles que não se distraem com as quinquilharias brilhantes e as alienações digitais sabem que nossa espécie fracassou — além da pandemia de 2020, embora a Covid-19 tenha atuado como um catalisador.

Não, o paciente não vai nada bem.

Na realidade, para cada métrica imaginável de saúde mental e física, estamos ficando mais enfermos como sociedade: os índices de depressão, ansiedade, suicídio, overdose, adicção, doenças cardíacas, obesidade e câncer estão disparando em níveis recordes e históricos.[1]

Não somente temos a pior saúde mental já registrada, como nossos corpos não estão lá muito melhores do que nossas mentes. Estamos acima do peso, sobrecarregados por artérias obstruídas e pelo sangue diabético sedento por insulina.[2] E temos índices cada vez mais altos de câncer, desde os "hormonais" mais comuns, de próstata e de mama, até raros gliomas cerebrais cada vez mais frequentes.[3]

Não nascemos para sermos criaturas sedentárias, vidradas em uma tela e desprovidas de significado.

No entanto, assim como as pessoas que adotam uma dieta paleolítica por entenderem que nossa genética não acompanhou os hábitos modernos de alimentação, só agora estamos começando a entender que ela também não acompanha nossos estilos digitais e modernos de vida.

E essa falta notória de movimentação — nosso sedentarismo excessivo, existindo em vidas lubrificadas pela tecnologia e encarando uma tela — é nociva ao *Homo sapiens*, levando diretamente aos nossos índices epidêmicos de câncer, doenças cardíacas, obesidade e diabetes: sinais reveladores de uma sociedade doentia em perigo.[4]

Doentes e Moribundos na Era Digital

Segundo o CDC (Centro de Controle e de Prevenção de Doenças dos Estados Unidos), a obesidade entre adultos aumentou 70% nos últimos 30 anos e, entre crianças, impressionantes 85%.[5] E o primo letal da obesidade, o diabetes, também cresceu; os índices em adultos quase dobraram nos últimos 20 anos, e em adolescentes e crianças com menos de 20 anos, o diabetes tipo 1 (a variedade mais mortal) aumentou em média 2% a cada ano no período de 2002 a 2012.[6]

Não é necessário ser um gênio para saber o que está acontecendo; ter crianças sedentárias, obcecadas por telas e dietas *junk food* não é uma coisa boa. Todavia, elas consomem *fast-food* e refrigerantes açucarados há décadas. A mudança sísmica ocorreu no tempo em que passam em frente às telas — e sua consequente diminuição de atividade física; é a nova variável na equação da criança obesa e diabética. Parece que foi há muito tempo, mas alguns de nós se recordam de uma época em que elas costumavam brincar ao ar livre *de verdade* — nunca tinham ouvido falar de um Xbox ou de um iPad.

Boa sorte tentando encontrar uma criança subindo em uma árvore hoje. Pelo contrário, elas normalmente ficam dentro de casa, agarradas a seus dispositivos brilhantes e ficando obesas em números recordes. Mas tanto em nossa sociedade quanto na cultura popular, crianças obesas costumavam ser algo raro. Por isso que o personagem Spanky de *Os Batutinhas* de 1930 era tão amado: um menino gorducho era atípico; hoje, na era dos *e-sports*, as magras são raridade.

O que esperávamos? Trata-se de uma geração de crianças zumbificadas, que encaram telas brilhantes por cerca de onze horas diárias, obcecadas por videogames que causam entorpecimento mental ou por mensagens de texto ou postagens de mídias sociais fúteis.[7] Ou, em uma forma perversa de regressão infinita, os jovens estão assistindo a vídeos do YouTube de outros jovens jogando e assistindo a vídeos do YouTube, *ad infinitum* ou *ad nauseam*, pode escolher.

E, em uma manipulação sórdida da linguagem de proporções orwellianas, é a explosão dos chamados *e-sports* que está estimulando a epidemia de obesidade infantil. Por ironia, eles não apenas são o "esporte" que mais cresce em audiência nos Estados Unidos, como também o que tem o maior número de participantes. Já se foi o tempo em que os jogadores de boliche e entusiastas do bilhar tinham que defender estes jogos como verdadeiros esportes; hoje, crianças viciadas em energéticos, presas por dias em suas cadeiras reclináveis dizem às mães que as deixem em paz — afinal, estão "treinando" —, à medida que sua insulina desaparece, e seu peso aumenta.

A Netflix está atualmente produzindo uma série de sete partes chamada *This Is eSports!* Fui convidado a participar do episódio que focava os aspectos mais sombrios desse fenômeno novo — e compartilhei com os produtores que era uma insanidade chamar jogos de computador de "esporte" para ajudar a acalmar as crianças e levar os pais a acreditarem que esse tipo de recreação gravemente insalubre é, de alguma forma, um esporte físico real.

O resultado de ficar vidrado todo esse tempo em frente a uma tela? Nossa nova versão sedentária do Homo Sapien — a que não consegue sair do sofá —

tem uma barriga flácida, com a gordura se acumulando nas laterais como se fosse pneus murchos, mesmo quando nossas telas ficam mais planas.

A fome costumava matar milhões; agora, é o pêndulo oposto: a obesidade, com seus ataques cardíacos decorrentes, diabetes e pressão alta, é que está matando mais pessoas. A espécie que nos presenteou com o guerreiro espartano, a Capela Sistina, com a inovação científica que nos possibilitou pisar na Lua e explorar tanto o cosmos quanto o universo subatômico é agora um ser débil, anestesiado, parecido com um boneco Weeble, que mal consegue parar de pé, não faz contato visual, uma espécie de come-dorme que considera as Kardashians o suprassumo da arte.

A Era Digital nos presenteou com celulares mais inteligentes, e também com pessoas mais estúpidas. Na verdade, diversos estudos demonstram como nossa memória, acuidade cognitiva, e saúde e condicionamento físicos sofrem com um estilo de vida mais sedentário e impulsionado pela tecnologia. Além da obesidade e do diabetes, temos índices vertiginosos de doenças cardíacas — fomentados também pelo sedentarismo e dietas pouco saudáveis. Em 2016, 18,6 milhões de pessoas morreram de doenças cardíacas em todo o mundo, e estima-se que esse número crescerá para 23,6 milhões de pessoas até 2030.[8]

Estilos de vida pouco saudáveis também podem levar ao câncer. Apesar de sabermos que fatores ambientais modernos, como produtos químicos domésticos tóxicos, poluição, aditivos alimentares e radiação EMF são desreguladores endócrinos que podem ser cancerígenos, sabemos também que estilos de vida modernos e estressantes, sedentários, com pico de cortisol e indutores de obesidade podem ser tão cancerígenos quanto esses outros fatores.

Para que fique claro, as estatísticas relacionadas ao câncer podem ser um pouco confusas e complicadas de interpretar. Sim, o *índice* de mortalidade por câncer diminuiu (de 171 mortes a cada 100.000 pessoas em 2010 para 151 a cada 100.000 em 2020), porém mais pessoas estão desenvolvendo essa doença — só temos mais tratamento para mitigar os casos fatais. No entanto, as mortes por câncer *em geral* continuam a aumentar à medida que cada vez mais pessoas o desenvolvem: segundo o CDC, em 2010, houve 575.000 mortes por câncer nos EUA; em 2020, esse número cresceu significativamente para 630.000.[9]

Alguns atribuíram o aumento dos índices de câncer e mortes ao envelhecimento da população, mas isso induz ao erro. Não somente pessoas mais jovens estão desenvolvendo essa doença, como também estão morrendo em maior número no geral — e muitas dessas mortes, quando não relacionadas ao câncer, estão ligadas às consequências do estilo de vida e da saúde mental da vida moderna do século XXI. Na prática, um número recorde de mortes entre jovens foi atribuído à chamada "morte por desespero": overdose, suicídio e alcoolismo crônico, que, segundo o CDC, tiraram mais de 200.000 vidas antes da Covid, em 2019.[10]

Ao que tudo indica, eles se sentem sobrecarregados pela maravilhosa e nova sociedade pós-industrial. Na verdade, morreram tantos jovens no período entre 2017 e 2019 que a expectativa média de vida nos Estados Unidos diminuiu pela primeira vez em mais de cem anos; desde a devastação global da gripe espanhola de 1918 — a pandemia mais letal do passado —, não víamos a expectativa de vida média dos norte-americanos diminuir.

As "mortes por desespero" são um fenômeno "moderno". Sim, parte do desespero é econômico e resultado da desesperança pela falta considerável de emprego. Mas, aparentemente, não são apenas as circunstâncias, pois as estatísticas demonstram que os *Millennials* estão sofrendo de uma epidemia de solidão (um em cada cinco não tem amigos) e apontam o sentimento de perda e vazio.[11]

Acédia: A Onda da Dopamina Digital e a Depressão da Vida Cotidiana

Além disso, muitos jovens que atendi estão em um profundo estado de cansaço mental e tédio. Pessoas como a professora da Escola de Medicina da Universidade de Stanford, Dra. Anna Lembke (em seu livro, *Nação da Dopamina*), entre outras, teorizam que nossas experiências de passar muito tempo em frente a uma tela de alta potência e níveis de dopamina condicionaram os jovens (os habituaram) a precisar de uma intensidade cada vez mais alta para obter a mesma descarga dessa substância. Eles desenvolveram tolerância a ela e precisam de doses cada vez maiores para sentir alguma coisa — ou *nada*.

Só que o mundo *real* simplesmente não funciona dessa forma. Na verdade, em termos comparativos, a enfadonha realidade parece bastante entediante para uma pessoa perpetuamente superestimulada e inundada pela avalanche constante das mídias sociais, dos jogos e de outras plataformas digitais que geram dopamina. O problema então se torna outro: realizar qualquer atividade que não envolva telas com picos de dopamina (ou seja, sentar em uma sala de aula, retomar antigos hobbies, cultivar relacionamentos presenciais, caminhar ao ar livre etc.), fazendo com que as pessoas se sintam pouco estimuladas ao mesmo tempo que experimentam a queda inevitável de dopamina... Depressão, tédio, vazio e anedonia, em que sentir prazer parece impossível.

Criamos basicamente uma geração de jovens que sofrem com o que os antigos gregos chamavam de *acédia*, uma espécie de apatia — uma preguiça espiritual e mental. Era um termo para descrever um estado de indiferença. Na Grécia Antiga, *acédia* literalmente significava um "estado inerte sem dor ou cuidado", ao passo que, nos dias de hoje, personalidades literárias o usam para descrever uma forma de depressão. Em minha opinião, ele descreve perfeitamente o cidadão digital moderno insensível à dopamina: entorpecido, apático e sem qualquer entusiasmo ou interesse. O conceito de acédia, mais do que qualquer termo clínico moderno, absorve melhor a situação da modernidade da Era Digital.

E, como analisarei mais adiante neste livro, além da apatia e do cansaço mental, privamos os jovens da capacidade de desenvolver as habilidades de perseverança em nossa Era Digital de gratificação instantânea. Isso é bastante tóxico, não somente pelo fato de a impulsividade também se correlacionar estritamente com consequências negativas futuras, como a dependência de substâncias, mas porque as coisas que facultam a uma pessoa seu senso de propósito e de significado mais profundo geralmente levam tempo para serem conquistadas ou alcançadas. No entanto, se alguém está condicionado à impulsividade e à impaciência (como aqueles que passam muito tempo em frente a uma tela moderna estão, segundo a pesquisa)[12], também perde a chance de materializar as conquistas significativas e gratificantes, especiais e potencialmente definidoras de sua vida. Pense em desempenho acadêmico, esportes, arte, música e relacionamentos.

Para muitos de nossos jovens, todas essas conquistas exigem bastante tempo e empenho, sem uma recompensa imediata — eles cresceram condicionados a esperá-la. É necessário ponderarmos todo contexto emocional, psicológico e neurológico de muitos jovens adultos ao mesmo tempo que tentamos compreender por que se sentem tão vazios e desesperançosos, cometendo suicídio em níveis recordes (foram mais de 47.000 suicídios e 1,38 milhão de tentativas em 2019).[13]

Na verdade, comprovou-se que o sedentarismo, por si só, é um importante fator de depressão. Há décadas, os psicólogos sabem que o melhor antidepressivo não farmacêutico é a atividade física — caminhar, andar de bicicleta, praticar *jogging* ou um esporte. Qualquer coisa que movimente o corpo também aumenta os níveis de serotonina e ajuda a oxigenar o cérebro. Mas o que aconteceu com o movimento físico na Era Digital?

Movimento — o que é isso? Como diria o Dr. Stephen Ilardi, neurocientista da Universidade do Kansas que pesquisa sobre depressão: "Ficar sentado é o novo fumar." E, além disso, no que diz respeito ao nossos índices elevadíssimos de depressão, apontou: "Nunca fomos concebidos para o ritmo frenético da vida moderna, sedentários, presos em ambientes fechados, privados de sono, socialmente isolados, entupidos de *fast-food*."[14] É importante observar também que essas "doenças por desespero", e, de fato, até mesmo a depressão, são enfermidades provenientes do estilo de vida, basicamente inexistentes nas sociedades não industriais e indígenas.

E sabemos que a depressão, embora tenha um componente neurofisiológico, é uma doença associada ao estilo de vida. Caso analisemos as pesquisas científicas sobre ela, fica claro que, durante os últimos vinte anos de nossa imersão exponencial em vidas altamente tecnológicas, sedentárias, isoladas e dependentes de telas, nossas métricas de saúde mental deterioraram de forma significativa. Relegamos o problema o tempo todo à indústria farmacêutica: a venda dos ansiolíticos dobrou, as prescrições de antidepressivos triplicaram e as prescrições de opioides quadruplicaram — e ainda estamos ficando cada vez mais deprimidos, ansiosos e suicidas.

Se fôssemos adotar *totalmente* o paradigma do desequilíbrio químico da doença mental, os medicamentos que tratam nossa neuroquímica *deveriam* nos curar. Mas não curam. Portanto, as teorias endógenas (com base biológica) sobre depressão e transtornos mentais não representam todos os fatos de nossa crise de saúde mental. Na verdade, houve um pesquisador rigoroso que nos ajudou a entender melhor a diferença entre depressão endógena e "depressão reativa" (a que surge após algum tipo de evento traumático), e isso pode explicar melhor nossa atual epidemia de depressão.

Circunstâncias e Situações Deprimentes

Durante a Segunda Guerra Mundial, George Brown era um adolescente que vivia em um bairro paupérrimo de Londres quando teve uma infecção no ouvido. Ele ficou em um estado lastimável e, devido à guerra, não teve acesso a antibióticos ou ajuda médica. Felizmente, sua vizinha era enfermeira e cuidou dele, conseguindo até antibióticos.

Brown se convenceu de que, se não fosse por ela, não teria sobrevivido. Por isso ficou tão arrasado ao saber que a gentil enfermeira, apenas alguns dias após o término da guerra, caminhou até o Grand Union Canal e tirou a própria vida. Ele não conseguia parar de pensar nela e se perguntava o que havia levado aquele ser humano generoso e solidário ao suicídio. Que angústia arraigada e oculta era aquela que poderia levar uma mulher tão adorável, simpática e aparentemente feliz a recorrer ao sacrifício derradeiro?

Brown acabaria se graduando em sociologia e escreveria a obra pioneira *Social Origins of Depression* ["Origens Sociais da Depressão", em tradução livre], tornando-se um pesquisador sobre a depressão e líder de pensamento que realizou um dos estudos mais importantes para explorar suas causas.

Na época de seus estudos, no final da década de 1970, o campo da saúde mental estava dividido em relação à etiologia da depressão: um grupo defendia o modelo de "desequilíbrio químico" no cérebro (depressão endógena), enquanto o outro adotava o paradigma de "evento de vida traumático" (depressão reativa) como a causa da doença. No entanto, nenhum dos lados tinha muitos dados empíricos.

Assim sendo, George Brown começou a desenvolver um experimento a fim de identificar qual explicação era melhor embasada pelas evidências enquanto ele e sua equipe selecionavam dois grupos de mulheres em Londres para alvo de estudo. O primeiro grupo tinha 114 participantes, que faziam parte de programas de tratamento psiquiátrico locais e que haviam sido diagnosticadas com depressão por um psiquiatra. Cada uma das mulheres foi entrevistada minuciosamente, e uma das principais perguntas era quais eventos significativos (uma grande perda ou um evento adverso) aconteceram no ano anterior à depressão. O outro grupo tinha 344 mulheres *não* diagnosticadas com depressão, escolhidas por estarem na mesma faixa de renda e morarem em bairros residenciais geograficamente semelhantes. Elas responderam às mesmas perguntas do primeiro grupo, inclusive se algum evento negativo e significativo havia ocorrido no ano anterior ao estudo. Se a teoria endógena (biológica) fosse válida, e a depressão fosse somente resultado de um desequilíbrio químico, não deveria haver diferença entre os dois grupos com relação a eventos negativos no ano anterior.

Brown e sua equipe de pesquisa coletaram metodicamente uma enorme quantidade de dados entrevistando individualmente os dois grupos de mulheres.[15] A equipe também coletou dados sobre o que chamou de "dificuldades", situações crônicas, como moradias precárias ou um casamento péssimo. Além das "dificuldades", coletou-se também dados sobre fatores positivos na vida delas, chamados de "estabilizadores" (ou seja, apoio), como o número de amigos íntimos ou se tinham uma família que as apoiava e um casamento saudável.

Os resultados foram reveladores: 20% das mulheres que *não* tinham depressão passaram por um evento adverso significativo no ano anterior. No entanto, no grupo deprimido, 68% delas indicaram que passaram por um evento adverso significativo durante o ano anterior — representando uma diferença estatisticamente considerável de 48% entre os dois grupos. Os dados eram transparentes: passar por um evento estressante na vida poderia desencadear a depressão; assim, a evidência embasou o modelo de "depressão reativa" em vez do modelo biológico como principal fator da doença. Além do mais, havia outras diferenças importantes.

As mulheres que passaram por dificuldades crônicas e de longo prazo em suas vidas tinham três vezes mais chances de serem diagnosticadas com depressão quando um evento adverso significativo ocorreu no ano anterior do que aquelas que não vivenciaram estressores crônicos. Parecia que eles efetivamente preparavam o terreno e criavam as condições propícias para a depressão, que poderia ser *desencadeada* ou estimulada por um único evento de vida ruim no ano anterior.

Assim, George Brown descobriu que não era apenas *um* evento negativo que normalmente desencadearia a depressão; era mais provável que ela se desencadeasse em alguém com estresse crônico de longa data *antes* que um único evento crítico ou ponto de ruptura ocorresse.

E o outro resultado surpreendente foi que quanto mais fatores "estabilizadores" positivos as mulheres tivessem em suas vidas, menor a probabilidade de serem diagnosticadas com depressão — mesmo se tivessem estresse crônico de longo prazo *e* sofressem um episódio crítico no ano anterior. Basicamente, um ambiente saudável e solidário, repleto de fatores "estabilizadores" — como o apoio de um amigo, familiares próximos ou um parceiro compreensivo — agia como um imunizante contra a doença.

O modelo resumido da pesquisa pioneira de George Brown foi que uma vida cronicamente desafiadora e com muito estresse levava à depressão — mas que uma infinidade de apoios saudáveis superava os impactos adversos de uma vida difícil. O ambiente importava — e muito.

As constatações mais inesperadas da pesquisa de Brown foram os efeitos cumulativos. Por exemplo, caso uma mulher apresentasse um perfil de estresse crônico de longo prazo, não tivesse amigos ou redes de apoio *e* passasse por um evento adverso, ela tinha 75% mais chances de ser diagnosticada com depressão. O *acúmulo* de cada evento negativo ocorrido e de cada ausência de fator de apoio aumentava sua probabilidade de contrair depressão clínica.

Milhares de feridas abertas.

Brown começou a entender a depressão como resultado de algo que deu muito errado na vida de alguém, não de um desequilíbrio neuroquímico cerebral, alegando que "em vez de ser uma resposta irracional do cérebro, a depressão é uma resposta compreensível à adversidade." Durante a vida, estressores de longo prazo exaurem as pessoas e produzem uma "generalização da desesperança".

Dito de outro modo, a depressão é causada por um estilo de vida tóxico de longo prazo — e não, normalmente, por um desequilíbrio neuroquímico. Sim, uma vida cronicamente estressante que leve à depressão altera a química do cérebro de uma pessoa; no entanto, é o estilo nocivo de vida que provoca o desequilíbrio neuroquímico associado à depressão.

E como chamaríamos um estilo de vida vazio e insípido, consumido por um fluxo interminável de mídias sociais polarizadoras que aumentam a depressão e a autoaversão? Poderíamos chamar de tóxico — e crônico? Acredito que sim.

Mas o tempo que passamos em frente às telas e a progênie das mídias sociais contribuem mesmo com o aumento da depressão? Resposta mais simples: sim. Nos próximos capítulos, analisaremos com mais detalhes essa dinâmica.

A Conexão da Depressão e da Desconexão

Nos anos *após* o estudo de George Brown em 1978, verificaram-se muitas pesquisas adicionais sobre as origens da depressão. Grande parte delas se concentrava em diversos tipos de fatores tóxicos do estilo de vida e analisava a doença por meio do prisma da conexão — ou, em termos mais específicos, a estudava como uma resposta às diversas formas de *desconexão*, vistas como uma toxina causadora de depressão.

Agora, para que fique claro, o ambiente pode impactar a biologia — ou seja, um trauma pode mudar nossa neuroquímica. Assim sendo, quando alegamos que a maioria dos fatores que impacta a depressão não são desequilíbrios neuroquímicos do cérebro, queremos dizer que sua causa raiz é de natureza ambiental ou psicológica, que, por sua vez, se manifesta como um desequilíbrio neuroquímico. Pesquisadores e autores, incluindo Johann Hari, identificaram sete tipos separados de *desconexão* humana que podem levar à depressão:[16]

- **Desconexão do trabalho significativo**. Caso tenha um emprego sem perspectivas que odeie e que lhe proporcione pouco senso de propósito ou entusiasmo — e pouco controle ou autonomia —, isso é um problema.

- **Desconexão das pessoas**. Trata-se do reflexo de nossa epidemia de solidão, em que não compartilhamos nenhuma experiência significativa com outras pessoas. Seu gato não conta.

- **Desconexão dos valores significativos**. Permitir que os chamados influenciadores superficiais e materialistas e nossa cultura popular moldem os valores de nossa sociedade para que eles tomem como base o materialismo e recompensas extrínsecas em vez de o valor intrínseco.

- **Desconexão causada por trauma de infância**. O trauma resulta em problemas de saúde mental, e, como indicou o trabalho do Dr. Brown, a experiência traumática pela qual passamos quando crianças aumenta de forma significativa a probabilidade de um diagnóstico posterior de depressão.

- **Desconexão do respeito.** A dignidade e o autoconceito comprometidos das pessoas em sistemas desumanizadores e opressivos podem levar e levam à depressão.

- **Desconexão do mundo natural.** Como veremos na próxima seção, precisamos bastante de uma conexão com a natureza e com o mundo natural e ficamos muito indispostos ao nos afastarmos do contato com ele. Na realidade, os guerreiros nativos norte-americanos ficaram literalmente insanos quando foram forçados ao cativeiro em reservas e perderam sua conexão com a natureza, assim como os animais em zoológicos que experimentam a chamada "zoocose", balançando-se para frente e para trás e, não raro, machucando-se.

- **Desconexão da perda de esperança de um futuro melhor.** Quando não consegue enxergar claramente um caminho promissor em sua vida, uma pessoa pode desenvolver sentimentos de desesperança e desamparo adquiridos — e depressão.

Por Que os Homens das Cavernas Não Ficam Deprimidos?

Isso nos remete ao "mundo exterior" do nosso ambiente e estilo de vida. Como já mencionei, os seres humanos simplesmente não foram geneticamente programados para viver no século XXI — o que causa o impacto adverso de quase todas as nove "causas" de depressão mencionadas acima.

Pense a respeito. Num piscar evolucionário de olhos, passamos de caçadores-coletores, evoluímos como agricultores, progredimos tecnologicamente na era industrial e, neste exato momento, estamos na Era Digital. No entanto, nosso DNA e nossas necessidades psicológicas, sociais e emocionais ainda são geneticamente paleolíticas. Precisamos de coletividade, de conexão, de atividade física, de propósito, da natureza e de esperança — tudo que foi reduzido, ou para algumas pessoas, destruído, pelas Big Techs e pelo nosso modo de vida moderno.

Por isso, as "Zonas Azuis" de longevidade aclamadas em todo o mundo costumam se agrupar em sociedades que compartilham determinados estilos de vida pré-digitais menos modernizados. Incrementando a pesquisa demográfica realizada por Gianni Pes e Michel Poulain, resumida no periódico mensal *Experimental Gerontology*, o autor do livro *Zonas Azuis*, Dan Buettner, identificou determinadas características comuns de sociedades em que as pessoas tendiam a viver mais e que tinham um número consideravelmente maior de centenários.[17] Essas características saudáveis e aparentemente prolongadoras da vida incluíam atividade física regular, senso de propósito de vida, redução do estresse, ingestão calórica moderada, compromisso com uma prática espiritual e com uma família sólida e vida social.

Agora se pergunte: essas características são aprimoradas ou refreadas pelos produtos e plataformas arquitetados por nossos amigos da Apple, da Microsoft, do Facebook, do Twitter, da Amazon e do Google? Não é de se espantar que não havia locais ultramodernos e altamente tecnológicos no Vale do Silício ou em quaisquer outras comunidades de estilo urbano que produzissem seres humanos saudáveis e longevos como nas Zonas Azuis.

Sem dúvidas, não viver em ambientes urbanos de alto estresse nem levar um estilo de vida sedentário, vidrado em uma tela, sem uma comunidade significativa, são os ingredientes para o clube dos centenários. E sem tirar nenhuma conclusão teológica sobre sociedades abastadas com pessoas centenárias, curiosamente, todas tinham comunidades profundamente espirituais ou baseadas na fé.

Da mesma forma, em outra pesquisa, o Dr. Stephen Ilardi, psicólogo, pesquisador da Universidade do Kansas e autor do livro *The Depression Cure* ["A Cura da Depressão", em tradução livre], mencionado anteriormente, descobriu que os povos indígenas não tecnológicos eram mais saudáveis do ponto de vista da saúde mental; na verdade, ele observou que havia as chamadas culturas primitivas, como os Kaluli em Papua Nova Guiné, que tinham índices zero de depressão. Imagine isso — mesmo sem iPhones, nenhum membro dos mais de dois mil habitantes locais estudados mostrou sinais de depressão clínica.[18]

Como isso é possível? Se todos temos a mesma aparelhagem básica genética e neurológica, como essas pessoas consideradas "primitivas" pareciam ser imunes à moderna epidemia de depressão? Um distúrbio de saúde mental que, segundo a Organização Mundial da Saúde (OMS), é a doença crônica e debilitante número um no mundo — e, ainda assim, não atingiu nenhum membro dos Kaluli? E não se esqueça de que suas vidas eram difíceis e desafiadoras, lutavam diariamente pela sobrevivência. Ou seja, como é que nenhum deles estava deprimido, mas nós, pessoas "modernas", temos os maiores índices de depressão — embora vivamos em relativo conforto e tenhamos aumentado a quantidade de antidepressivos em quase 400% nos últimos 30 anos para solucionar o problema?[19]

De acordo com o Dr. Ilardi, nossos índices crescentes de depressão (sem mencionar outros problemas de saúde mental, como ansiedade e adicção) são consequências de nossos estilos de vida modernizados, industrializados e urbanizados: "Nossas vidas estão cada vez menos ativas fisicamente. Os níveis de exposição à atividades de entretenimento — tempo gasto ao ar livre — estão diminuindo. O adulto comum dorme pouco mais de seis horas e meia por noite. Costumava dormir nove horas por noite. Há isolamento, fragmentação e deterioração crescentes da comunidade." Assim, segundo Ilardi, "nos sentimos perpetuamente estressados. E quanto mais aprendemos sobre os aspectos neurológicos da depressão, entendemos ainda mais que ela representa a resposta descontrolada do cérebro ao estresse." De fato, segundo o Dr. Ilardi, "as chances de os norte-americanos sofrerem de doenças depressivas é dez vezes maior do que era há sessenta anos... E um estudo recente constatou que o índice de depressão mais do que dobrou somente na última década.

Além de uma epidemia norte-americana, a depressão se tornou uma pandemia global. Segundo a OMS, em 2020, quase 300 milhões de pessoas em todo o mundo sofriam disso.[20] Durante anos, ela aumentou e tornou-se tendência global como a doença crônica e debilitante número um — a Covid-19 apenas acelerou esse processo.

O Dr. Ilardi descobriu que outras sociedades pouco tecnológicas, como os Amish norte-americanos, também tinham níveis quase inexistentes de depressão. E quanto mais examinava os aspectos comuns dessas sociedades "livres de depressão", mais ele esmiuçava certas variáveis comuns que incluiu em sua pesquisa inovadora, apelidada de *Therapeutic Lifestyle Change Project* ["Projeto Terapêutico de Mudança de Estilo de Vida", em tradução livre]: indivíduos clinicamente deprimidos foram solicitados a incorporar várias mudanças em seu estilo de vida por diversas semanas.

Quais foram as mudanças mágicas, que passaram a ser conhecidas como Mudanças Terapêuticas no Estilo de Vida (TLC) (outros chamam de "Terapia do Homem das Cavernas")? Eram seis: praticar regularmente exercícios diários; envolver-se com algum tipo de atividade social, em que se conectavam socialmente; adotar uma dieta rica em ômega-3; expor-se à luz solar natural; dormir o bastante todas as noites; participar de tarefas significativas, tendo pouco tempo para pensamentos negativos — todas as coisas que nossos ancestrais faziam em abundância.

O Dr. Ilardi provou as vantagens desse estilo de vida mais "primitivo" quando realizou um estudo em que diversos participantes com depressão grave adotaram o TLC dos imunes à depressão na Nova Guiné. Até ele ficou atônito com a própria descoberta: se uma pessoa deprimida adotar um estilo de vida "de volta à origens", a depressão desaparece. Repare que os três principais ingredientes dos protocolos TLC antidepressivos eram atividade física, senso de comunidade e tarefas significativas.

O que seria uma tarefa "significativa"?

Sobrevivência, por exemplo. Os Kaluli não passam os dias no Reddit ou alterando fotos no Photoshop para postar no Instagram; ao contrário, é necessário caçar e lutar para sobreviverem. Não havia tempo para sentir cansaço mental entediante.

Na realidade, parece que a resiliência e a força dos Kaluli fluíram de sua intensa luta; é o que meu pai me ensinou, é o que a pesquisa de resiliência indica, é o que o psiquiatra e autor do célebre livro *O Homem em Busca de um Sentido*, Viktor Frankl, descobriu em um campo de concentração de Auschwitz: é a luta pela sobrevivência que pode aprimorar e aguçar um senso de *propósito* que sustenta a sanidade, da qual nós, como humanos, *precisamos*. Caso contrário, ficamos à deriva, como tantos destroços flutuando no mar. Na Parte 3, falaremos mais sobre Frankl e a busca do sentido.

Para ressaltar a importância do sentido em nossas vidas, em 2014, os psicólogos sociais Christina Sagioglou e Tobias Greitemeyer, ambos da Universidade de Innsbruck, na Áustria, realizaram um estudo fascinante.[21] Eles descobriram que uma das principais razões pelas quais as pessoas se sentem tristes após usarem as mídias sociais ou o Facebook é porque sentem que o tempo gasto não é *significativo*. E, como acabei de mencionar, ter um sentido real, autêntico e genuíno em nossas vidas é de suma importância; mas o tempo gasto nas mídias sociais, com tanta superficialidade, falta de conexão autêntica e mordacidade, é a antítese disso.

A pesquisa do Dr. Ilardi nos mostrou que um estilo de vida mais simples e natural pode imunizar as pessoas contra a depressão, e também temos uma infinidade de pesquisas que nos mostram a importância crítica da natureza na manutenção da saúde mental ideal. Por exemplo, sabemos pelo trabalho de Edward O. Wilson em Harvard e seu movimento de biofilia,[22] bem como por Richard Louv, que cunhou o termo *transtorno de déficit de natureza*, que os seres humanos são programados para ter uma conexão genuína com ela. Segundo Louv, os crescentes problemas emocionais e psicológicos estão relacionados à nossa gradativa desconexão da natureza, causada em grande parte por nossa imersão no mundo digital.[23]

Em janeiro de 2020, uma equipe interdisciplinar de pesquisa de Cornell divulgou que *apenas dez minutos* em um ambiente natural podem ajudar os estudantes universitários a se sentirem mais felizes e a reduzir os efeitos do estresse físico e mental. "Não demora muito para que os efeitos positivos apareçam — estamos falando de dez minutos ao ar livre em um espaço com a natureza", disse a principal autora do estudo, Gen Meredith, diretora associada do programa de mestrado em Saúde Pública dessa universidade.

O Dr. Don Rakow, diretor do programa *Nature Rx* em Cornell, foi ainda mais além: "Nos últimos anos, uma infinidade de evidências demonstra que ter contato com a natureza, simplesmente ficar sentado ao ar livre ou até mesmo olhar para uma foto de um ambiente natural traz benefícios para o bem-estar geral."[24] Ele acredita que isso é especialmente válido com a Covid-19: "Desde o início da pandemia, todos nós desenvolvemos uma dependência tão grande da tecnologia que passar um tempo na natureza ficou em segundo plano." No entanto, a pesquisa sobre os efeitos da natureza é irrefutável: "Todas as pessoas se beneficiam do tempo que passam ao ar livre", afirma Rakow e ainda salienta: "Deixe-me repetir: todas as pessoas", acrescentando que os benefícios psicológicos são a redução do estresse, da ansiedade e da depressão, e os benefícios fisiológicos são melhor concentração e função cognitiva, controle da dor e recuperação mais rápida de ferimentos. Além dos benefícios psicológicos e fisiológicos, Rakow também acrescenta os benefícios "atitudinais" de maior felicidade, satisfação com a vida, redução da agressividade e melhores conexões sociais.

Há um fio condutor entre a pesquisa do Dr. Ilardi, o trabalho sobre as Zonas Azuis de Buettner, Poulain e Pes, o estudo do Dr. Brown sobre os impactos adversos de um ambiente tóxico, a pesquisa sobre os efeitos da natureza de Rakow em Cornell e as percepções de Johann Hari sobre nosso déficit de "conexões". Todos sinalizam que o responsável pela nossa crise de saúde mental é uma civilização moderna tóxica.

A verdade inconveniente é que simplesmente não nascemos para viver as vidas sedentárias, superestimuladas, mais isoladas e atomizadas, com menos coesão social, desconectadas da natureza, desprovidas de significado, hipercinéticas, privadas de sono e sobrecarregadas do século XXI.

E, como veremos no próximo capítulo, nosso mundo altamente tecnológico inundado pelas mídias sociais também está nos enlouquecendo de outra maneira: moldando nosso comportamento pelo efeito do "contágio social". Há anos, cientistas sociais identificaram o que chamaram de *efeitos sociogênicos*, ou *contágio social* — comportamentos, emoções ou transtornos disseminados por redes sociais ou grupos de pessoas. Trata-se da "teoria da aprendizagem social" básica do "macaco vê, macaco faz".

Comportamentos como fumar porque seus amigos fumam; ou, de repente, se ver ouvindo música country e indo às corridas da NASCAR porque você se mudou para a cidade de Nashville e tem um novo grupo de amigos; ou assistir a um filme que não acha muito engraçado, mas depois começar a rir — e achar o filme engraçado — porque todo mundo no cinema está rindo; ou se encontrar nadando pelado à meia-noite, pois todos os seus amigos tiraram as roupas e mergulharam. São exemplos de efeitos bastante inócuos de contágio social, modelados pela pressão dos colegas e pelo pensamento de grupo, tudo junto.

No entanto, os contágios sociais também podem ser mais nefastos do que apenas nadar pelado com os amigos. O movimento nazista foi um contágio social. Cultos e linchamentos são contágios sociais. E, na Era Digital, com o aumento do poder, amplificação, onipresença e alcance das novas e famigeradas mídias sociais, o efeito do contágio social assumiu um significado totalmente novo, preocupante — e às vezes letal.

3

O Efeito do Contágio Social

Os *Influencers*: Famosos Fake, Seguidores Deprimidos e Valores Tóxicos

Em 2011, a HBO exibiu um documentário fascinante e elucidativo, oportunamente chamado de *Fake Famous*, que não apenas desconstruía de forma magistral nossa obsessão com os famigerados *influencers*, como também revelava os segredos do glamour artificialmente promovido e encenado e a pompa de pessoas vazias, insípidas e desesperadas, sedentas pela atenção que valida suas vidas. Sua necessidade inesgotável de adquirir com avidez a moeda vigente no mundo das mídias sociais — *seguidores* — é fascinante e doentia.

O documentário também foi um experimento social: o que acontece quando os produtores mobilizam três pessoas anônimas e colocam em prática suas artimanhas de mídias sociais para alavancar a notoriedade delas no Instagram? *Fake Famous* focou o custo — mental e físico — que a busca pelo estrelato nas mídias sociais cobra dos chamados *influencers* (sim, houve lágrimas e crises nervosas).

Mas qual o efeito de todo esse absurdo nos milhões e milhões de *seguidores*? Esqueça os *influencers*, e quanto aos *influenciados*? Como isso impacta a saúde mental deles? Como esse ouro de tolo da busca por seguidores afeta o senso de autovalorização do seguidor — moldado para enxergar através de uma lente seu valor e autovalorização que, por sua vez, são julgados pela totalização de cada vez mais seguidores ou mais visualizações no YouTube ou TikTok —, atraído por vidas glamorosas indiscutivelmente falsificadas?

Andy Warhol, falecido ícone cultural e artista visual, disse uma vez que "no futuro, todos serão famosos por quinze minutos". Em uma sociedade em que essa citação de Warhol se tornou uma profecia concretizada — com esteroides —, temos que investigar as implicações sociais e psicológicas de uma cultura sedenta por fama. Mas será verdade? Todo mundo só quer ser famoso — por quinze minutos ou mais? E se for, *por quê?*

Sabemos que as escolas estão repletas de orientadores mais velhos que se queixam da mudança nos objetivos de carreira dos alunos nos últimos vinte anos. Se antes havia estudantes que sonhavam em ser médicos, atletas, atores, músicos e astronautas — alguns ficando famosos como consequência de suas escolhas de carreira —, em geral, a perspectiva de fama não era o motivo *principal* para a escolha da carreira. Hoje, a resposta mais comum à pergunta "O que você quer fazer depois do ensino médio?" é uma versão de "eu quero ser famoso" (aqui, podemos completar com *influencer*, YouTuber, estrela do TikTok, etc.). Agora, a fama não é a consequência, mas o objetivo.

Na prática, em 2019, a Harris Poll entrevistou três mil crianças dos Estados Unidos, da Grã-Bretanha e da China e lhes perguntou o que gostariam de ser quando crescessem: a primeira resposta das britânicas e norte-americanas foi ser uma estrela do YouTube. E o principal objetivo de carreira das chinesas? Ser astronauta.[1] Ironicamente, a pesquisa foi realizada em homenagem ao quinquagésimo aniversário do primeiro pouso tripulado na Lua pelos astronautas da Apollo 11. As crianças puderam escolher entre cinco profissões: astronauta, músico, atleta profissional, professor ou *vlogger*/YouTuber. Apesar de 56% das chinesas alegarem que queriam ser astronautas, essa era a última escolha das norte-americanas, já que, aparentemente, a fama superava o mérito ou a conquista. Como o YouTuber profissional DeStorm Power disse ao *Business Insider*: "Sempre que vou às escolas, 90% do que as crianças dizem é: 'Quero ser um YouTuber'. Elas querem ser estrelas das mídias sociais."

O que há de errado com isso? Já posso ouvir os gritos de "Okay, *Boomer*!" enquanto digito estas palavras... *Vamos lá, Dr. K... Pare de ser antiquado e rabugento... O que há de errado em ser famoso, chamar a atenção e ter milhões de seguidores?*

Já entendi. Entendi mesmo. O problema é quando conseguir seguidores se torna o próprio objetivo, pois isso cria uma mudança em nossos valores — em como valorizamos nós mesmos e tudo em nossas vidas. Nosso sistema de valores é inerentemente superficial e vazio; para mim, isso é inquestionável. Desnecessário falar sobre materialismo aqui; já é tarde demais — sem dúvida, somos uma cultura de consumo, obcecada com as "coisas" de uma sociedade materialista. Tudo se resume a ostentação, materialismo e ausência de inteligência, é o que faz as engrenagens do mundo do *influencer* girar — criando um ecossistema multibilionário.

Sim, podemos afirmar que *sempre* houve *influencers* sociais em nossa sociedade. Dependendo de como preferirmos definir esse termo, se usarmos a definição do *Merriam-Webster, influencer* é "uma pessoa que inspira ou orienta as ações dos outros", podemos dizer que a enorme influência de Martin Luther King Jr., de Gandhi, de Cleópatra, de Jesus Cristo e de muitos outros ultrapassaram a barreira do tempo e do espaço. Se quisermos restringir o termo à arena da cultura pop, podemos recorrer às estrelas icônicas e ao que costumava ser chamado de *starlets* (aspirantes à fama) do século passado — pessoas como Joe DiMaggio, Mae West, Muhammad Ali, Marilyn Monroe, Elvis Presley e Jackie Kennedy. A maioria tinha talento; outros tinham carisma e/ou sex appeal.

Se quisermos restringi-lo ainda mais, resultando em sua versão atual das mídias sociais, segundo a *Forbes*, "Nas mídias sociais, os *influencers* são pessoas que têm um público-alvo enorme de seguidores e que se aproveitam disso para influenciar ou persuadi-los a comprar determinados produtos ou serviços." Por exemplo, Kylie Jenner e seus 278 milhões de seguidores no Instagram e sua renda líquida de US$700 milhões (segundo a *Forbes*, em 2019, ela havia atingido, por um breve período, a marca de bilhões de dólares de renda líquida; desde então, admitiu-se o erro e reduziram o valor de seu império pessoal para "somente" US$700 milhões).[2]

Mas o que exatamente tornou Kylie famosa? E qual é a origem de toda sua riqueza? Em resumo, ela é famosa por ser famosa — talento ou realização, opcional. Kylie vem da infame árvore genealógica Kardashian de *influencers*, notável por sua fama, baseada na curadoria de um estilo de vida glamouroso de consumo desenfreado — e nada mais. A família se tornou uma patologia cultural, difundindo uma "marca" que centenas de milhões de crianças impressionáveis vivem para imitar. E, no processo, as Kardashians levaram o conceito de adoração à celebridade a um nível totalmente diferente. Ainda adolescente, Kylie se tornou absurdamente rica, monetizando sua fama nas mídias sociais: ela ganhava US$30 milhões anuais por participar do *reality show* da família, *Keeping Up with the Kardashians*, muito odiado e amado. A maioria de seu dinheiro se origina da exploração inteligente de sua fama com linhas bem-sucedidas de roupas e cosméticos, que seus milhões de fãs adoradores, querendo imitá-la, compram sem pensar.

Alavancar a fama com uma linha de produtos não é nenhuma novidade; Michael Jordan criou um império inteiro com as campanhas "Be Like Mike" e "Just Do It!", em que seus fãs eram incentivados a comprar de tudo um pouco, desde Gatorade até tênis Air Jordan caríssimos. Foi uma mudança interessante — a exploração extrema dessa celebridade pela Madison Avenue, avenida luxuosa de Nova York. Claro, as estrelas de cinema do passado faziam comerciais de cigarros e incentivavam seus fãs a fumar casualmente, como *elas*. Spencer Tracy fez anúncios impressos por meio de *marketing shill*, divulgando a marca Lucky Strike, enquanto Bing Crosby, Ann Sheridan, Ed Sullivan e até Ronald Reagan apareceram em anúncios Chesterfield, relaxando e fumando um cigarro.

Mas, com o aumento da influência e do alcance dos novos meios de comunicação visual — televisão — e a evolução da sofisticação das agências de marketing, as coisas passaram do ocasional endosso de famosos para a criação de "marcas" de celebridades. Michael Jordan foi um dos primeiros a adotar completamente a influência de marca e o potencial de marketing a ponto de haver crianças desesperadas fazendo o que fosse necessário para "Ser Como Mike" [do slogan "Be Like Mike"]. Se isso significasse que as pobres com recursos limitados tivessem que fazer tudo ao seu alcance para adquirir um Air Jordan de US$100 — símbolo de status — e para "Ser Como Mike", que assim fosse.

É importante salientar que, embora o preço de um tênis de US$100 possa parecer risivelmente baixo pelos padrões atuais da indústria de calçados inflacionados dos Estados Unidos, naquela época, o preço desses tênis eram altíssimos. Em 1985, quando o Air Jordan 1 foi lançado, ele custava US$65; em 1990, o Air Jordan V estava sendo vendido por US$125 no varejo. Em termos comparativos, antes dos Air Jordans, os tênis mais famosos apoiados por celebridades eram os Puma Clydes, nome dado em homenagem ao apelido da lenda do New York Knicks, Walt Frazier — a mídia havia dado ao jogador esse apelido devido às suas roupas de alfaiataria ao estilo Bonnie e Clyde.

Os tênis Puma Clydes de camurça azul foram um salto evolutivo em relação aos básicos All Stars Converse Chuck Taylor de lona da época, que custavam cerca de US$12. Mas os estilosos Puma Clydes cujo preço era a fortuna de US$25 — altíssimo para um tênis nos anos 1970. Ainda assim, muitas crianças economizavam para comprar um Clyde, como Walt Frazier reconheceu: "Você tinha que se sacrificar como se fosse algo especial. Para comprar um par de Clydes, você tirava dinheiro de suas economias."[3] Como estudante do ensino médio no Bronx, eu era uma dessas crianças; economizei dinheiro de meu emprego temporário para conseguir meus preciosos Puma Clydes. Para mim, na época, não tinha a ver com status, mas, sim, com o fato de eu amar os Knicks e Walt "Clyde" Frazier e querer usar o tênis que ele usava.

Com o lançamento do Air Jordan, houve um grande impacto social e cultural. As crianças sentiram a necessidade de *ter* aquele tênis, como se suas vidas — ou seu senso de validação — dependessem dele. E alguns até foram assassinados por causa de seus Air Jordans. Nos anos 1980 e 1990, os roubos desse calçados aumentaram de forma considerável: adolescentes fariam qualquer coisa para obter os sapatos caríssimos que lhes conferiram status. Em 1990, a revista *Sports Illustrated* publicou uma reportagem sobre esse fenômeno chamada "Senseless" ["Sem Sentido", em tradução livre], relatando a exploração de marketing de crianças pobres, levadas a cometerem crimes — e até assassinato — apenas para conseguirem "Ser como Mike" — o OG (original gangster) dos *influencers*.[4]

Um promotor envolvido na acusação de um dos assassinatos relacionados aos Air Jordans disse ao repórter Rick Telander: "É ruim quando criamos uma imagem de luxo para produtos esportivos, e ela faz com que pessoas matem por causa disso." Na realidade, um Michael Jordan abalado e com lágrimas nos olhos disse a Telander:

"Pensei que estava ajudando as pessoas, e tudo seria positivo. Achei que as pessoas tentariam seguir os bons exemplos que dou, tentariam conquistar as coisas, serem melhores. Nada de ruim. Nunca pensei que, devido ao meu apoio a um tênis ou qualquer outro produto, elas se prejudicariam. Todo mundo gosta de ser admirado, mas quando se trata de crianças matando umas às outras, é preciso reavaliar a situação."

Obviamente, Michael Jordan não havia previsto que as pessoas chegariam ao extremo por conta da idolatria a celebridades. Telander acertou em cheio quando escreveu: "Algo está muito errado com uma sociedade que criou uma classe baixa, que está sendo relegada ao esquecimento econômico e moral. Uma classe baixa em que pedaços de borracha e plásticos unidos por cadarços são, não raro, mais valiosos do que vidas humanas. As empresas de calçados desempenham papel direto nessa situação, pois suas campanhas publicitárias milionárias, seus porta-vozes *superstars* e seus produtos caríssimos com design de luxo têm como alvo jovens impressionáveis, criando status a partir do nada para alimentar os sedentos por autoestima."

Criando status a partir do nada para alimentar os sedentos por autoestima.

Apesar de serem palavras escritas há mais de trinta anos, ainda são cabíveis para a obsessão atual com os *influencers* nas mídias sociais. Acho justo afirmar que, desde 1990, a intersecção da adoração à celebridade, dos patrocínios de produtos e de jovens vazios e perdidos buscando status ao tentarem imitar o comportamento de suas figuras de referência aumentou cada vez mais — ou devo dizer *viralizou*? Tudo isso é impulsionado pelos algoritmos sofisticados de hoje que visam aos jovens — e suas inseguranças — com o intuito de aumentar o engajamento e a influência dos produtos vendidos.

Ao contrário da maioria dos *influencers* atuais, pelo menos, Michael Jordan era o talento de sua geração, venerado pelos fãs. E muitas das outras estrelas da mídia pré-social que eram *influencers* e adoradas por celebridades também tinham talento e, com frequência, inspiravam seus fãs a se empenharem para tentar imitar seu sucesso criativo, atlético ou profissional.

Infelizmente, a maioria dos *influencers* atuais das mídias sociais carece de talento e se aproveita da obsessão de jovens perdidos e vazios com luxo e status — tudo estilo e pouco conteúdo. O sistema de valores foi invertido: o sucesso não é o que está sendo reproduzido, e, sim, um estilo de vida luxuoso — seja ele merecido ou não. Assim, os fãs de Kylie Jenner querem voar em um jatinho particular, como ela. Mas como *podem* fazer isso? A lição aprendida nas mídias sociais é: conseguindo milhões e milhões de seguidores — como Kylie!

O que poderíamos esperar? Se existem pessoas que se sentem vazias e entorpecidas — a sensação de acédia mencionada anteriormente —, bem como desempoderadas, elas inevitavelmente serão atraídas por esses ídolos da mídia que lhes oferecem inclusão em seus círculos exclusivos — mas somente se comprarem (preencha o espaço em branco): tênis, cosméticos, linha de roupas, perfumes... Qualquer coisa.

Elijah Anderson, sociólogo da Universidade da Pensilvânia, também abordou a questão de raça e de desigualdade como impulsionadores desse fenômeno: "Crianças pobres não têm uma sensação de oportunidade. Elas sentem que não fazem parte do sistema. E, ainda assim, são bombardeadas com o mesmo mecanismo cultural que a classe média branca. Elas não têm os meios para conquistar as coisas oferecidas, mas têm o mesmo desejo. Desse modo, valorizam esses 'emblemas', esses símbolos de suposto sucesso."

Durante a controvérsia Michael Jordan e Nike, Spike Lee, que também estrelou em alguns e dirigiu outros comerciais da Nike com Jordan, foi criticado por um colunista local por seu envolvimento no que foi considerado exploração de crianças negras e seu papel na violência que acompanhou a obsessão pelos tênis apoiados por celebridades. Lee respondeu com raiva ao *The National*: "Os comerciais da Nike que Michael Jordan e eu fazemos nunca mataram ninguém. A questão é: vamos tentar lidar eficazmente com as condições que fazem as crianças se importarem tanto com um par de tênis, uma jaqueta e ouro. Elas sentem que não têm opções, não têm oportunidades."

Há um fundo de verdade nisso. No final das contas, o verdadeiro problema não é a "coisa" em si, mas os fatores subjacentes que fazem muitos jovens buscarem validação externa por meio desses "emblemas" materialistas de sucesso. Penso também que a cultura turbinada de *influencers* de mídias sociais está contribuindo para criar as condições — os valores distorcidos — que "fazem as crianças se importarem tanto com um par de tênis, uma jaqueta e ouro" — ou com qualquer outro símbolo de status vendido por *influencers*.

Eles não precisam estar divulgando produtos para serem influentes. Novamente, como entendemos pela teoria da aprendizagem social, os *influencers* podem moldar o comportamento dos outros, seu jeito de se vestir, pensar ou se valorizar, bem como influenciar outras pessoas em sua órbita simplesmente por meio de seu comportamento modelado. Jennifer Aniston fez de seu penteado da época de *Friends* um fenômeno; Billie Eilish criou um exército de seguidores que vestem roupas largas e que imitam seu estilo de não mostrar o corpo para que sua aparência não ofusque seu talento, e as escolhas de roupas extravagantes e de gênero não definido de Harry Styles impactaram a sensibilidade para a moda de muitos de seus seguidores. E talvez o *influencer* de mídia social mais eficaz desta geração seja o 45º presidente dos Estados Unidos; uma certa personalidade de pele alaranjada, cuja presença desmedida e sem filtro nas mídias sociais influenciou profundamente (e talvez de forma irreversível) não somente a política, mas o comportamento de seus seguidores (positiva ou negativamente) e todo o cenário midiático, como nenhuma outra figura pública antes dele. Ele continua sendo um exemplo claro e manifesto do impacto que uma pessoa carismática com muitos seguidores nas redes sociais pode ter.

Qual é a origem da dinâmica dos *influencers* das mídias sociais? Em retrospectiva, podemos afirmar que talvez *la grande dame* desse movimento moderno — em que as pessoas são famosas somente por serem famosas e em que os astros das mídias sociais são as novas estrelas de rock — tenha sido Paris Hilton. Seu "estrelato", assim como o de sua melhor amiga e colega *influencer* Kim Kardashian, começou com um famoso *sex tape* em 2001, resultando em seu próprio *reality show* (chamado *The Simple Life*, com a colega *influencer* Nicole Richie).

Esse programa foi uma espécie de teste beta das redes sociais, lugar em que pessoas narcisistas, egocêntricas e sem talento encontravam espectadores que alimentavam seu ego. Hoje, vemos que os *reality shows* e os *influencers* de redes sociais são quase intercambiáveis, já que, em geral, as principais dessas personalidades também têm os próprios *reality shows* para amplificar seu impacto nas mídias sociais e vice-versa — e isso é prejudicial à nossa sociedade, pois estamos ficando cada vez mais estúpidos. Mas não tivemos sempre entretenimento fútil? Alguns podem dizer: "Como essa nova geração de palhaços do TikTok ou do YouTube é diferente dos comediantes burlescos do passado, como os Três Patetas — eles também não emburreceram a sociedade?" Ainda que eu pense ser uma pergunta válida, a questão é o poder de influência das mídias modernas para amplificar culturalmente as mensagens de formas mais invasivas e mais impactantes do que nunca, alcançando *bilhões* de visualizações; *essa* é a diferença. Ou seja, os vídeos fúteis estão nos emburrecendo, pois são assistidos repetidas vezes, hora após hora, dia após dia, mês após mês.

Vejamos PewDiePie, o YouTuber mais popular, com 110 milhões de inscritos, ou a estrela mais popular do TikTok, a adolescente Charli D'Amelio, com 126 milhões de seguidores. Esses *influencers* postam os conteúdos mais absurdos e estúpidos que se possa imaginar. Nem tudo precisa ser arte erudita, mas esse tipo de postagem que entorpece a mente está sendo consumida repetida e vorazmente por tantos jovens, que acaba os moldando e emburrecendo mais do que qualquer outro filme ocasional dos Três Patetas — pelo menos, os Três Patetas tinham talento cômico.

A risonha e constrangedora Charli D'Amelio não apresenta nenhum talento visível ou aparente. Tentei encontrar algum — juro. No entanto, seus vídeos do TikTok não passam de simples fragmentos entediantes ao estilo documentário *fly-on-the-wall* sobre sua vida cotidiana. Vocês acham mesmo que *Seinfeld* era uma série que não dizia nada com coisa nenhuma? Esperem até assistir ao torturante e maçante vídeo de onze minutos do TikTok em que os dentes do siso de Charli são extraídos — me obriguei a vê-lo — e que, incrivelmente, teve mais de 4 milhões de visualizações no momento em que eu escrevia este livro.

Ao menos, o elenco do *reality show Jersey Shore*, outrora popular, ainda que repugnante, apresentava um pouco de atratividade e potencial para ser assistido devido às inúmeras situações desastrosas. Para ser sincero, prefiro assistir aos intermináveis debates de oratória prolongada da rede C-SPAN ou ao crescimento da grama de Connecticut a assistir aos vídeos do TikTok de Charli D'Amelio. A grama pode ter diferentes tons de verde. No entanto, eu poderia argumentar razoavelmente que ela impacta mais os adolescentes do que o presidente dos Estados Unidos, Gloria Steinem e Ruth Bader Ginsburg juntos. A propósito, podemos comparar os 4 milhões de visualizações do vídeo em que Charli D'Amelio visita o dentista aos 4 milhões de telespectadores do *The CBS Evening News* — pelo menos, o telejornal é interessante e bem produzido. Oh, onde estão Walter Cronkite e Edward R. Murrow? Se houver vida após a morte, pelo bem dos dois, rezo para que não tenham internet e TikTok.

E para não ficar de fora, a célebre "imagem do ovo" no Instagram (literalmente uma foto estática de um ovo marrom-claro — e nada mais), quebrou o recorde anterior de curtidas estabelecido por Kylie Jenner, que tinha 18 milhões e atualmente é um fenômeno viral com impressionantes 30 milhões de curtidas.

É difícil prever o que ou quando algo se tornará viral. Como um incêndio florestal varrido pelo vento, essas coisas se propagam mais rápido do que qualquer um pode prever. Certa vez, um artigo de jornal que escrevi viralizou com mais de 7 milhões de visualizações e compartilhamentos — foi, sem dúvida, um pouco emocionante.[5] E então, entra em cena o absurdo de tudo isso. Por que algumas coisas viralizam e outras não? Sorte e *timing* são dois grandes fatores dessa equação. Acredita-se que Charli D'Amelio tenha alcançado o estrelato por acaso — em 2019, na recém-lançada plataforma TikTok, ela começou a postar um tipo de conteúdo "dançando no meu quarto" que viralizou na internet e a elevou à estratosfera de *influencers*. Agora, ela tem contratos publicitários, a própria linha de *merchandise* e conteúdo bem monetizado.

É interessante observar como os *influencers* estão emocionalmente conectados com o número de seguidores que têm — não com os seguidores propriamente ditos, e, sim, com o tão importante número agregado deles. Um jogador de beisebol é julgado pela média de rebatidas, um patinador artístico ganha ou perde, dependendo das notas dos juízes, já um *influencer* é inteiramente definido — assim como seu senso de valor — pelo número de seguidores.

Ao descobrir que havia perdido um milhão deles, Charli D'Amelio ficou inconsolável diante das câmeras, chorando como se sua avó tivesse falecido — não se preocupe, ela ainda tem mais de 100 milhões de seguidores, e isso é *tudo* que importa. No entanto, seu sofrimento era palpável, como podemos ver, os seguidores a definem e validam sua vida monótona.

Como mencionado, a adoração a celebridades sempre foi complicada. Mas, pelo menos, nossos músicos e atletas se destacavam em suas respectivas atividades. Babe Ruth era capaz de acertar *home runs* — muitos. Ele era mais talentoso do que qualquer outra pessoa, pelo menos até Hank Aaron aparecer. O mesmo pode ser dito de nossos melhores músicos, escritores e atores — eles são os melhores do mundo em seu ofício.

Mas hoje, nossos *influencers* mais famosos — sim, elas, o clã Kardashian — aparentemente não têm talento algum além de cultivar sua celebridade. E agora, toda criança que consegue fazer o *upload* de um vídeo quer participar das Olimpíadas sem talentos. Ei, posso não conseguir arremessar uma bola em uma curva pendente ou dançar *O Quebra-nozes* — mas consigo postar um vídeo fútil do TikTok como se não fosse da conta de ninguém.

Esse vazio onipresente muda a gente. Usarei meus filhos como exemplo, gêmeos de 14 anos que tiveram uma infância bastante equilibrada: praticavam esportes, estudavam música e eram bons alunos. Mas então a Covid-19 bagunçou tudo, pois ambos foram impactados emocional e educacionalmente. Felizmente, eles conseguiram ultrapassar os obstáculos, porém, durante a pandemia, os dois não saíam do YouTube e ficaram obcecados por Mr. Beast e sua "filantropia demagoga", bem como por Mark Rober e seus vídeos com temas científicos. Justifiquei comigo mesmo, pelo menos, Rober é um ex-engenheiro inteligente da NASA, e seus vídeos são criativos e inventivos, pois ele se concentra na ciência popular e em dispositivos do tipo "faça você mesmo", gerando mais de 580.000 visualizações por dia. Mencionei que a CNN, segundo o pessoal da Nielsen, tem aproximadamente 224.000 telespectadores noturnos — menos da metade das pessoas que assistem Mark Rober todos os dias? E nem mencionarei o ovo marrom.

Mas estou divagando. Como eu estava dizendo, meus filhos começaram a assistir alguns desses YouTubers — e, talvez o mais desconcertante, começaram a ficar obcecados por visualizações, não apenas do site, mas de *tudo*. Eles começaram a julgar a qualidade de toda e qualquer coisa pelas visualizações recebidas. Se fôssemos assistir a um filme antigo no YouTube, a primeira pergunta seria "O filme tem quantas visualizações?", e um suspiro de decepção surgiria se houvesse menos de, digamos, duzentas mil, e gritos de alegria se 10 milhões de pessoas tivessem visto o que estávamos prestes a assistir.

Perguntei aos meus filhos: "E se fosse o melhor filme do mundo (*Cidadão Kane* ou *Vingadores: Ultimato*, escolha aquele de sua geração) e tivesse apenas três visualizações — vocês gostariam menos dele?" A resposta franca? Meu filho disse: "Sim, porque isso me influenciaria e me faria pensar que não é bom antes mesmo de assistir." Por outro lado, o pior filme de todos os tempos seria percebido como maravilhoso se milhões o tivessem visto. E aí reside o problema: este paradigma de pensamento dos *influencers* faz com que a popularidade — e não a qualidade — seja o valor principal.

A versão koan do zen-budismo dessa situação seria: se uma árvore cair na floresta, e ninguém estiver lá para vê-la, curti-la ou compartilhá-la, quem se importa se a árvore fez barulho? Não *importa*. Esse fato só é importante ou tem valor se milhões de pessoas também a virem ou a ouvirem. Vazio perpetua vazio. Quanto mais disseminamos esse conteúdo vazio e viciante, mais moldamos e criamos vazio. E assim sucessivamente.

Há algumas décadas, antes das mídias sociais, as pessoas perdidas e vazias corriam o risco de se juntar a seitas para encontrar um senso de pertencimento e propósito. Mas essas almas perdidas e vazias de outrora eram um número relativamente pequeno; hoje, quase todos se sentem vazios (61% dos norte-americanos relatam sentir solidão; quase metade diz se sentir "excluída"; e a geração Z é a mais solitária de todas, 68% afirmam sentir que "ninguém realmente os conhece").[6] Acredito que nossa epidemia de solidão e esses sentimentos de vazio foram amplificados cultural e digitalmente — e também nos levaram a aderir a um culto moderno: a Igreja das Big Techs. As mesmas pessoas que criaram nosso mal-estar contemporâneo... E agora, nos tornamos seus seguidores leais e devotos.

Basta bebermos o suco digital em pó e estaremos completamente prontos para seguir nossos sumo sacerdotes da Tecnologia — e seus *influencers* — direto para o abismo — ou seria direto para a nuvem? — com consequências, às vezes, fatais. Pior ainda, já sabemos que esses "sacerdotes" sabem exatamente o que estão vendendo e farão qualquer coisa para nos manter viciados.

A "Delatora" do Facebook, Suicídio e Anorexia no Instagram

Frances Haugen, ex-funcionária do Facebook, estava vivendo seu momento. Em setembro de 2021, durante um período de duas semanas, os incriminadores "Arquivos do Facebook" que entregou ao *The Wall Street Journal* foram destaque em uma matéria explosiva[7]; Haugen foi ao programa *60 Minutes* e concedeu uma entrevista bombástica a Scott Pelley, vista por milhões de pessoas. Ela testemunhou diante do Comitê de Finanças do Senado dos Estados Unidos sobre os perigos do Facebook, alegando que a empresa precisava declarar "falência moral"[8], e foi uma das palestrantes de destaque no Web Summit — o *Super Bowl* do mundo tecnológico — em Lisboa, Portugal, prosseguindo com sua campanha de destruição de uma mulher só contra seus antigos empregadores.[9]

Haugen retratou a imagem de uma empresa com um conflito inerente: o que é bom para o Facebook não é bom para a sociedade — e vice-versa. Suas acusações contra o Instagram e sua empresa-matriz, o Facebook, foram respaldadas por milhares de e-mails e documentos internos que ela havia secretamente copiado. Contudo, não era a primeira vez que as pesquisas internas do Facebook ocasionavam problemas; em 2012, os pesquisadores do site usaram quase 700 mil de seus usuários como cobaias de pesquisa, enviando-lhes publicações felizes ou tristes para testar se as emoções podiam ser contagiosas nas mídias sociais. Os resultados? Sim, as emoções compartilhadas ali tiveram de fato um efeito de contágio social e se alastraram.

Quando esses resultados foram publicados na *Proceedings of the National Academy of Sciences*, o efeito bumerangue foi estrondoso e imediato, tanto pela crítica de outros cientistas sociais a respeito do uso de participantes sem o conhecimento deles quanto pelos usuários do Facebook, que se sentiram usados ao participar de forma involuntária dessa "pesquisa" em que suas emoções foram secretamente manipuladas. Em outro exemplo de arrependimento posterior, um dos pesquisadores do site divulgou um pedido de desculpas, alegando que "em retrospectiva, os benefícios da pesquisa podem não ter justificado tamanha apreensão."[10]

Em pesquisa acadêmica, nunca se poderia realizar pesquisas humanas sem passar por uma rigorosa avaliação do IRB (*Institutional Review Board* ["Comitê de Revisão Institucional", em tradução livre]), já que metodologia, consentimento, ética e todos os aspectos da pesquisa são cuidadosamente revisados. No entanto, isso não ocorre com as Big Techs, que violam reiteradamente os princípios éticos básicos de privacidade e consentimento quando se trata de sua base de usuários.

Quanto às alegações da delatora Frances Haugen, foram inúmeras:

Primeiro, a empresa teria realizado pesquisas internas, indicando que o Instagram estava prejudicando as adolescentes ao amplificar seus pensamentos de suicídio e ao exacerbar transtornos alimentares — e, apesar disso, não fez nada para mudar os algoritmos que estavam recomendando as imagens prejudiciais, porque se acreditava que isso reduziria o engajamento.

A segunda questão exposta por Haugen era o fato de que o Facebook costumava isentar de forma seletiva usuários notórios, conhecidos como "clientes xCheck", como celebridades, políticos e jornalistas, permitindo que publicassem conteúdo que violava a política do Facebook em relação a postagens que continham assédio ou que poderiam incitar violência — e até 2020, havia 5,8 milhões de usuários xCheck.

A terceira questão exposta por Haugen é que, em 2018, o Facebook tomou a decisão consciente de usar um algoritmo que sabia que amplificaria a raiva entre seus usuários, pois era de conhecimento geral que essa é a emoção mais lucrativa de se suscitar, já que aumentava o engajamento na plataforma.

E, por último, o Facebook permitiu que agentes mal-intencionados e entidades estrangeiras tivessem acesso à sua plataforma ao reduzir, de modo consistente, a equipe de operações de informação de contraespionagem e as equipes de contraterrorismo, o que Haugen considera uma ameaça à segurança nacional dos Estados Unidos. No período em que trabalhou no Facebook, de junho de 2019 a maio de 2021, ela passou um tempo na equipe de contraespionagem da empresa e viu a China usando a rede para vigiar dissidentes uigures, e o Irã, para espionagem. Haugen confirmou as muitas suspeitas de longa data: ao mesmo tempo que o Facebook podia apresentar a fachada de uma empresa benévola cujo objetivo é "conectar as pessoas", sua prioridade era mesmo o engajamento do usuário e o lucro, não raro, a custo dos seus usuários.

A pesquisa do Instagram que demonstrava os efeitos adversos nas adolescentes era bastante alarmante. Como a pesquisa acadêmica já verificou, as mídias sociais podem deixar as pessoas mais deprimidas devido ao efeito de "comparação social" (em breve, analisaremos mais a respeito). Contrariando as negações públicas do Facebook, os Arquivos divulgados por Haugen confirmam que a empresa sabia desses efeitos nocivos — e, mesmo assim, optou por não fazer nada.

Os Arquivos do Facebook revelavam que, nos últimos três anos, foram realizados estudos internos sobre como o Instagram estava afetando seus milhões de jovens usuários, mas os e-mails e relatórios divulgados por Haugen eram condenatórios: segundo uma apresentação de slides de março de 2020 feita por pesquisadores, divulgada no canal interno de comunicação da empresa e analisada pelo *The Wall Street Journal*, "32% das garotas adolescentes afirmavam que, quando se sentiam mal com seus corpos, o Instagram piorava a situação. Comparações na rede podem mudar como as jovens mulheres se veem e se descrevem." Outro slide dos pesquisadores de 2019 apontava: "Nós pioramos problemas de imagem corporal em uma a cada três garotas adolescentes" e "Adolescentes culpam Instagram por aumentos no índice de ansiedade e depressão. Foi uma reação espontânea e homogênea em todos os grupos."

Talvez o pior de tudo: segundo outra apresentação de slides, entre adolescentes que relataram pensamentos suicidas, 13% dos usuários britânicos e 6% dos norte-americanos atribuíram o desejo de tirar a própria vida ao Instagram — ainda assim, a empresa se recusou a mudar o algoritmo nocivo. Em uma exploração completamente execrável de seus usuários vulneráveis, essa rede faz a "curadoria" de imagens de anorexia para garotas adolescentes anoréxicas e com outros transtornos alimentares, bombardeando-as com fotos e vídeos de outras meninas desnutridas — prática que especialistas afirmam agravar seus transtornos alimentares ao desencadear suas compulsões doentias.

A empresa agiu sem piedade porque era bom para os negócios. Fazer com que garotas anoréxicas adoecessem era bom para os resultados financeiros da empresa, pois as mantinha vulneráveis e, consequentemente, mais engajadas no Instagram. E daí se os transtornos alimentares têm o maior índice de mortalidade entre todos os transtornos mentais? Na verdade, o índice de mortalidade associado à anorexia é 12 vezes maior do que o que considera todas as causas de óbito para mulheres entre 15 e 24 anos. Um estudo da Associação Nacional de Anorexia Nervosa e Transtornos Associados dos Estados Unidos relata que 5% a 10% das pessoas anoréxicas morrem dentro de 10 anos após desenvolver a doença; 18% a 20% morrem após 20 anos e apenas 30% a 40% se recuperam completamente.

Considerando as estatísticas de mortalidade acima, pense no nível de pura ganância e desumanidade de contribuir de forma intencional com o aumento desse transtorno para potencializar os lucros. Embora todos devessem ficar enojados, foi exatamente isso que os predadores gananciosos do Facebook fizeram. De acordo com os arquivos divulgados, uma equipe de pesquisadores do Instagram criou, em 2022, um usuário de teste que seguia contas e hashtags relacionadas à dieta e ao culto à magreza, como *#skinny* e *#thin*. O algoritmo da rede então passou a recomendar mais conteúdo relacionado a transtornos alimentares — incluindo imagens de corpos femininos extremamente magros e contas com nomes como "skinandbones" e "applecoreanorexic", conforme demonstra o perturbador estudo interno.

Segundo especialistas em transtorno alimentares, adolescentes que já apresentam problemas com a imagem corporal os compartilham como "thinspo", fotos que "inspiram" os usuários a tentarem se tornar impossivelmente magérrimos. Ainda assim, por incrível que pareça, houve resistência total em mudar o algoritmo que recomendava essas imagens a essas adolescentes em risco.

Em outro site de mídia social concorrente, o TikTok, a situação pode ter sido pior ainda. De acordo com outro relatório investigativo do *The Wall Street Journal*, o jornal criou uma dúzia de contas automatizadas falsas (bots) na rede se passando por garotas de 13 anos. Poucas semanas depois, essas "jovens de 13 anos" receberam dezenas de milhares de vídeos de perda de peso pelo algoritmo de compartilhamento. Alguns deles apresentavam dicas sobre dietas restritivas de 300 calorias por dia; outros recomendavam consumir apenas água ou tomar laxantes, e ainda outros mostravam garotas esqueléticas com ossos salientes e faziam comentários humilhantes para aquelas que rejeitavam essas ideias de dieta extrema, como "Você é nojenta, deveria ter vergonha."[11] A resposta do TikTok ao relatório do *The Wall Street Journal* foi que continuará a remover vídeos que infringem suas regras. Mas e quanto à mudança do algoritmo nocivo, desenvolvido como um míssil guiado por calor para atacar as vulnerabilidades dessas garotas? Remover vídeos após o ocorrido é ignorar o essencial: o TikTok foi justamente *desenvolvido* para sugerir vídeos emocionalmente impactantes e difíceis de resistir.

O Facebook, ao que parece, não está disposto a tomar nenhuma medida que possa prejudicar o engajamento de adolescentes, já que a nave-mãe de Zuckerberg vem perdendo usuários constantemente e está buscando maneiras de aumentar seu público mais jovem; por isso, o sucesso da plataforma com foco juvenil, o Instagram, é tão importante — e por isso, há planos de criar o Instagram Kids a fim de atrair consumidores cada vez mais jovens para compensar a perda de usuários no Facebook.

Não muito diferente de que qualquer bom traficante de drogas, o Facebook compreende a noção de fisgar seus usuários enquanto novos. E o Instagram é o aplicativo preferido dos adolescentes; segundo as apresentações de slides analisadas pelo *The Wall Street Journal*, mais de 40% dos usuários dessa rede têm 22 anos ou menos, e cerca de 22 milhões de adolescentes o acessam nos EUA todos os dias, em comparação aos apenas 5 milhões que acessam o Facebook, em que os usuários jovens vêm diminuindo há uma década.

E, em média, os adolescentes norte-americanos passam 50% mais tempo no Instagram do que no Facebook. "O Instagram está em melhor posição para se identificar e conquistar os jovens", afirmava um dos slides internos dos pesquisadores, ao passo que outro alegava: "Há um caminho para o crescimento, se o Instagram puder continuar sua trajetória."

Felizmente, todas as novas alegações da delatora, e a publicidade negativa gerada por elas levaram o chefe do Instagram, Adam Mosseri, a anunciar que a empresa "pausaria" a iniciativa Instagram Kids para — essa é boa — ajudar a desenvolver melhores ferramentas de supervisão parental. Isso mesmo, os pais. Mas e os algoritmos nocivos?

Mosseri, no comunicado à imprensa de 27 de setembro de 2021 que anunciava a "pausa", reafirma sua crença quanto à importância de desenvolver o

Instagram Kids, pois, todos sabemos, as crianças se conectarão ao Instagram de qualquer forma. Em seguida, reconhece a matéria explosiva do *The Wall Street Journal* e a pesquisa interna sobre os efeitos adversos nos adolescentes: "A pesquisa... fundamenta nosso trabalho a respeito de questões como imagem corporal negativa. Anunciamos na *semana passada* [os itálicos são meus] que estamos explorando duas novas ideias: incentivar as pessoas a se interessarem por outros assuntos, caso estejam pensando fixamente em conteúdos que possam contribuir para uma comparação social negativa, e disponibilizar uma função chamada provisoriamente de 'Take a Break'. Assim, as pessoas podem pausar suas contas e tirar um momento para refletir se o tempo que estão gastando é significativo."

Semana passada, Adam? Sério isso? Você já sabia há três anos que seus algoritmos tinham como alvos jovens vulneráveis, recomendando conteúdo tóxico que as tornavam ainda mais doentes e que, potencialmente, contribuíam para suicídios. Mas então, que coincidência e tanto, logo após o *The Wall Street Journal* revelar seu produto nocivo, você decidiu "explorar" uma nova ideia a fim de incentivar as pessoas a se interessarem por outros assuntos, caso estejam "pensando fixamente em conteúdos que possam contribuir para uma comparação social negativa"?

No entanto, incentivar essa "fixação" em conteúdos negativos tem sido o seu modelo *integral* de negócios para aumentar o engajamento! *Agora* você "explorará" novas ideias, incentivando as pessoas a se interessarem por outros assuntos quando, antes de tudo, elas estão fazendo o que foram manipuladas a fazer — pensar fixamente e acessar conteúdo negativo. E, por coincidência, essa revelação crítica ocorre apenas *depois* que o *The Wall Street Journal* e Frances Haugen se uniram para expor suas táticas predatórias e maléficas?

Sinto muito se isso parece um pouco um mulherengo inveterado que é pego e que jura nunca mais trair. A conveniência dessa "iniciativa" nova tem um problema de credibilidade. E, aliás, como será exatamente esse "incentivo" ao interesse por conteúdo mais saudável, afinal?

Curiosamente, foi relatado posteriormente que o próprio Zuckerberg insistiu que o Instagram Kids não fosse descartado, mesmo com a pressão interna de muitos da empresa, tendo em vista toda atenção negativa, e a solicitação de quarenta procuradores-gerais para que esses planos fossem desconsiderados. Mas ele estava irredutível de que a narrativa oficial divulgada ao público por seu subordinado Mosseri seria a "pausa" mencionada acima. Bastava esperar a poeira baixar um pouco e depois prosseguir com o plano de prejudicar crianças, adolescentes e jovens adultos. A tentação de Zuckerberg de explorar monetariamente todo um novo mercado vulnerável e altamente suscetível — crianças — era grande demais.

A pergunta que não quer calar é: Como podemos confiar em uma empresa que anunciou uma mudança em seu algoritmo em 2018, supostamente desenvolvido para melhorar sua plataforma, mas que, na verdade, só serviu para tornar as pessoas mais irritadas e mais agressivas, transformando a raiva no combustível de engajamento dos usuários que faz o mundo do Facebook girar?

A princípio, Mark Zuckerberg declarou que sua intenção era estreitar os vínculos entre os usuários do Facebook e melhorar seu bem-estar, fomentando interações entre amigos e familiares. Como se fosse o registro de um momento inesquecível. Infelizmente, os incômodos Arquivos do Facebook que Haugen revelou mostraram que, dentro da empresa, funcionários alertaram que essa mudança estava tendo o efeito *inverso* — estava tornando o Facebook e seus usuários mais raivosos.

Mas Zuckerberg se recusou a incorporar as soluções propostas por sua equipe, pois temia que isso levasse as pessoas a interagirem menos com o Facebook. E isso não seria bom — pessoas com raiva são boas para a rede. O conflito inerente era exatamente esse: o Facebook somente prospera quando não prosperamos. O sucesso definitivo para os seus resultados financeiros é todo mundo com gatilhos emocionais, encarando uma tela 24h por dia — mas, como sabemos, isso não seria tão bom para a humanidade.

À MEDIDA QUE O FACEBOOK CONDUZIA SUAS PESQUISAS, ESTUDOS ACADÊMI-cos já haviam determinado, há muito tempo o impacto do uso das telas e das redes sociais na depressão e saúde mental. Um deles mostrou que adolescentes que ficam vidrados em uma tela por mais de cinco horas por dia têm 20% mais chances de ter "ideias e ações suicidas" do que aqueles que as usam por menos de uma hora por dia. Em termos estatísticos, isso representa um aumento significativo de autoflagelação.[12]

Mas por quê? O que ocorre quando os jovens passam horas encarando uma tela que os faz querer tirar a própria vida? É o conteúdo? É a tela em si? É ficar sentado por muito tempo? É o tempo que passam em frente à tela que os impede de ter contato presencial com as pessoas? Trata-se da autoaversão que sentimos ao compararmos nossas vidas com a vida idealizada dos outros? Sim, sim e sim. Sim para tudo. Mais pesquisas: um dos estudos mais importantes sobre o Facebook, publicado em 2017 no *American Journal of Epidemiology*, acompanhou as contas de mais de cinco mil usuários durante três anos e comprovou que o uso maior da rede se correlacionava com declínios autorrelatados na saúde física, saúde mental e satisfação com a vida.[13]

Talvez, como esperado, ficar navegando no Facebook não seja bom para a saúde das pessoas.

Em 2010, outro estudo importante e bem estruturado realizado pela Escola de Medicina da Universidade de Case Western Reserve analisou os hábitos de mídias sociais de mais de quatro mil alunos do ensino médio e se concentrou nos resultados dos "hiperconectados" — estudantes que ficavam nas redes sociais por mais de três horas por dia escolar. Os 11,5% que atenderam a esse critério apresentaram índices consideravelmente maiores de depressão, abuso de drogas, sono comprometido, estresse, desempenho acadêmico medíocre e suicídio. "Isso deve servir de alerta para os pais", advertiu Scott Frank, pesquisador-chefe e epidemiologista do estudo, em um comunicado à imprensa da Case Western, avisando que os pais devem desestimular o "uso excessivo do celular ou dos sites de redes sociais em geral".[14]

Mas, como todos sabemos, passamos a usar cada vez mais as telas. Segundo a GlobalWebIndex, atualmente, a *maioria* dos adolescentes seria considerada "hiperconectada", pois o uso diário médio das mídias sociais mais do que dobrou nos últimos dez anos. Vejamos um *motivo pelo qual* ficar acessando o Facebook pode tornar uma pessoa mais deprimida.

Em um estudo de 2014, a pesquisadora Mai-Ly Steers da Universidade de Houston e sua equipe identificaram um efeito semelhante à depressão em usuários do Facebook: quanto mais tempo os estudantes universitários passavam na rede, maior a probabilidade de apresentarem sintomas depressivos.[15] Eles levantaram a hipótese de que a "depressão do Facebook" pode ocorrer devido ao fenômeno psicológico conhecido como "efeito de comparação social" — a dinâmica pela qual nos comparamos a um fluxo contínuo de conteúdo do tipo *minha vida é ótima* pode fazer uma pessoa sentir o contrário: *Ei, talvez minha vida não seja tão seja tão ótima assim.* Por isso, os conhecidos *influencers* influenciam as pessoas a se sentirem principalmente mal consigo mesmas — e, é por isso que o Instagram potencializa os pensamentos suicidas e de autoaversão.

Imagine uma adolescente infeliz e perdida, sem um forte senso de identidade e nem apoio social genuíno, que passa o dia inteiro encarando as fotos glamorosas de Kim Kardashian no Instagram; ou alguém recém-divorciado e sozinho vendo o *feed* de notícias do Facebook com uma série interminável de fotos divertidas de férias familiares de todos os seus amigos? Em ambos os casos, é possível ver como esse efeito pode exacerbar os sentimentos de vazio e desespero — de que *minha vida é um fracasso*.

Ou seja, o sedentarismo... o isolamento... a ausência de entusiasmo característica da acédia... E nossa comparação quase sempre com imagens idealizadas de outras pessoas — são os ingredientes de nossa insanidade moderna, da loucura estimulada pelas mídias sociais que resulta em nosso pico recorde de consequências adversas à saúde mental. Além de estimular o aumento de suicídios e anorexia, as mídias sociais podem ser veículos de diversos outros contágios sociais, psiquiátricos ou patológicos.

A Síndrome de Tourette do TikTok

A Tourette do TikTok. Apesar de ser um nome chamativo e fácil de lembrar, não se trata de um jingle novo ou da música de um jogo infantil, é um fenômeno novo e esquisito, observado pela primeira vez por pediatras em todo o mundo durante o ano 2020, durante a Covid-19: garotas adolescentes no TikTok — que seguiam alguns *influencers* superpopulares que faziam vídeos sobre seu transtornos de tiques — começaram a manifestar comportamentos condizentes com a síndrome de Tourette.[16]

É bastante inusitado e curiosamente irônico que uma plataforma de mídia social chamada TikTok esteja agora associada a um transtorno de tique. A Tourette é um transtorno do sistema nervoso que faz com que as pessoas façam movimentos ou sons repetitivos involuntários. Em geral, afeta mais garotos do que garotas (em uma proporção de três para um) e tende a ser diagnosticada na infância. Embora suas causas e etiologia não sejam compreendidas em sua totalidade, ela parece estar relacionada a diversas áreas do cérebro, incluindo uma área chamada *gânglios basais*, que ajuda a controlar os movimentos corporais e também parece ter um componente genético ou hereditário.

Além disso, há uma teoria que relaciona a dopamina à causa da Tourette, já que pesquisadores encontraram evidências indicando que pode haver uma liberação excessiva de dopamina estimulante no cérebro de uma pessoa com Tourette, ou que os receptores cerebrais que processam esse neurotransmissor podem ser excessivamente sensíveis à dopamina.[17] Enquanto a causa exata permanece insondável, fica evidente que existem alguns componentes neurofisiológicos envolvidos, somados a determinadas propensões específicas de gênero (como mencionado, ela é significativamente mais frequente no masculino do que no feminino) e a marcadores comportamentais claros, que são as características mais comuns no transtorno.

Excepcionalmente, os casos novos que estavam lotando os hospitais pediátricos nos EUA, Canadá, Reino Unido e Austrália eram, em sua maioria, de garotas adolescentes, não de garotos, e, em vez de tiques faciais mais comuns, boa parte apresentava movimentos exagerados de mãos e braços e também o que é conhecido como *coprolalia*, o uso involuntário e repetitivo de linguagem obscena — bastante raro entre aqueles com síndrome de Tourette genuína.

Raros ou não, os casos não paravam. No Hospital Texas Children, o número de pacientes com tiques havia aumentado muito desde março de 2020; no Centro Johns Hopkins Tourette, antes da pandemia, o índice de casos pediátricos que apresentavam transtornos de tiques passou de 2% a 3% para impressionantes 10% a 20%. E no Centro Médico da Universidade Rush, em Chicago, o índice de pacientes relatando tiques havia dobrado após 2020, e a grande maioria dos novos diagnosticados com Tourette era do gênero feminino.

De início, os pesquisadores e pediatras ficaram perplexos, até começarem a perceber um denominador comum em todos os casos novos. Segundo diversos artigos de periódicos médicos, incluindo *TikTok Tics: A Pandemic Within a Pandemic* ["Tiques do TikTok: Uma Pandemia Dentro de Outra Pandemia", em tradução livre], publicado pelo *Journal of Movement Disorders*, os médicos autores do estudo descobriram que as garotas estudadas que apresentavam essa versão adolescente da Síndrome de Tourette haviam assistido a vídeos de *influencers* do TikTok que afirmavam ser portadores da Síndrome de Tourette.

No entanto, os médicos também apresentaram outras observações:

Esses supostos *"influencers"* de Tourette eram extremamente populares na rede — acumulando mais de cinco bilhões de visualizações (!) — e levando os pesquisadores a acreditar que eram esses mesmos vídeos que estavam causando o rápido aumento dos sintomas (aparentemente exagerados) semelhantes à Tourette em muitas das adolescentes que os viam. Algumas até começavam a falar com o mesmo sotaque britânico de um dos *influencers* de Tourette do TikTok ou até mesmo gritavam a mesma palavra que haviam ouvido o *influencer* dizer no vídeo. Por exemplo, a palavra *bean* ("feijão", em português) se tornou um tique verbal, originalmente dito por um deles e depois repetido por muitas das seguidoras jovens, em uma manifestação tardia da Tourette.

Sem dúvidas, parecia ser um exemplo de disseminação sociogênica ou do "efeito do contágio social" e refletia os princípios básicos da teoria da aprendizagem social: macaco vê, macaco faz. Mas a trama se complica; os médicos que realizaram um estudo quantitativo dos vídeos TikTok dos *influencers* de Tourette, bem como examinaram as garotas no início na adolescência, chegaram à conclusão de que era questionável se *algum* dos grupos tinha realmente a síndrome de Tourette. O que não ficou claro, no entanto, foi se elas estavam ou não *conscientes* de que, aparentemente, imitavam o transtorno de tique.

Alguns pesquisadores e profissionais de saúde desenvolveram o termo "Munchausen pela internet"[18]. A síndrome de Munchausen, que atualmente foi renomeada para "transtorno factício", é uma condição em que uma pessoa finge e relata sintomas de diversos transtornos psiquiátricos ou médicos com o objetivo de receber atenção e/ou tratamento médico. No momento, não há muitas pesquisas sobre o Munchausen pela internet, que também foi chamado de "Transtorno Factício Digital" (DFD), mas sabemos que até 1% de todos os encaminhamentos psiquiátricos apresentam um transtorno factício, e acredita-se que seu aparecimento inicial seja por volta dos 25 anos de idade.[19]

O que permanece ambíguo, pelo menos segundo minha análise, é se esses transtornos psiquiátricos sociogênicos estão sendo imitados (ou fingidos) de forma consciente ou se estão sendo absorvidos inconscientemente de seu modelo social (o *"influencer"*) e se manifestando como fenômenos psiquiátricos autênticos.

De forma consciente ou não, os fatores preditivos para o desenvolvimento de um transtorno factício incluem ansiedade, depressão, eventos estressantes na fase atual da vida e traumas infantis significativos. Como esperado, os pesquisadores do fenômeno síndrome de Tourette do TikTok também identificaram denominadores comuns psiquiátricos preexistentes: a maioria das adolescentes apresentava algum nível de histórico psiquiátrico (depressão, ansiedade etc.) e, curiosamente, os próprios *influencers* de Tourette não apresentavam os tipos de tiques que os profissionais médicos experientes esperam de um genuíno transtorno de tique. Era como se eles estivessem manifestando o transtorno factício e atuando ou interpretando um papel, o que, por sua vez, estaria moldando o comportamento das pessoas que assistiam aos seus vídeos. Mas será que isso é possível? Um vídeo de alguém apresentando um transtorno de tique pode levar um outro que os vê repetidamente a se comportar como se tivesse essa condição?

Certamente é possível, como já vimos, que determinados transtornos possam ser subconscientemente imitados, como pessoas com transtorno de personalidade pseudoborderline (que veremos no próximo capítulo) ou aquelas com pseudoconvulsões — para elas, se tratando ou não de frutos sociogênicos de um efeito do contágio social, os sintomas realmente parecem *reais*. Segundo os médicos que atenderam alguns dos casos de síndrome de Tourette do TikTok, a maioria das adolescentes havia sido diagnosticada anteriormente com ansiedade ou depressão, causada ou agravada pela pandemia, e que, em seguida, parecia tê-las tornado mais vulneráveis a imitar a síndrome de Tourette ou qualquer outro tipo de transtorno que presenciavam.

Na realidade, de acordo com o Dr. Donald Gilbert, neurologista do Cincinnati Children's Hospital Medical Center, especializado em transtornos do movimento pediátrico, os sintomas físicos do estresse psicológico normalmente se manifestam de formas que os pacientes já viram em outras pessoas. Ele menciona especificamente ter atendido pacientes que sofreram crises não epilépticas psicogênicas (as *pseudoconvulsões* mencionadas antes), que, na maioria dos casos, testemunharam em primeira mão as crises de parentes com epilepsia.

Os profissionais da área médica também sabem que comportamentos psiquiátricos desadaptativos, como automutilação, também podem ter um efeito do contágio social e podem ser imitados em grande medida por outros pacientes jovens psiquiatricamente vulneráveis. A mesma imitação social de um transtorno pode ser aplicada quando o comportamento é visto em um vídeo — como no TikTok — em vez de pessoalmente?

Kayla Johnson era uma adolescente de 17 anos de Sugarland, Texas, que havia sido diagnosticada anteriormente com TDAH e transtorno de ansiedade, mas depois, desenvolveu um transtorno de tique. Como relatou ao *The Wall Street Journal*, ela foi encaminhada para o Hospital Texas Children para tratar de seus comportamentos recentes, onde foi atendida por um especialista em distúrbios do movimento que lhe perguntou de seu uso das mídias sociais. Ela lhe contou que, ao longo do ensino remoto durante a Covid-19, teve dificuldade em se organizar e começou a assistir a vídeos no YouTube para encontrar outros estudantes com TDAH e ver como lidavam com o ensino remoto, com o tempo que passavam em frente a uma tela e seus problemas de atenção. Isso, por sua vez, a levou aos vídeos do TikTok de adolescentes com TDAH ou ansiedade que também tinham tiques. Em seguida, Kayla desenvolveu o próprio transtorno de tique e descreveu o papel que as mídias sociais podiam ter desempenhado: "Acho que meus tiques podem ter sido desencadeados por esses vídeos, e isso se transformou em um monstro."

Hoje, os médicos estão acusando diretamente as mídias sociais como disseminadores desse contágio. Segundo um artigo recente dos Drs. Mariam Hull e Mered Parnes, neurologistas infantis do Hospital Texas Children especializados em distúrbios do movimento pediátrico, as mídias sociais parecem estar viabilizando uma forma nova de os transtornos psicológicos se disseminarem rapidamente pelo mundo.[20]

E, à medida que uma plataforma de mídia social cresce, também aumenta o potencial de disseminação de todo um exército de transtornos mentais por meio do efeito do contágio social. E com certeza o TikTok está crescendo. Como plataforma de mídia social baseada em vídeo, ele apresentou crescimento exponencial desde 2018: entre janeiro de 2018 e agosto de 2020, seu número de usuários ativos mensais aumentou 800%, totalizando 100 milhões nos Estados Unidos e 700 milhões em todo o mundo. Ao mesmo tempo que cresce o monstro das mídias sociais, aumenta também a disseminação digital da síndrome de Tourette. Em um período de três semanas em março de 2021, vídeos com as palavras-chave #*tourettes* e #*tic* tiveram incríveis 5,8 bilhões de visualizações — quase o número de pessoas que habitam o planeta.

É necessário entendermos que, embora os contágios gerados pelas mídias sociais digitais sejam um fenômeno novo, os efeitos anteriores do contágio social foram bem documentados, com exemplos inquietantes que remontam a anos e até séculos; como leremos abaixo, há de tudo, desde suicídios grupais repentinos até um caso bem documentado de uma epidemia de dança incontrolável em massa. Antes que alguém dê risada ao visualizar um Kevin Bacon fora de controle no filme *Footloose — Ritmo Louco*, esse surto de dança massivo aparentemente involuntário foi tão grave e intenso que há relatos de algumas pessoas terem morrido de exaustão durante sua insanidade pela dança.

Ou seja, mesmo que o TikTok pareça ser um efeito do contágio social mais recente, que depende de plataformas digitais para se propagar, a nossa espécie profundamente social e altamente impressionável não é estranha a comportamentos bastante esquisitos e destrutivos influenciados socialmente.

O episódio de dança incontrolável em massa é um exemplo de um contágio social que se propagou rapidamente e ocorreu antes da invenção do TikTok, bem antes da internet — antes de qualquer tipo de mídia eletrônica, para ser mais exato. Na verdade, é um episódio de contágio social em massa de um período logo depois da invenção da prensa de Gutenberg, mas ainda assim é um sólido exemplo de como comportamentos humanos podem ser altamente contagiosos em uma espécie socialmente inerente.

A Peste Dançante de 1518

Em uma manhã de julho de 1518, uma mulher chamada Frau Troffea caminhou até o meio de uma rua da cidade de Estrasburgo, Alsácia (hoje na França), e começou a dançar sem música, se contorcendo, girando e balançando o corpo. Troffea continuou dançando freneticamente por quase uma semana, até que outras três dezenas de pessoas, sobretudo mulheres, se juntaram a ela. Em agosto, essa epidemia de dança já contava com cerca de quatrocentas pessoas dançando e rodopiando sem explicação.[21]

Documentos históricos, como anotações de médicos da época, crônicas locais e regionais e até mesmo anotações do conselho municipal de Estrasburgo registraram esse episódio de histeria coletiva de dança. Ele, sem causa aparente, durou tanto tempo que os médicos acabaram intervindo, levando alguns dos dançarinos para o hospital local. Houve médicos que atribuíram a "febre da dança" ao "sangue quente" e recomendaram que os enfermos dançassem e rodopiassem para expulsar a febre. Para ajudá-los nesta cura, foi construído um palco, e foram contratados dançarinos profissionais e uma banda para incentivar ainda *mais* a dança. O que podemos dizer? Era a época em que a medicina se baseava em sangrias e sanguessugas.

Infelizmente, conforme a dança histérica continuava, muitos dançarinos desmaiaram devido à exaustão, e alguns até morreram em decorrência de derrames e de ataques cardíacos. Não era como no filme *Footloose*. O episódio bizarro só acabou no início de setembro, quando a epidemia começou a diminuir após quase dois meses.

O que poderia ter levado as pessoas a dançarem até a morte? Alguns historiadores acreditam que o estresse e o horror causados pelas doenças e pela fome que assolavam a Europa e Estrasburgo podem ter desencadeado uma histeria induzida por estresse, resultando nessa insólita epidemia de dança. Outros teorizam que pode ter sido obra de um culto religioso — é sempre conveniente atribuir a culpa a um culto.

Uma teoria final com algum mérito especula que os dançarinos podem ter ingerido acidentalmente *ergot*, um mofo tóxico que cresce em centeio úmido ou mofado e produz espasmos e alucinações. Curiosamente, a droga alucinógena LSD é derivada de um alcaloide de ergot.

A teoria do ergot também foi sugerida como a causa do episódio das bruxas de Salem. Segundo essa teoria, as mulheres que o ingeriram começaram a ter alucinações, a dançar e a espumar pela boca, sendo acusadas de estarem possuídas pelo diabo. O resto, como dizem, é história. Não fica claro se a peste dançante de 1518 foi um verdadeiro efeito de contágio social ou um episódio ocasionado pelo ergot. Mas, se fosse o primeiro caso, teríamos outro poderoso exemplo de efeito do contágio social.

Além de pestes dançantes, dos tiques nas mídias sociais e dos valores tóxicos dos *influencers*, como mencionado, os contágios sociais podem frequentemente apresentar variantes letais. No próximo capítulo, veremos com mais detalhes algumas delas.

4

Violência Viral

O Efeito Werther e os Suicídios no País de Gales

Em janeiro de 2007, uma situação bizarra começou a se desenrolar na cidade de Bridgend, Gales do Sul — jovens começaram a se enforcar. Em dezembro de 2008, um total de 26 pessoas, a maioria adolescentes, havia tirado a própria vida na tradicional comunidade galesa. As especulações sobre o que estava causando essa epidemia de suicídio corriam desenfreadas: era uma seita suicida? Algum tipo de efeito da internet? Ou somente adolescentes deprimidos que se sentiam presos em uma antiga cidade sombria, mineradora e economicamente falida?

Embora raros, os suicídios "em série" não são incomuns, sendo considerados um efeito clássico do contágio social. Esse tipo de contágio social suicida também foi chamado de "efeito Werther", em homenagem ao romance de Goethe, *Os Sofrimentos do Jovem Werther*.[1]

O romance, publicado em 1774, narra a história de um artista jovem, sensível e apaixonado chamado Werther. Ele se enamora de uma mulher chamada Charlotte, que está noiva de um homem mais velho, Albert, com quem ela posteriormente se casa. Charlotte nutre sentimentos fortes por Werther, mas sabe que tamanha atração não pode continuar e pede-lhe para limitar suas visitas.

O rapaz, torturado pelo amor não correspondido, também fora ridicularizado durante sua breve investida na sociedade nobre, em que foi igualmente rejeitado. Convencido de que sua única opção nesse triângulo amoroso é a morte de um dos três, ele acaba percebendo que deve tirar a própria vida, pois a ideia de assassinato lhe é intragável. Desse modo, Werther pega emprestadas duas pistolas de seu adversário amoroso, Albert, e atira na própria cabeça.

O romance se tornou sensação instantânea e consagrou Goethe, com 24 anos, como gênio literário. No entanto, teve outro efeito importante e letal: em toda a Europa, homens jovens começaram a se vestir como Werther e, em seguida, a dar fim à própria vida, o que também veio a ser conhecido como "febre de Werther". Ao que tudo indica, eles se identificavam tanto com o sofrimento e alienação narrados no livro que se sentiram inspirados e incentivados por um personagem fictício a se suicidarem. O problema se tornou tão grave que a obra foi proibida na Itália e na Dinamarca, em uma tentativa de impedir a propagação desse contágio suicida que, aparentemente, era causado por essa obra provocativa.

A febre de Werther foi um efeito clássico do contágio social. Quanto aos suicídios, o pensamento ocorre mais ou menos assim: quando uma pessoa faz algo extremo, ela diminui os limites de aceitação, fazendo com que tirar a própria vida seja mais permissível aos olhos de outra. O mesmo vale para a próxima pessoa e cada uma subsequente. E assim, a cada suicídio consecutivo, torna-se cada vez mais aceitável e *normalizado* para o próximo o ato de se matar. Lembre-se do meu exemplo anterior — para a primeira pessoa é mais difícil se despir e pular na água; para a décima, isso é prática habitual do grupo, e a pressão dos colegas impulsiona o ato. Com a febre de Werther, os jovens estavam sendo influenciados a acabar com suas vidas — por um livro. E, ainda por cima, por um personagem fictício. Imagine o poder das mídias sociais e dos *influencers* suicidas da vida cotidiana — *isso, sim, é* insanidade digital.

Em Bridgend (talvez não por coincidência, o nome da cidade se origina de uma palavra do antigo galês que significa "Bridge's End", algo como "fim da linha"), os suicídios permaneceram um verdadeiro mistério. Alguns atribuíram a culpa à publicidade que eles receberam pelo suposto efeito *copycat*. Curioso também era o número de garotas adolescentes que estavam se enforcando. Tradicionalmente, o enforcamento — como as armas de fogo — é um método de suicídio mais praticado por homens, enquanto as mulheres tendem a overdosar ou a cortar os pulsos. Alguns psicólogos teorizam que o suicídio apresenta diferenças de gênero: a violência do tiro e do enforcamento atrai mais homens, enquanto as mulheres podem estar temperamentalmente predispostas a escolher métodos menos violentos.

Como mencionado, também houve especulações sobre uma seita suicida da internet. Depois de alguns enforcamentos, os amigos da pessoa criavam uma página memorial dedicada a ele ou ela no Bebo, uma popular rede social. Em alguns casos, amigos que escreveram homenagens fúnebres na página eram encontrados enforcados pouco tempo depois. Inevitavelmente, isso fez com que as páginas de memorial fossem retiradas do ar.

De fato, há casos de seitas suicidas influenciadas pela internet, especificamente no Japão, em ocorreu uma epidemia de pessoas tirando as próprias vidas ao inalarem um gás feito de produtos químicos domésticos — na maioria dos casos, sulfeto de hidrogênio — em carros, armários ou outros espaços fechados. Conhecido também como "suicídio com detergente", mais de dois mil japoneses deram fim às suas vidas durante um período de 2 anos, entre 2009 e 2011, inspirados em sites com receitas para a mistura química e instruções detalhadas de uso.[2]

Mas, no País de Gales, os suicídios em série pareciam não se enquadrar nessa categoria. Talvez fosse simplesmente um contágio social que começou com os suspeitos habituais das causas dos primeiros suicídios: tédio, anedonia e sensação de estar preso em uma cidade sombria e cinzenta. Como uma garota de Bridgend disse ao *Telegraph*: "Suicídio é exatamente o que as pessoas fazem aqui porque não temos mais nada para fazer." Outra alegou: "Às vezes, sinto que realmente nunca vou sair daqui."

Ou, como Loren Coleman, autor do livro *Suicide Clusters* ["Suicídios em Série", em tradução livre], escreveu: "É bem provável que os suicídios sejam estimulados pelo efeito *copycat*, pois esse modelo entre jovens impulsivos, ativos e desesperançosos agora é uma opção em um local que se tornou lúgubre com uma economia em declínio, reforçada pelas névoas úmidas quase perpétuas que envolvem Bridgend nos longos meses de inverno. A escuridão da desesperança pode ser profunda. Desnecessário atribuir a culpa a seitas, a pactos, a videogames, à internet ou mesmo à mídia. A melancolia é como a névoa que envolve as noites em Bridgend; e, para muitos, os suicídios anteriores são como gritos em meio à escuridão galesa."[3]

Não raro, as pessoas querem se matar em lugares deprimentes, onde se sentem presas. Mas, naquele ano, o grande número de suicídios em Bridgend era bastante atípico. Essa parte do livro citado — sobre o total de 26 suicídios — fala mais do que apenas "névoas úmidas" e "longos meses de inverno" e o ocasional suicídio aleatório. Refere-se ao poder dos grupos sociais de influenciarem uns aos outros como um contágio social e criarem um efeito de grupo, em que as pessoas podem sentir que é normal colocar em prática o mais indescritível dos atos.

No entanto, na Era Digital das mídias sociais, temos variantes novas do efeito Werther que não se limitam aos livros do século XVIII como fonte de contágio; essas novas variantes digitais são ainda mais perniciosas e virulentas, pois podem levar os jovens e os perdidos a sentirem um senso equivocado de propósito e de coletividade ao mesmo tempo em que cometem atos hediondos ao concretizarem os objetivos inspirados pelas mídias sociais.

O Movimento Incel

O movimento *incel* é o estudo de caso perfeito do que pode ocorrer quando um grupo de pessoas solitárias, e, a princípio, inofensivo, em busca de afinidade e apoio acaba se corrompendo e se desvirtuando por meio da amplificação e da *extremificação* das mídias digitais.

Antes, aleguei que as mídias sociais se tornaram um organismo aparentemente consciente que se alimenta de nossa identidade primitiva e depois regurgita os impulsos mais básicos de volta para nós em forma de dinamismo, não apenas intensificado, como velado pela normalidade da "coletividade" — *Vejam, os outros também se sentem assim!* Atualmente, na famigerada *dark web*, existem todos os tipos de grupos que atendem às necessidades daqueles que antes eram socialmente excluídos; comunidades virtuais inteiras dedicadas a tudo, desde entusiastas de *bondage* aos de canibalismo, grupos de pedófilos e todos os tipos de fetiches e/ou desvios.

Talvez alguns digam: "Não é tão ruim que determinados entusiastas de fetiche saiam das sombras da vergonha, do isolamento e da escuridão de seus desejos mais íntimos e socialmente inaceitáveis e encontrem a luz do acolhimento de seus companheiros que se sentem da mesma forma. Afinal, nossa necessidade de encontrar uma comunidade e uma tribo com a mesma mentalidade está enraizada em nosso "DNA psicológico". E isso pode acontecer com todos os tipos de fetiches, já que muitos grupos são bastante inócuos e, segundo os valores de nossa sociedade laissez-faire, *devemos* adotar a abordagem de que cada um vive como quer, sem danos e sem culpa.

O problema é que alguns grupos fetichistas podem ultrapassar os limites do "sem danos, sem culpa" e recorrer à ilegalidade ou à violência. Para complicar ainda mais a situação, quando se trata de sites de fetiche, temos as distinções entre fantasia e realidade; por exemplo, no abominável "Caso do Policial Canibal" de Nova York, os advogados de um policial da NYPD — que era membro de um grupo de bate-papo canibal *online* e que havia sido preso por conspiração para cometer homicídio — argumentaram (com sucesso) que as atividades escabrosas da internet de seu cliente (inclusive, instruções sobre como cozinhar pessoas específicas e reais) se enquadravam nas categorias de fantasia e da Primeira Emenda da Constituição dos Estados Unidos, que protege a liberdade de expressão.[4]

Nesse caso em particular, parecia que o policial que caiu em desgraça e seus amigos da sala de bate-papo estavam, na realidade, apenas promovendo fantasias — uma forma de *cosplay* canibal perturbador e perverso da internet. No entanto, há inúmeros outros exemplos em que essas fantasias sórdidas virtuais, compartilhadas em diversos sites de bate-papo, se transformam em realidade, apresentando desfechos muitas vezes mortais — de sequestros ao canibalismo autêntico. Infelizmente, em nosso cenário digital moderno, torna-se dificílimo, até mesmo para profissionais de saúde mental treinados, distinguir entre aqueles que podem estar vivendo uma fantasia online e os que podem estar jogando gasolina em uma fogueira de insanidade e ódio, podendo ser levados ao limite da violência na vida cotidiana pela *extremificação* de sua imersão digital.

Outra questão confusa sobre os grupos online mais problemáticos é que alguns podem começar com uma fantasia — geralmente inocente e inofensiva — que, com o tempo, pode se transformar em algo bem diferente e potencialmente letal. Foi justamente o que aconteceu com o movimento *incel*: ele começou como um grupo de apoio para os solitários e para os desajeitados de todos os gêneros, mas se transformou em uma subcultura de jovens misóginos e raivosos, alguns dos quais cometeram assassinatos em massa em nome de sua "causa" volúvel e equivocada.

Apesar de existirem algumas versões diferentes sobre a história da origem e da criação do movimento *incel*, ambas retratam uma entidade bem diferente daquela que vemos hoje. A primeira versão remonta ao final da década de 1990: um adolescente solteiro, tímido, introvertido e solitário da Costa Oeste dos Estados Unidos começou a navegar na incipiente internet na esperança de encontrar comunidades e relacionamentos nos recém-criados fóruns de bate-papo; ele era muito tímido para se relacionar e encontrar uma comunidade no mundo real. Como esperado, o rapaz descobriu que havia muitos outros que, como ele, também se sentiam desconfortáveis na vida real, sobretudo quando se tratava de encontros e sexo.

Mais tarde, essas almas adoráveis, mesmo que romanticamente fracassadas, se tornaram uma comunidade, começaram a denominar seus problemas como "celibato involuntário" e, com o tempo, adotaram a abreviação *"incels"* para se descrever. Segundo o membro fundador, aquele adolescente, agora um homem adulto que usa o apelido "Reformedincel" ["Incelarrependido", em tradução livre], o mundo *incel* da década de 1990 e do início dos anos 2000 era um lugar amigável, em que homens *e* mulheres desajeitados conversavam sobre apoio e conselhos de relacionamento.[5]

A segunda versão da história atribui a fundação do movimento a uma estudante universitária canadense, conhecida somente pelo primeiro nome Alana, que, em 1993, criou um site para discutir sua falta de atividade sexual chamado *Alana's Involuntary Celibacy Project* ["Projeto de Celibato Involuntário de Alana", em tradução livre]. Posteriormente, seu site e sua lista de discussão foram destinados a "qualquer pessoa de qualquer gênero que estivesse solitária, nunca tivesse tido relações sexuais ou não se relacionasse amorosamente com alguém há muito tempo".[6] Em 2000, ela parou de participar de seu projeto online *incel*, passando a responsabilidade para outra pessoa, mas ficou triste ao ver o que sua criação se tornou: "Definitivamente não era um grupo de caras culpando as mulheres por seus problemas. Minha ideia se tornou uma versão muito triste desse fenômeno que está acontecendo hoje. As coisas mudaram nos últimos vinte anos."

Infelizmente, no mundo *incel* moderno, as coisas foram além de apenas atribuir a culpa às mulheres. A frustração sexual se transformou em ódio, já alimentado pela tecnologia e pela internet, e esse ódio se alastrou em atos premeditados de violência e assassinato contra mulheres — e contra os homens que elas amam. A propósito, desde 2014, pelo menos, 8 assassinatos em massa com 61 mortes foram atribuídos a homens que se identificaram como *incels* ou que escreveram sobre *incels* na internet.

Atualmente, as salas de bate-papo *incel*, em vez de grupos de apoio para os solitários, tornaram-se terrenos férteis para os raivosos. Em um abrigo, quando recebem amor e atenção positiva, cães abandonados desenvolvem tendências carinhosas e amorosas; mas quando juntos de outros cães hostis, a agressividade de cada animal amplifica a da matilha e cria um clima que molda um temperamento hostil. Da mesma forma, as salas de bate-papo *incel* e todos os outros grupos online de ódio criam a mentalidade de matilha, que estimul os membros, ao mesmo tempo que gera ódio e agressividade. A tecnologia então lubrifica as engrenagens dessa dinâmica ao recompensar o conteúdo mais virulento e mais odioso na batalha interminável pela atenção online.

Além de criar uma mentalidade agressiva de matilha ou de multidão, o movimento *incel* também é um efeito de contágio social *à la* Werther de contágio social, em que um indivíduo glorificado se comporta como inspiração e como modelo para um movimento semelhante a uma seita. E o típico macho alfa *incel* — o Werther muito copiado de sua época — era o doentio e insensato Elliot Rodger. Em 23 de maio de 2014, ele cometeu uma série de tiroteios, facadas e atropelamentos, matando seis pessoas e ferindo quatorze, perto do campus da Universidade da Califórnia, em Santa Bárbara.[7] Como criança privilegiada, Rodger era filho do cineasta de Hollywood Peter Rodger, diretor de *Jogos Vorazes*, e de uma chinesa, Li Chen, que também trabalhou em filmes.

Digno de um verdadeiro narcisista e com mania de grandeza, Rodger desnudou sua mente e alma perturbadas em seu manifesto de 141 páginas, narrando sua sede de vingança contra as mulheres que o haviam rejeitado e o ódio contra os homens a quem elas haviam dado seus corações e afeição. Nesse documento, ele se proclamou "o ser mais próximo de um deus vivo", se descreveu como "belíssimo *gentleman* perfeito" e não conseguia entender por que, aos 22 anos de idade, não apenas era virgem, como ainda não havia beijado sequer uma garota. No entanto, como muitos narcisistas, ele se cobriu com um manto de vitimização e, furioso, culpou os outros por sua infelicidade e sua solidão.

No vídeo de "retaliação" que Rodger gravou um dia antes de cometer os assassinatos, é inquietante e pavoroso assisti-lo gargalhando de forma presunçosa, arrogante e cruel, ao mesmo tempo que expressa o ódio contra as mulheres que lhe negaram "amor e sexo" e contra os "brutamontes detestáveis" que receberam a afeição pela qual ele tanto ansiava. Para não excluir ninguém, o rapaz também expressa seu ódio contra *toda* a humanidade, que chamou de "espécie pervertida e deplorável", afirmando que "trucidaria e aniquilaria todos", se pudesse — e se tornaria um deus no processo.

Ao longo do vídeo repetitivo, como um verdadeiro narcisista egocêntrico, ele prossegue mencionando o "sofrimento" que foi "obrigado a suportar" e, sentado ao volante de seu BMW, declara "Sou a verdadeira vítima aqui", palavras condizentes com seu manifesto, repleto de discursos delirantes. "Sou uma pessoa boa."

Sua rejeição percebida motivou a decisão sobre quem e onde matar: Rodger escolheu atacar a fraternidade Alpha Phi, porque seus membros, jovens mulheres, eram as "mais gostosas" de sua faculdade e "o tipo de garota que eu sempre quis, mas nunca fui capaz de ter", dizendo que "não tinha escolha a não ser se vingar da sociedade" que estabeleceu essas condições insustentáveis — pelo menos, para ele. Após terminar toda a carnificina, ele seguiu o caminho do fictício Werther e atirou na própria cabeça.

O mais espantoso dessa história é de que forma, como o fictício Werther e seu amor não correspondido, Elliot Rodger se tornou um modelo e herói contemporâneo para todos os outros *incels* perdidos e equivocados que o enxergavam como um mártir. Além de ser canonizado virtualmente por seus fãs online, alguns se referem constantemente à violência em massa como *going E.R.* ["agir como Elliot Rodger", em tradução livre] e, no verdadeiro estilo de contágio social, ele tem sido considerado inspiração por outros assassinos em massa *incels*. Fizeram até um curta-metragem em homenagem a Rodger, tipo um trailer, chamado *The Supreme Gentleman* ["O *Gentleman* Supremo", em tradução livre], que inclui trechos de seus vídeos do YouTube. Em poucas palavras, Elliot Rodger foi o *influencer social* e original desse equivocado movimento — que, não podemos esquecer, começou como um grupo de apoio online, inclusivo e bem-intencionado para os solitários e desajeitados.

Mesmo que existam diversos outros assassinos *incel* famosos em massa, além de Elliot Rodger, talvez o mais notório deles tenha sido Alek Minassian, que usou um caminhão Ryder para assassinar 10 e ferir outras 16 pessoas em Toronto, no dia 23 de abril de 2018.[8] Pouco antes do ataque, ele escreveu um post de estilo militar no Facebook, citando a "rebelião *incel*", elogiando Elliot Rodger: "Soldado (recruta) Minassian, unidade de infantaria 00010, querendo falar com o sargento 4chan, por favor. C23249161. A Rebelião *Incel* já começou! Acabaremos com todos os Chads e Staceys! Todos saúdem o *Gentleman* Supremo Elliot Rodger!"

O "movimento" estava se disseminando e ganhando seguidores. Após o ataque de Minassian, um seguidor *incel* postou: "Espero que esse cara tenha escrito um manifesto, porque ele poderia ser nosso novo santo!" A polícia alegou que o rapaz havia sido radicalizado por comunidades online desse movimento, e em um vídeo de interrogatório, ele diz aos policiais que é um virgem motivado pelo ódio contra os "Chads e Staceys", termo usado pelos *incels* para se referir a mulheres e a homens sexualmente ativos. O vídeo também mostra Minassian alegando que esperava que o ataque "inspirasse futuras multidões a se juntarem a mim" para cometer atos de violência como parte da "revolta" *incel*.

Nesse ínterim, Alana, a suposta fundadora do movimento, ficou enojada ao saber o que a subcultura havia se tornado e tentou se distanciar de sua criação malfadada, como um arrependido Robert Oppenheimer, cuja invenção havia sido usada para tamanha devastação: "Como um cientista que inventou algo que acabou sendo usado como arma de guerra, não posso desinventar essa palavra, nem restringi-la às pessoas mais simpáticas que precisam dela." Ela lamentou que sua visão de "comunidade inclusiva" para pessoas de todos os gêneros, sexualmente privadas devido à "inaptidão social, marginalização ou transtorno mental" tenha se transformado em um grupo de ódio que, estimulado pela internet, estava servindo como inspiração para assassinatos em massa.

Mas essa é a natureza do monstro moderno. Além de precisar do ódio, ele o cultiva.

Nos últimos vinte anos, a comunidade *incel*, que, segundo algumas estimativas, conta com dezenas de milhares de seguidores, transformou-se de grupo de apoio inclusivo em contágio social virulento e misógino, disseminando uma ideologia que passou a ser chamada de *blackpill*. Segundo Zack Beauchamp, jornalista que escreve e pesquisa sobre o movimento, ela (brincadeira com o paradigma de realidade da pílula azul/pílula vermelha do filme *Matrix*) é "uma ideologia inerentemente sexista, que corresponde à rejeição fundamental da emancipação sexual das mulheres, rotulando-as como criaturas superficiais e cruéis que escolherão somente os homens mais atraentes, se tiverem essa oportunidade. Levado ao extremo lógico, a *blackpill* pode resultar em violência."

O movimento *incel* é um clássico contágio social: além de ser estimulado pelos impulsos torpes, odiosos e reprimidos de nossa sociedade, ele usa a tecnologia e as mídias sociais para amplificar essas tendências. Como Beauchamp afirma, "os *incels* não são apenas uma subcultura isolada, desconectada do mundo exterior. Eles são o reflexo sombrio de um conjunto de valores sociais relacionado às mulheres que é comum, se não predominante, na sociedade ocidental como um todo. A interseção entre essa misoginia secular e as novas tecnologias da informação está remodelando nossa política e nossa cultura de uma forma que entendemos apenas vagamente — e, talvez, não estejamos preparados para enfrentá-la."[9]

Tiroteios em Escolas

O contágio *incel* também está estritamente associado ao surto de tiroteios em escolas, em que esses ataques em massa se disseminam com rapidez, já que as mídias sociais fornecem a outro grupo de jovens perdidos e vazios o arquétipo para manifestarem sua fúria. E não se trata apenas de imitar um arquétipo, a Era Digital criou também a dinâmica do vazio e a necessidade de atenção que estão estimulando o fenômeno dos atiradores de escola.

Mesmo sendo um fenômeno exclusivamente norte-americano (embora a China, o país mais livre de armas de fogo, tenha vivenciado uma onda de esfaqueamentos em massa em escolas nos últimos anos)[10], os Estados Unidos acumulam inacreditáveis 1.316 tiroteios em colégios desde a década de 1970. No entanto, esse número é um pouco falacioso, pois representa todos os casos de violência armada nas dependências escolares e não apenas os muito divulgados "tiroteios em massa" de mentecaptos solitários que passamos a associar a esses ataques.

De acordo com pesquisas de especialistas, a violência armada nas escolas se enquadra em duas categorias abrangentes: a primeira engloba o número significativamente maior de incidentes com armas que resultam em morte nos colégios com quantidade desproporcional de estudantes não brancos e impacta mais os alunos negros. Esses incidentes costumam estar relacionados a conflitos entre estudantes, que retratam as realidades socioeconômicas de comunidades assoladas pelo crime, pelas drogas e pelas atividades de gangues.[11] A segunda categoria é o fenômeno do atirador em massa mencionado anteriormente e impacta de modo desproporcional as escolas brancas suburbanas, em que testemunhamos aumentos significativos de tiroteios em massa após o massacre de Columbine, em 1999, e os tiroteios de Sandy Hook, em 2012 — *copycats* explícitos ao estilo Werther em exibição total e fomentados pelos meios digitais.

Apesar de serem raros, esses tiroteios em massa praticados por indivíduos solitários impactaram muito a psique nacional norte-americana e os pesadelos de pais e alunos. E, embora toda a violência armada seja terrível e um flagelo social, para fins de nossa exploração sobre os efeitos do contágio social ao estilo Werther, optei por focar o fenômeno dos tiroteios em massa nas escolas, pois esses ataques retratam melhor esse fenômeno *copycat*, moldado e disseminado pelas mídias digitais modernas e pelas suas respectivas dinâmicas.

Ainda que a maioria considere o massacre de Columbine, em 1999, o início do fenômeno dos tiroteios em massa nas escolas, seus autores *não* foram os primeiros atiradores a atacarem colégios dos Estados Unidos — ainda que, em muitos aspectos, as ações homicidas de Eric Harris e Dylan Klebold naquela fatídica manhã de terça-feira, 20 de abril, tenham sido, de fato, o início de uma tendência vertiginosa que perdura até hoje. Esse crédito ignominioso é de Charles Joseph Whitman: universitário, atirador lunático e autor do que ficou conhecido como Massacre da Universidade do Texas, em 1966.

Em um dia abafado de agosto, o típico jovem norte-americano e ex-fuzileiro naval subiu ao topo da torre da universidade, em Austin, com uma espingarda serrada e uma série de outras armas e começou a atirar. Seu reinado de terror de 96 minutos massacrou 14 pessoas no *campus*, feriu mais de 30 e só terminou quando ele foi morto pela polícia da cidade.[12] É fundamental ressaltar que, antes de Whitman, esse tipo de ataque era inédito — e, mesmo após décadas, os tiroteios contra estudantes inocentes eram ocorrências extremamente raras.

Até Columbine.

Em 1999, quando Klebold e Harris atacaram a escola, o cenário midiático era completamente diferente: canais de notícias a cabo cobriam repetidamente a terrível história. A princípio, Klebold e Harris, *gamers* solitários e alvos de bullying — que se transformou em fúria vingativa — pretendiam explodir a escola, mas acabaram optando por um ataque de retaliação em massa contra os adolescentes que achavam que os haviam maltratado.[13] Sua história foi transmitida de forma incansável e amplificou-se. Não é de se admirar que jovens não apenas se identificaram com a alienação que Klebold e Harris sentiam, como também com a fúria que os levou a imitar o violento golpe de misericórdia.

Até Whitman, o atirador da Universidade do Texas, tinha um *copycat* na era da mídia pré-histórica de noticiário noturno e de Walter Cronkite. Em novembro de 1966, somente alguns meses após o massacre, um jovem de 18 anos chamado Bob Smith faria sete reféns na Rose-Mar College of Beauty, em Mesa, Arizona. Ele atirou em todos os reféns, matando cinco e, mais tarde, disse à polícia que havia se inspirado em seu antecessor.

Antes de Whitman, nunca havia ocorrido um tiroteio em escola nos Estados Unidos; depois que ele chamou tanto a atenção da mídia, ocorreram dois ataques em menos de seis meses. É a natureza dos contágios sociais: em um ambiente social, eles se propagam segundo determinadas condições. E na era moderna, tendo as mídias sociais como portadoras derradeiras de vírus sociais, tornam-se exponencialmente amplificados.

Não precisamos ir além da trajetória dos tiroteios em massa nas escolas desde Columbine para percebermos como esses ataques se tornaram *virais* na Era Digital. Desde então, temos presenciado um fluxo constante de investidas aparentemente ininteligíveis: o caso de Virginia Tech, em 2007, (com 33 mortos, na época, o maior tiroteio em massa da história norte-americana); o assassinato de 20 alunos do primeiro ano e de 6 adultos em Newtown, Connecticut, em 2014; o assassinato em massa de 17 pessoas no colégio Stoneman Douglas, Parkland, Flórida, em 2017; e a morte de 10 pessoas na escola de Santa Fé, em 2018. E a lista desses dolorosos tiroteios não para por aqui.

Não raro, o perfil dos atiradores é parecido: alguns transtornos mentais básicos, como depressão. Em geral, eram socialmente desajeitados e isolados. Muitos sofreram bullying, todos jogavam videogame, e diversos deles escreveram ou declararam explicitamente que se inspiraram em atiradores anteriores ou deixaram comentários ou manifestos nas mídias sociais para atraírem o máximo de atenção para suas ações.

Assustadoramente semelhante ao herói *incel* Elliot Rodger, o atirador de Virginia Tech, Seung-Hui Cho, filmou um manifesto em vídeo e até enviou um pacote de mídia à NBC News antes de começar o massacre. Isso, por si só, é revelador. E, como Rodger, ele expressou ódio contra os estudantes populares e sua "devassidão", assumindo uma narrativa vitimista e culpando suas vítimas e o mundo: "Vocês me levaram a isso."[14]

Quanto aos autores do Massacre de Columbine, descobriu-se que haviam planejado o ataque por mais de um ano e que, como mencionado, inicialmente queriam explodir a escola, como o atentado de Oklahoma City, em 1995. Via de regra, após esses tiroteios, focamos a controvérsia sobre a posse de armas de fogo, o que é válido, mas não costumamos nos atentar à questão mais importante: o estado de saúde mental desses atiradores e o que os leva a matar.

Apesar de marginalizados, os responsáveis pelo Massacre de Columbine tinham dois tipos distintos de personalidade. Segundo o jornalista investigativo Dave Cullen, autor do livro *Columbine*, de 2009, Harris era "o cérebro insensivelmente brutal", ao passo que Klebold era um "jovem depressivo e hesitante, que escrevia obsessivamente sobre o amor e participou do baile de formatura da escola três dias antes de atirar em todo mundo".[15] Desse modo, Klebold se assemelha mais a Werther, enquanto Harris parece mais narcisista/sociopata.

Como em uma mina de carvão, ainda que sejam casos atípicos e extremamente raros, esses atiradores representam uma espécie de canário e uma forma de avaliar as condições dentro da mina. Conforme analisado ao longo deste livro, a Era Digital moderna tem criado as condições para o vazio, a reatividade, a raiva, o narcisismo egocêntrico e a dessensibilização.

Os algoritmos preditivos de nossa câmara de eco digital fazem do usuário o centro do universo (narcisismo), ao mesmo tempo que os viciam em conteúdos altamente estimulativos e, em última análise, entorpecentes. Somando isso à privação de qualquer senso de sentido e propósito intrínsecos, o que temos? Vejamos a maioria dos adolescentes e jovens adultos de hoje: jovens, entorpecidos e procurando sentir algo, uma descarga de *qualquer coisa*: cafeína, doses digitais de dopamina, drinks, sexo oral, frio na barriga, automutilação em alguma parte do corpo, *qualquer coisa* que os faça se sentir vivos. Ou fugir ao vazio que sentem.

No extremo dos extremos, a automutilação e o sexo oral não são o bastante. No extremo atípico, temos homens jovens, vazios e raivosos que, literalmente, são invisíveis, como fantasmas. E como qualquer fantasma, eles carecem de substância corpórea e também de alma e de identidade; são aparições translúcidas, apenas a sombra ilusória de um humano totalmente formado. E como o metafórico fantasma *faminto* do vício, eles têm um apetite imenso e insaciável; nesse caso, necessitam com urgência sentir *algo*, qualquer coisa, sentir o que nossa linguagem limitada pode chamar de *sensação*. Parafraseando erroneamente Descartes, "Sinto, logo existo". Mas como um fantasma vazio sente *alguma coisa*? Na mais alta intensidade possível, na violência desenfreada. Já viu um sociopata entediado apagar um cigarro contra a própria pele? Eles sorriem e ficam indiferentes... A dor lhes proporciona existência corpórea e identidade momentâneas.

No entanto, queimaduras de cigarro perdem rapidamente a graça. Ficam chatas. Para sentir alguma coisa, é necessário mais intensidade. Ou devemos dizer mais *armas*? Um fantasma com uma arma automática em um local de encontro lotado de gente está procurando: (a) quinze minutos que validem sua existência; (b) adrenalina para se sentir vivo; (c) o poder e o controle que os impotentes sentem ao machucar os outros; (d) a sensação delirante de empreender uma "missão" irrefletida em que, pela primeira vez, em meio ao sentimento de vazio, ele sente um senso de propósito. Normalmente, a resposta é a letra (e): todas as alternativas acima.

Como mencionado, em 1966, ocorreu o primeiro tiroteio em massa na Universidade do Texas. Em 2018, aconteceu um a cada oito dias nas escolas. Uma pandemia de ataques executados por desajustados, perdidos e desorientados em um ritmo nunca antes visto; os tiroteios em massa agora são assuntos mundanos, triviais, nada de novo sob o sol.

O que antes era terrivelmente raro agora é comum.

Fantasmas vazios que são criados em nossos laboratórios digitais, desumanos, entorpecedores e que, com o tempo, se perpetuam, ao estilo Werther, por meio do contágio digital, ao mesmo tempo que eles encontram comunidades e identificam-se com outros seres isolados na *arena moderna* de discussão: mídias sociais e salas de bate-papo.

Em uma reviravolta doentia, o pior desses atiradores é imortalizado nos meios midiáticos dessensibilizantes e preferidos: videogames violentos de tiro em primeira pessoa. Por mais inacreditável que seja, criaram até um jogo chamado *Super Columbine Massacre RPG!*, em que o "jogador" assume o papel de Klebold ou de Harris e atira nos personagens, baseados nas vítimas reais de Columbine. O atirador de Virginia Tech foi igualmente imortalizado em um videogame chamado *V-Tech Rampage*.[16]

Apesar de condenados pela mídia, no mundo *gamer*, alguns elogiaram esses jogos pela criatividade e inovação. É difícil imaginar como alguém pode criar um videogame tão doentio e, pior ainda, como alguns podem elogiar essas iniciativas. Quando o criador do *V-Tech* foi pressionado para retirar o "jogo" do ar, pateticamente, pediu uma espécie de resgate: ele o retiraria de sua plataforma hospedada se recebesse US$2000 em doações — e, por mais US$1.000, pediria desculpas.[17]

A humanidade não está em seu melhor momento.

E há quem pense que discutir o impacto da mídia violenta em crianças instáveis é apenas — "Ok, *Boomer*!" — alarmismo e pânico moral. No entanto, esse posicionamento demonstra total falta de compreensão do impacto da mídia em uma espécie social que aprende modelando e imitando comportamentos — e do efeito qualitativamente diferente e mais impactante de nossas novas mídias. Além dos efeitos Werther no movimento *incel* e em nossa epidemia de tiroteios em escolas, há outros exemplos de nossa cultura atual que ilustram como a tecnologia corrompeu nossa humanidade elementar.

iPhone: Maus Samaritanos

Era uma notícia perturbadora: em 13 de outubro de 2021, uma mulher foi estuprada por um sem-teto em um metrô da SEPTA, na Filadélfia, pouco antes das 22h. O estupro ocorreu lentamente e diversos passageiros testemunharam o ataque. De início, o agressor se aproximou da mulher e começou a assediá-la verbalmente; em seguida, começou a tocá-la sexualmente. Por fim, após quarenta e cinco minutos tentando se esquivar do seu comportamento cada vez mais ofensivo, ela foi violentada. O estupro propriamente dito durou seis minutos — mais ou menos o tempo que a água demora para ferver. No total, o assédio e o ataque impiedoso ocorreram ao longo de quase uma hora.

E qual foi a atitude das testemunhas? Elas intervieram para interromper o assédio que estava ocorrendo bem na sua frente? Não, nenhuma única alma ajudou a pobre mulher, exceto um funcionário da SEPTA que estava de folga e acabou ligando para a polícia. E as outras testemunhas? Talvez estivessem apavoradas demais para intervir pessoalmente ou ajudar. Ou, com certeza, pelo menos, ligaram para a polícia, afinal, todo mundo tem um celular hoje em dia, e essa mulher estava sendo aterrorizada por quase uma hora.

Segundo os vídeos de vigilância da SEPTA, alguns passageiros a bordo daquele metrô, naquela noite, pegaram o celular, mas não ligaram para a polícia. Ao contrário, pelo menos dois passageiros *gravaram* o ataque com seus celulares. Naquela noite perversa, como em um espetáculo repugnante de depravação humana, nossa desumanidade estava em plena exibição.

Timothy Bernhardt, superintendente da polícia local, disse à mídia nacional dos Estados Unidos que o ataque poderia ter sido evitado se alguém tivesse se envolvido. E disse mais: "Fiquei horrorizado com aqueles que não fizeram nada para ajudar essa mulher. Quem estava naquele vagão tem que se encarar no espelho e perguntar por que não interveio ou por que não fez alguma coisa."[18]

O que aconteceu com a gente? Costumávamos ser uma espécie solidária e amável, não é?

Uma semana após o incidente, o procurador estadual encarregado do caso, Jack Stollsteimer, convocou uma coletiva de imprensa para refutar as alegações de que seus compatriotas filadelfianos não agiram (fizeram pior, além de não se envolverem, filmaram o ataque): "Na minha opinião, as pessoas daqui não são desumanas e insensíveis. Não aconteceu, como um jornalista alegou hoje, de elas ficarem sentadas de braços cruzados, gravando a agressão para o próprio deleite."

Stollsteimer alegou que havia um fluxo contínuo, entrando e saindo do metrô, e especulou que, talvez, aquelas que testemunharam a agressão não perceberam o que estava acontecendo. Mas se tratava de pura especulação e suposições por parte do procurador, já que ele não tem como saber se os transeuntes perceberam ou não o que estava acontecendo e, talvez, não estivesse disposto a acreditar que tamanha insensibilidade pudesse existir entre aqueles que representa. No entanto, os comentários do procurador foram refutados por evidências concretas: um passageiro gravou um vídeo, que estava em posse dos investigadores, e os arquivos de vigilância da SEPTA mostram que dois passageiros gravaram o ataque com seus celulares.

O caso SEPTA da Filadélfia tem algumas semelhanças com outro caso "mau samaritano" de décadas antes, em Nova York: o abominável estupro e assassinato de Kitty Genovese. Em 1964, quando a garçonete de 28 anos Kitty Genovese estava voltando para seu apartamento no Queens após seu turno, foi seguida por um homem até a entrada do prédio em que morava. Na época, o que transformou esse caso em história nacional foi a apatia dos muitos vizinhos que ouviram os gritos desesperados de socorro da moça enquanto ela estava sendo esfaqueada, estuprada e assassinada durante o período de uma hora. Posteriormente, muitos vizinhos disseram à polícia que sim, foram acordados pelos gritos de Kitty, mas não ligaram para a polícia porque achavam que outra pessoa faria isso. Então por que se envolver? Apague a luz, volte para a cama e tente retomar o sono enquanto a vida de uma jovem aos poucos se extingue.

As primeiras notícias apontavam que 38 testemunhas oculares não tomaram nenhuma atitude enquanto a moça estava sendo assassinada. Já as notícias posteriores contestam esse número, apesar de admitirem que, talvez, mais pessoas tenham ouvido os gritos horripilantes de Kitty. Além disso, os relatos originais omitiram o fato de que uma mulher, uma vizinha chamada Sophia Farrar, realmente correu em direção aos gritos para tentar ajudar. Infelizmente, ela chegou tarde demais, mas conseguiu amparar a vítima que morria.[19]

No entanto, por mais horrível que tenha sido o caso Kitty Genovese, e podemos traçar alguns paralelos óbvios com o recente estupro da Filadélfia, pelo menos, seus vizinhos que viram e ouviram o ataque não pegaram suas câmeras amadoras para *filmá-lo*.

Precisamos nos perguntar: o que está acontecendo? Caso queira ser um maldito e péssimo samaritano e não deseje ajudar uma mulher sendo atacada — seja por medo ou apatia —, embora execrável, penso que a maioria consegue entender essa tendência de "não se envolver".

Mas por que gravar? Qual é o intuito de pegar o celular para documentar um evento horrível? O que está acontecendo ali? Claro, nos resta especular, pois não há entrevistas com as testemunhas envolvidas, mas algumas teorias me vêm à mente.

Nos capítulos anteriores, falei sobre o ancestral conceito grego de acédia, definido como uma espécie de apatia, uma preguiça espiritual e mental, e sugeri que, em nosso mundo moderno saturado de dopamina e insensível à humanidade, muitas pessoas estão apenas entorpecidas e apáticas, pois sofrem de acédia. Podemos analisar a questão da perspectiva neurológica, pois sabemos que a tecnologia — e nosso caso de amor com ela — comprometeu o desenvolvimento de nossos "neurônios-espelho", vitais para desenvolvimento da *empatia*.

Logo, essa teoria pode explicar a apatia: os vizinhos de Kitty Genovese também eram apáticos, isso foi em 1964. Mas o que explica as *filmagens* em 2021? Um colega meu sugeriu uma explicação interessante. Nos Estados Unidos do século XXI, nossos celulares são nossas muletas, nossos escudos. Recorremos a eles impulsivamente sempre que estamos entediados, nervosos ou... assustados? Será possível que as pessoas naquele vagão de metrô tenham feito a única coisa que foram condicionadas a fazer quando estavam sob ameaça, pegar seus celulares?

E, sejamos realistas: estamos obcecados em registrar qualquer coisa. Tiramos foto de *tudo* para postar futuramente no Facebook ou no Instagram: nosso jantar, a vista de nossas janelas, inúmeras fotos de crianças, inclusive o registro de estupro no metrô. Em nosso mundo de *reality show*, como no filme *O Show de Truman*, com Jim Carrey, quaisquer aspectos de nossas vidas, sejam eles bons, ruins ou desagradáveis, aparentemente precisam ser filmados, pois, se não forem, devido a nossas vidas digitalizadas em excesso, seria como se não existissem, a menos que haja um registro eletrônico.

Por fim, a resposta talvez seja tão básica e simples quanto ao fato de estarmos cada vez mais dessensibilizados devido à enxurrada cotidiana e ininterrupta de imagens violentas a ponto de enxergarmos a dor e a violência diárias como entretenimento, uma espécie de "atire os cristãos aos leões". Perdemos nossa bússola moral, ao mesmo tempo que aumentamos a intensidade de nosso entretenimento voyeurista. Um exemplo disso: um amigo, executivo de TV, especulou quando as execuções seriam transmitidas ao vivo. Isso costumava existir apenas nos romances distópicos de ficção científica, mas penso que já estamos quase lá.

E a última consideração sobre o estupro gravado do metrô: sempre ficamos curiosos com acidentes de carro e paramos para assistir a uma briga de rua. Na verdade, alunos do ensino médio são conhecidos por ficarem empolgados quando uma briga começa e, mais do que depressa, formarem um círculo alegre e encarniçado, gritando em tom provocativo para os que se digladiam: "Briga! Briga!" Infelizmente, é a parte mais ignóbil de nossa natureza humana.

Costumávamos criar nossos filhos para superar o estágio de identificação primitiva estimulado pela adrenalina. Agora, como a maioria dos homens passa pelo fenômeno da adolescência eterna ou adultescência, em que ficam jogando videogames como crianças, aprisionados em um estado de puberdade como se fossem jovens abobalhados, receio que tenhamos jovens adultos muito imaturos. Suspeito que as pessoas que estavam naquele vagão de metrô e que gravaram o ataque não eram *mulheres*... Suspeito que eram nossos brutamontes imaturos, entorpecidos, dessensibilizados e condicionados a gravar e postar qualquer coisa que possa gerar uma boa dose de dopamina. Para eles, aquela mulher abusada talvez não passasse de uma personagem desumanizada que podiam gravar e postar.

Descanse em paz, *Homo sapiens*. Foi bom enquanto durou!

Extremismo Digital

Além de nossas gravações insensíveis de crimes brutais, há também outros sinais de nossa decadência social — e do papel que a tecnologia tem desempenhado nesse processo.

Hoje, temos tiroteios em massa (além do fenômeno do tiroteio em escolas), protestos e massacres como parte da pior instabilidade civil em mais de meio século. Os problemas sociais que a impulsionam são concretos, mas, não raro, ela é agravada e amplificada pela polarização das câmaras de eco das mídias sociais — em ambos extremos do espectro político. Essas câmaras de eco digitais influenciam e moldam excessivamente jovens impressionáveis, psicologicamente frágeis e manipuláveis que, em sua busca por senso de sentido e de pertencimento, ficam suscetíveis ao extremismo e à doutrinação.

Esqueça os *influencers* das mídias sociais e a síndrome de Tourette do TikTok: agora temos um extremismo fomentado digitalmente, devorando alguns de nossos jovens mais vulneráveis, sobretudo homens. O jovem perdido, alienado e vazio à procura de uma tribo ou um grupo ao qual pertencer é alvo fácil e precioso de facções extremistas e oportunistas. Não podemos esquecer que muitos deles estão buscando desesperadamente um senso genuíno de propósito e de sentido em suas vidas, mas ainda não desenvolveram a própria identidade, ou a resiliência e o pensamento crítico para estabelecer o próprio senso independente de si mesmo. Ao mesmo tempo, eles são continuamente expostos a um fluxo incessante de conteúdo ideologicamente extremo, recomendado pelos ávidos algoritmos das mídias sociais que procuram alimentar e amplificar seja lá qual for sua inclinação política inicial.

Seu espectro político é de direita? A câmara de eco digital fará lavagem cerebral à direita; seu espectro político é de esquerda? Os algoritmos fornecerão uma dieta constante e cada vez mais virulenta de conteúdo de lavagem cerebral à esquerda, sempre com o objetivo de aumentar as visualizações e a atenção — o que tem sido chamado de "a batalha pelos globos oculares".

As Big Techs sabem bem que não existe lucratividade em terreno de moderação política. É necessário ativar o cérebro primitivo. Os antigos jornalistas costumavam dizer que "Se há sangue, há audiência", pois entendiam a propensão humana à curiosidade mórbida e nossa necessidade de presenciar a carnificina de um acidente de carro. Atualmente, na Era Digital, estamos além de "Se há sangue, há audiência"; agora é "Se inflama as emoções, cria devoção dos usuários". Na realidade lucrativa, conteúdos moderados simplesmente não geram dinheiro ou habituação digital.

Em plataformas como o YouTube, a tarefa da IA é desenvolver algoritmos para recomendar e reproduzir automaticamente vídeos que incentivem os usuários a assistirem ainda mais conteúdos. Inicialmente, pensava-se que eles deveriam ser programados para mostrar vídeos semelhantes aos que já haviam sido assistidos. Mas isso fazia os usuários ficarem entediados. Para superar o problema, o Google mobilizou uma quantidade enorme de recursos para seu departamento de pesquisa de IA, visando aplicar neurociência, neuroeconomia, psicologia cognitiva e comportamental, raciocínio moral e pensamento profundo à programação de seus algoritmos. No processo, os desenvolvedores inseriram neles um loop de *extremificação*. Como os usuários são atraídos por conteúdos que evocam respostas emocionais, os algoritmos os direcionam para aqueles cada vez mais extremos com o objetivo de mantê-los engajados. Afinal, tudo se resume ao *engajamento de usuários*, e conteúdos políticos controversos são excelentes para fisgá-los.

Além do mais, a Nova Tecnocracia e seus especialistas comportamentais conhecem amplamente a psicologia humana (não apenas a neurofisiologia, em que o cérebro tende a buscar experiências "emocionantes" de ativação de dopamina e adrenalina). Sabe-se que os jovens são psicologicamente instigados a querer experienciar um "chamado à aventura", muitas vezes encontrado no arquétipo da Jornada do Herói, explicado de forma magistral pelo lendário psicólogo Carl Jung e pelo mitólogo Joseph Campbell em suas obras.

Os jovens *precisam* sentir o senso de propósito associado ao que interpretam como causa ou busca nobre, pois isso aplaca uma espécie importante de sede psicológica e genuína. Como os senhores da tecnologia compreendem esse fato, quase todos os videogames retratam a clássica Jornada do Herói, uma trajetória iniciática em que o personagem supera obstáculos em sua busca pelo poder. Isso é o que torna os videogames atraentes e irresistíveis aos adolescentes sem rumo, alienados e impotentes: eles podem se perder facilmente em seu personagem e levar uma vida artificial com propósito nas plataformas de jogos ou mergulhar de cabeça nas ideologias políticas em diversas plataformas digitais ou nas salas de bate-papo como o 4chan.

Esses jovens basicamente estão em busca de um grupo ao qual pertencer — mas não estamos todos?

Na falta de um senso inerente de identidade com valores fundamentais e genuínos, o adolescente vazio que está sendo moldado por seu mundo digital exterior corre o risco de se perder em um artificial ou, pior, de sofrer uma lavagem cerebral digital — com resultados, por vezes, trágicos. Daqui a pouco, veremos um exemplo extremo disso, um caso no qual trabalhei (Confira a próxima seção: "Snapshots da Distopia: YouTube, Extremismo e Assassinato em Palm Beach").

Os dias de se informar politicamente lendo alguns jornais ou assistindo ao noticiário noturno acabaram. Hoje, vivemos na Era da Informação (que *nunca* deve ser confundida com a Era da Sabedoria), na qual estamos submergindo e nos afogando em um mar de conteúdo digital; milhões de blogs, notícias, postagens de mídias sociais, tweets, imagens, vídeos curtos do YouTube. O ataque aos nossos sentidos e à nossa psique nunca termina.

Não adianta de nada também que a Nova Tecnocracia tenha o monopólio como guardiã da informação e controle todos os aspectos do que vemos e do que lemos, de maneiras que William Randolph Hearst nunca poderia ter imaginado; esqueça Rosebud, os algoritmos de IA destinados a fisgar os usuários são o sonho da Nova Tecnocracia — e é a partir deles que nossos pesadelos surgem.

Na próxima seção, veremos o lado sombrio do que pode acontecer quando um jovem vazio se perde em uma câmara de eco digital impulsionada por um algoritmo.

Snapshots da Distopia: YouTube, Extremismo e Assassinato em Palm Beach

O barulho dos saltos altos da advogada contra os ladrilhos ecoava enquanto me conduzia pelas frias portas de aço da prisão de segurança máxima. Como ela estava atrasada, fiquei esperando por trinta minutos dolorosamente longos em uma área de visitantes sem ninguém. A espera e o silêncio deram aos meus pensamentos já ansiosos um espaço nocivo o bastante para que divagassem por aí e antevissem a tarefa que eu tinha pela frente.

Eu havia pegado um voo de Austin, onde morava, para a Flórida com o objetivo de interrogar um jovem chamado Corey Johnson, acusado de homicídio qualificado para uma possível pena de morte. Semanas antes, seus advogados haviam me contatado, pedindo que eu fosse o perito judicial em seu julgamento. Eles buscavam a defesa por insanidade, com base na premissa de que o episódio homicida de Corey fora resultado direto de uma lavagem cerebral devido a sua constante imersão no YouTube. Em termos mais específicos, os advogados acreditavam que seus crimes hediondos eram consequência de milhares de horas de vídeos de recrutamento e propaganda do EIIS, assistidos por um adolescente suburbano e perdido que se radicalizou e, quando dessensibilizado, foi induzido à violência por assistir a milhares de vídeos de decapitação — que abalaram até mesmo os investigadores mais calejados com os quais conversei. Tudo cortesia do YouTube e sua empresa-matriz, o Google.

Foi desconfortável ouvir aquela porta de aço se fechar atrás de mim ao mesmo tempo que me escoltavam para o interior de uma prisão com os criminosos mais violentos do sul da Flórida; foi ainda mais desconfortável sentir os olhares intimidantes daqueles mesmos presos empedernidos me encarando enquanto passava por eles. Meu desconforto também não passou quando fui levado para a menor sala de reunião em que já estive e sentei-me a centímetros de um assassino confesso, envolvido na morte cruel e perversa de um garoto de 13 anos, que estava fazendo aniversário, ainda por cima, bem como na tentativa de homicídio da mãe e do irmão de 13 anos de seu melhor amigo: todos foram apunhalados e esfaqueados repetidas vezes. A cabeça do menino assassinado foi quase decapitada.[20]

O mais desconfortável de tudo era sua aparência e seu comportamento. Como eu havia lido o relatório policial e visto as fotos repugnantes do crime, estava esperando um sociopata com olhar frio e calculista ou um lunático com olhos esbugalhados. Mas não vi nenhum dos dois. Ao contrário, ele parecia um vizinho; parecia qualquer adolescente que vemos em uma pista de skate ou alguém em quem confiaríamos para ser babá de nossos filhos — não para decapitá-los. Dava calafrios ver o quanto ele era normal, educado e o quanto sua voz era suave. Ao invés de Charles Manson, ele se parecia com o personagem Doogie Howser vestido com um macacão laranja. Não absorvi nada disso, meu cérebro estava tendo dificuldade em processar tudo.

Durante horas, ele me contou de forma lenta e serena a história da sua vida e do seu crime. Como ficou sem pai em tenra idade e, não raro, se sentia perdido e sem rumo; sentindo-se como um peixe fora d'água na escola e não fazendo parte do grupo de jovens populares, desenvolveu o que os psicólogos chamam de *formação reativa* aos comportamentos desses mesmos "jovens descolados". Em seu íntimo, ele queria fazer o que eles faziam — ter encontros, beber e fazer sexo. No entanto, como lhe foi negado o acesso a essas experiências, cultivou um ódio mortal contra esses comportamentos e contra as pessoas que os praticavam. Assim, acabou desenvolvendo uma mentalidade pela busca do que considerava "pureza" e, posteriormente, buscou qualquer ideologia que a abraçasse.

No YouTube, ele inicialmente explorou o que considerou serem ideologias "puras"; primeiro, os preceitos da Alemanha nazista, depois, outros movimentos de supremacia branca que descobriu em comunidades online *alt-right* [*direita alternativa*, em tradução livre], como Stormfront e 4chan. Ele era inteligentíssimo e estava bastante informado sobre os detalhes mais intrincados das diversas seitas e ramificações desses respectivos movimentos. Corey acabou se desiludindo com essas ideologias, porque seus líderes não estavam realmente sendo puros (eles bebiam e faziam sexo). Foi quando descobriu o Islã, ao assistir a um vídeo sobre Bashar al-Assad na Síria; isso o levou a admirar o Hezbollah e o Hamas, despertando seu interesse pelo Islamismo.

Ele pesquisou as diferenças entre as denominações sunita e xiita e, enquanto consumia conteúdos sobre o islamismo sunita no YouTube, um minidocumentário da *Vice* sobre a vida conforme os preceitos do EIIS foi automaticamente recomendado e reproduzido. Esse vídeo atiçou seu interesse. Em seguida, o YouTube sugeriu uma propaganda desse grupo chamada "No Respite", ao qual Corey assistiu repetidas vezes, pois se identificou profundamente com o conteúdo. Isso levou a uma infinidade de propagandas, bastante convidativas para um jovem perdido em busca de uma causa, pois, com uma produção bastante sofisticada e de alta qualidade, retratavam a organização como movimento de bem-estar social. Esses vídeos idealizados do EIIS como utopia eram intercalados com outros de decapitação, que se tornariam o manual para os eventos que ocorreram na noite dos esfaqueamentos.

Quando perguntei àquele jovem, aparentemente gentil e de voz suave, como fora capaz de assistir a essas decapitações macabras e detalhadas, Corey serenamente me explicou que, embora fosse repulsivo de início, ele as enxergava como uma espécie de treinamento essencial e fortalecimento — não muito diferente do campo de treinamento — para se tornar um guerreiro do EIIS. Ele também acrescentou que, com o tempo, a violência foi se normalizando. Seria similar à maneira como os estudantes de medicina se acostumam ao trabalho com cadáveres — a princípio, eles sentem náuseas, mas, após algumas dúzias de cadáveres, almoçam no necrotério.

E onde estava a mãe de Corey enquanto ele assistia a todos esses vídeos repugnantes do YouTube? De início, ela apenas pensou que ele poderia estar passando por uma fase, um pouco de exploração religiosa, que não desestimulou. Mas havia sinais de alerta; durante o período em que o jovem estava mergulhando cada vez mais fundo no Islã e no EIIS, sua mãe disse aos investigadores que percebeu que o filho assiste ininterruptamente aos vídeos, às vezes se esquecia de comer, e que ficava em estado de transe por semanas. Mesmo esse sendo um sinal evidente de alerta para muitos pais, os advogados deixaram claro para mim que a mãe de Corey estava lidando com os próprios demônios.

Nesse ínterim, a mente de Corey estava sofrendo cada vez mais lavagem cerebral. A sofisticada ala de propaganda do EIIS se chama Al-Hayat e produz conteúdo de forma estratégica, pois usa determinadas palavras-chave no título da postagem ou certos tipos de imagens em miniaturas para burlar o algoritmo do YouTube. Já em 2014, uma média de três vídeos e mais de quinze reportagens fotográficas eram lançadas no ciberespaço todos os dias em diversos idiomas, incluindo árabe, turco, curdo, inglês, francês e russo. E para dar a impressão de que o EIIS é uma organização dinâmica e em franca expansão, seus membros se engajam intensamente na divulgação em tempo real, como ao serem bastante ativos no Twitter. Na verdade, existem entre 46 mil e 70 mil contas relacionadas ao EIIS nessa rede, cada uma tuitando uma média de 7,3 vezes por dia. Só em francês, há cerca de 14 mil *tweets* pró-EIIS diariamente.

Para uma alma vazia e vulnerável como a de Corey, essa enxurrada de propaganda nas mídias sociais era uma onda digital de maré muito forte... Mais cedo ou mais tarde, ele foi arrastado. Após assistir a milhares e milhares de horas de vídeos de propaganda e decapitação "recomendados em seu *feed*" do YouTube, era apenas uma questão de tempo até que ele fosse completamente doutrinado. Uma vez doutrinado em uma ideologia extremista tão violenta, o inevitável aconteceu.

Seu crime foi tão cruel e nefasto quanto se pode imaginar.

À medida que descrevia a sequência de eventos abomináveis para mim em detalhes com sua voz suave (muitas vezes, eu tinha que me inclinar para ouvi-lo com clareza), ele explicou como a noite dos crimes havia começado de forma inocente. Em 11 de março de 2018, Jovanni Sierra estava comemorando seu décimo terceiro aniversário um dia antes. A celebração começou com *paintball* entre amigos, depois foram jantar em um restaurante italiano, onde se encontraram com outro amigo próximo de Jovanni — Dane Bancroft, 13 anos, e seu irmão de 17 anos, Kyle. Como Kyle Bancroft era o melhor amigo de Corey desde a pré-escola, ele o convidou para ir ao restaurante italiano para um reunião saudável, da qual sentia que Corey precisava desesperadamente.

Conforme o jovem me descreveu, todos estavam se divertindo, e ele se sentia mais "normal" do que havia se sentido há muito tempo; na verdade, os meninos conversaram sobre música e sobre cultura pop e queriam estender os bons momentos à casa de Dane e Kyle, com uma festa do pijama improvisada.

A mãe de Jovanni, Karen Abreu, estava relutante; não conhecia Corey e, afinal, era aniversário de seu filho no dia seguinte. Ela afirmou ao *The Palm Beach Post* que lhe pediu: "Por favor, volte para casa. Amanhã é seu aniversário. Quero te dar um abraço e um beijo." Ela disse que ele respondeu: "Mãe, eu te amo, mas quero sair com meus amigos." Ela relutantemente concordou em deixá-lo ir.

Naquela noite, na casa de Dane e Kyle, os meninos continuaram a se divertir, mesmo fumando *vaper* enquanto conversavam sobre assuntos de que adolescentes normais falam. Mas, como Corey me diria, em algum momento durante a festa do pijama, ele sentiu o forte desejo de se suicidar porque "nunca poderia ser normal" como seus amigos Kyle e Dane e o aniversariante, Jovanni. No entanto, em sua mente perturbada, lembrou-se de que o suicídio era proibido no Islã; e, em vez disso, decidiu que precisaria matar "os infiéis" e ser baleado e morto pela polícia em uma tentativa de suicídio.

Kyle foi para a cama primeiro, por volta da 01h da manhã. Os garotos mais novos, Jovanni e Dane, haviam planejado ficar acordados a noite toda, conversando como adolescentes entusiasmados costumam fazer. No entanto, Dane adormeceu por volta das 03h30, e Jovanni assistia a um vídeo sobre galáxias e planetas às 04h43. Em algum momento entre o início daquele vídeo e às 05h30, Corey andou furtivamente pela casa silenciosa, se deteve sobre um Jovanni adormecido com uma grande faca de cozinha e começou a atacá-lo brutal e metodicamente, assim como havia assistido durante as horas intermináveis de vídeos instrutivos de decapitação do EIIS. Mas o garoto acordou e lutou; ele não morreria tão facilmente quanto Corey pensava — nos vídeos, os assassinatos pareciam limpos e fáceis; na realidade, o ato era confuso e difícil, e, nesse ataque terrível, foram necessários muitos golpes de faca até quase decapitar o menino vivo, um Jovanni que lutava pela vida a socos e pontapés na manhã de seu aniversário.

Por volta das 5h45, Elaine Simon, mãe de Kyle e Dane, ouviu uma confusão no quarto dos garotos, no andar de cima, e subiu para ver o que estava acontecendo. Corey a cumprimentou do alto da escada e gritou: "Volte para o seu quarto! Vá dormir! Não se preocupe. Vou cuidar bem deles. Todo mundo vai voltar a dormir." Ela desceu as escadas, mas continuou ouvindo gemidos vindos do andar de cima. Quando subiu pela segunda vez, Corey a atacou com a faca. Ele a esfaqueou diversas vezes, um total de doze vezes, enquanto ela perguntava: "Por que está fazendo isso?" Afinal, conhecia Corey desde que ele estava na pré-escola. Por fim, Dane ouviu os gritos da mãe e correu para ajudá-la. O jovem então o atacou, esfaqueando-o inacreditáveis 32 vezes. Apesar de estar sangrando copiosamente, Elaine Simon conseguiu fugir e correr, pedindo ajuda a um vizinho atônito que ligou para a polícia enquanto seu outro filho, Kyle, pulava da janela do segundo andar para escapar do massacre.

A polícia chegou, e Corey me contou como, primeiro, se escondeu em um armário antes de finalmente se entregar. Perguntei a ele, ainda espantado com os detalhes horríveis, mas tentando manter minha compostura profissional: "Mas, Corey, ajude-me a entender... O assassinato de Jovanni, a tentativa de assassinato de Dane e da mãe dele. Você fez tudo isso porque acabou de me dizer que teve vontade de morrer aquela noite, e seu plano era ser baleado pela polícia. Então, por que se escondeu e depois se rendeu?"

Ele me olhou com uma expressão gentil, quase envergonhada: "Eu... Fiquei com medo de que, se levasse um tiro, gritaria de dor e não conseguiria dizer 'Allahu Akbar'. Eu precisava dizer essas palavras enquanto morria para entrar no paraíso."

DEZOITO MESES AFASTADO DO CRIME — E TAMBÉM DA LAVAGEM CEREBRAL digital tóxica que o levou a cometer atrocidades — ele conseguiu falar comigo com a clareza um tanto distanciada e resignada de alguém que sabe que chegou à beira da insanidade. Estava profundamente consciente e arrependido pela vida que tirou e pelas vidas das pessoas que suas ações destruíram para sempre, incluindo a sua. Corey entendeu que não existem segundas chances na vida e que o que aconteceu não foi somente um pesadelo do qual pode despertar ou viver de maneira diferente. Saber disso o levou a tentar suicídio duas vezes enquanto estava na prisão.

Corey Johnson era um jovem perdido e vazio que encontrou conexão e propósito em um jogo ideológico inteligente com propaganda enganosa, elaborado especificamente para recrutar garotos sem rumo como ele, que procuravam um grupo ao qual pertencer. Ele é vítima de um monstro Frankenstein digital, transmitido pela internet e pelo YouTube, que fica gravado diretamente em sua frágil psique. Apesar de ser vazio moral e espiritualmente, Corey está cheio de atos repulsivos e desvios que se tornam mais fervorosos e intrusivos pela Era Digital.

Há vinte anos, talvez ele se deparasse com *Dungeons & Dragons* e pronto. Claro, é possível que ele se radicalizasse na era pré-digital anterior se lesse um velho e surrado *Minha Luta* ou *O Diário de Turner*. No entanto, esse tipo de lavagem cerebral à moda antiga se baseava na experiência estática de que um livro em uma prateleira seria lido de forma esporádica e, em geral, era necessário também um líder carismático e real de seita para desencadear a lavagem cerebral.

Se alguém visse, como eu, a vivacidade das imagens excruciantes e o fluxo constante de vídeos apelativos e perspicazes de recrutamento que, como milhares de gotas de chuva, regaram a mente árida de Corey, cultivando e fertilizando as mensagens até elas se enraizarem em seu íntimo — sedento por uma ideologia que preenchesse sua vida destruída e vazia de sentido e propósito; se alguém conseguisse vislumbrar como imagens ininterruptas impactam o cérebro de um jovem perdido, então poderia entender o que, aparentemente, não tem nenhum sentido. Para nós, as ações de Corey foram insanas. Para ele, estavam totalmente de acordo com sua programação digital na era do raramente filtrado algoritmo do YouTube.

Frio, calculista e amoral, esse é desenvolvido para aumentar o engajamento na interminável batalha dos globos oculares. Não importa se o vídeo pesquisado é um gatinho brincando com um filhote de cachorro ou de um extremista religioso cruel que, nitidamente, está serrando a cabeça de um "infiel" ajoelhado. Algoritmos não fazem juízos de valor, apenas fornecem aos usuários um fluxo cada vez maior de conteúdo para mantê-los com os olhos vidrados na tela — de preferência, sem dormir ou sem pausas. Com certeza, Corey posicionava seu computador ao lado da cama para que pudesse continuar assistindo às imagens ininterruptas que haviam sido "recomendadas", em um fluxo constante de horror disfarçado como dádiva. Mesmo que o YouTube tente remover esses vídeos horríveis assim que toma conhecimento deles, até lá, o estrago já foi feito à pessoa que acabou de assisti-los.

Minha Luta fica esquecido em uma prateleira. No entanto, essa versão moderna da ideologia faz com que as imagens imersivas penetrem em nossa mente com força total. Não se trata de radicalização propriamente dita e, sim, de uma manipulação 2.0. Jovens como Corey não têm a menor chance.

Bem-vindos à nova distopia digital, impulsionada por algoritmos doentios.

Nota de rodapé: mais de um ano após o primeiro encontro e avaliação de Corey Johnson, eu iria depor como perito judicial em seu julgamento por assassinato, que foi adiado para novembro de 2021 devido à Covid-19. Ele estava mais velho e mais alto, com o cabelo curto. Na sala tensa de audiência, todos usavam máscaras enquanto os detalhes do caso horrível eram narrados e mostrados ao júri, e o jovem permanecia inexpressivo. Testemunhei sobre insanidade e lavagem cerebral digital durante horas e fiz um interrogatório acalorado com o promotor.

Os competentes e simpáticos advogados de defesa de Corey Johnson não previam absolvição; apenas queriam apresentar a melhor defesa e explicação possíveis de seus crimes incompreensíveis. Ele foi considerado culpado de todas as acusações. Sua culpa é indiscutível, e o veredicto é justo. No entanto, o que influenciou Corey, a oferta digital dessa influência, não foi indiciada — e isso, sim, *não* é justo.

5

Mídias Sociais e a Armadilha Binária

Demais e Não Suficiente

"A vida... parece que, tipo, não é o suficiente, sabe? Só que ao mesmo tempo... é *demais* pra mim... É demais para a minha cabeça."

Foi o que "Tommy", um jovem sentado à minha esquerda no grupo, disse quando solicitado a descrever melhor a razão pela qual ele estava em tratamento.

Fiquei extremamente impressionado com as suas palavras.

Tommy tinha pelos faciais que um dia seriam uma barba e vestia roupas de um cara que já tinha passado por muitos programas de tratamento — tinha mesmo. Havia também tentado se suicidar duas vezes, sendo hospitalizado: uma por overdose intencional de pílulas e outra quando cortou profundamente os pulsos. Como tantos pacientes com transtorno de personalidade borderline, ele se automutilava, assim, tinha uma série geométrica de cicatrizes em seus antebraços, que se misturavam com suas tatuagens coloridas e sua camisa de flanela. A maioria daqueles que se automutilam não são suicidas, mas alguns, como Tommy, têm vontade de morrer. Ele se parecia com as outras dez pessoas do meu grupo: jovem, na casa dos 20 anos, já tinha visto demais, porém, ainda parecia uma criança — apesar das marcas, piercings e tatuagens. Pedi-lhe que repetisse o que havia dito, porque era, ao mesmo tempo, comovente e poderoso. E eu sabia que o resto do grupo se identificava com aquilo, porque alguns assentiam energicamente enquanto ele falava.

"Como eu disse... A vida me parece vazia, como se não fosse suficiente e, ao mesmo tempo, é demais para mim... E me vejo oprimido, precisando morrer e escapar."

Esse sentimento paradoxal *demais, mas não o suficiente*, era o lema de cada vez mais jovens de que eu estava tratando. Muitos de meus pacientes falam sobre estarem oprimidos pela vida, se sentirem perdidos, anestesiados e insatisfeitos. Oprimidos e vazios — tudo de uma vez. O que estava causando o aumento desse fenômeno?

A Armadilha Binária

Meu paciente Tommy sofria do paradoxo borderline, também conhecido como *armadilha binária*: o sentimento de emoções extremas, não raro, paradoxais e binárias ao mesmo tempo, como "Vá embora, mas não me deixe!"; "Eu te amo, mas não te suporto!"; até a escolha binária final: "Viver ou morrer?" Todas são prisões de pensamento — a prisão de duas ideias opostas —, a do pensamento binário. O prisioneiro binário não enxerga o meio-termo; entre a ambivalência de amor/ódio, existe uma área nebulosa — o reino especial das nuances.

Essa prisão de duas ideias opostas — de pensamento binário — é a de muitos pacientes com transtorno de personalidade borderline (TPB), que podem oscilar entre um extremo e outro a qualquer momento. O paradoxo borderline é quando o paciente consegue abraçar *simultaneamente* ambas as polaridades. Em nossa versão social do TPB, normalmente não vemos isso (um progressista não costuma oscilar entre apoiar Bernie Sanders e o Trumpismo; e, com certeza, não abraça simultaneamente os dois). No entanto, nossa sociedade se deteriorou em uma armadilha binária: ou é Coca-Cola ou Pepsi, vermelha ou azul — e *não pode* haver qualquer meio-termo.

É uma prisão de duas ideias.

Curiosamente, identificou-se outro paradoxo desse transtorno: o da *dor* borderline. Indivíduos com esse diagnóstico relatam com frequência altos níveis de dor física como resultado de problemas de saúde de longo prazo; mas, quando se trata de dor visceral em curto prazo, como aquela oriunda de atos de automutilação, eles aparentemente não conseguem senti-la.[1] Na realidade, quando pacientes com TPB foram submetidos a um eletroencefalograma (EEG) e à intensa dor de curto prazo, os cientistas ficaram atônitos ao descobrirem que os cérebros examinados rapidamente começaram a produzir correntes *theta*, as ondas cerebrais do sono, transe e relaxamento profundo.

Sabemos que quando o corpo está ferido, endorfinas analgésicas são liberadas para ajudar a atenuar temporariamente a dor. E a dissociação, a experiência de se sentir fora do corpo durante um estresse ou trauma intenso, também inibe a dor, pois, em nível neurológico, o cérebro desativa temporariamente todas as funções, exceto as mais básicas. Por isso, os pacientes com TPB costumam sentir pouco a dor visceral, ao mesmo tempo que são bastante sensíveis à dor crônica de longo prazo. Esse fenômeno também explica por que cortar-se, queimar-se ou praticar outras formas de automutilação normalmente não prejudicam o paciente com TPB, mas são perigosamente viciantes — oferecem uma descarga de endorfina, e, como a dopamina, essa substância pode fazer a pessoa se habituar a querer cada vez mais. Em um nível psicológico, muitos pacientes com TPB falam sobre se cortar em uma tentativa de sentirem *algo*, caso contrário, não têm sensação imediata além do entorpecimento.

Transtorno de Personalidade Borderline

O termo *borderline* remonta à década de 1930, quando foi usado para se referir ao estado limítrofe entre neurose e psicose — aquele reino "contíguo" parecido com uma zona intermediária ou nebulosa entre dois mundos de transtorno emocional, oscilando entre ser funcional ou não na vida cotidiana. Em seu uso mais moderno, o transtorno de personalidade borderline (TPB) foi cunhado em 1980, com um grupo de outros transtornos de personalidade, no *DSM-III* (*The Diagnostic and Statistical Manual of Mental Disorders, Third Edition*, a bíblia diagnóstica dos transtornos psiquiátricos).[2]

Segundo o manual de treinamento de transtorno de personalidade publicado pelo célebre psicólogo Dr. Gregory Lester, o TPB é caracterizado por determinadas características e comportamentos: instabilidade, sentimentos crônicos de vazio, volatilidade, vulnerabilidade, reação exagerada, surtos de ofensas verbais, exagero, comportamentos ou pensamentos de automutilação, sensibilidade à crítica e sentimentos de rancor. Além disso, os pacientes com TPB tendem a se envolver no que é chamado de *splitting* ["divisão", em tradução livre] (enxergar os outros como "todos bons" ou "todos ruins") e, na prática, a enxergar *tudo* através de lentes binárias extremas e em preto e branco (também conhecido como *pensamento dicotômico*). Para ser oficialmente diagnosticado com TPB, é necessário que uma pessoa satisfaça a, pelo menos, cinco dos seguintes critérios diagnósticos enumerados no último *DSM-5*:

> Transtorno de personalidade caracterizado por um padrão duradouro de instabilidade no humor, nos relacionamentos interpessoais e na autoimagem, intenso o bastante para causar angústia extrema ou interferir no funcionamento social e ocupacional. Dentre as manifestações desse transtorno estão (a) comportamento autodestrutivo (por exemplo, jogatina, comer em excesso, uso de substâncias); (b) relacionamentos intensos, mas instáveis; (c) surtos incontroláveis de temperamento; (d) incerteza sobre autoimagem, gênero, objetivos e lealdades; (e) mudanças de humor; (f) comportamento autodepreciativo, como brigas, gestos suicidas ou automutilação; e (g) sentimentos crônicos de vazio e tédio.[3]

É um transtorno extremamente complicado — e letal —, porque as chances de um paciente com TPB cometer suicídio é *cinquenta* vezes maior (sim, *não* é um erro de digitação) que o índice normal, e 70% deles têm comorbidades associadas à dependência. Além disso, são pacientes muito reativos, têm dificuldades com relacionamentos, e, em geral, seus prognósticos em longo prazo são extremamente desafiadores.[4]

As três principais teorias sobre as causas do TPB são a teoria da infância aversiva (infância traumática), a teoria genética (genes ruins) e a teoria biopsicossocial (ambiente nocivo). Atualmente, parece haver um consenso de que todos os três itens acima entram na equação do TPB, talvez em proporções diferentes em cada paciente. E há o consenso clínico adicional de que o componente genético precisa estar presente e de que o transtorno de personalidade borderline é provavelmente uma combinação de predisposição genética com fatores ambientais da primeira infância e disfunção neurobiológica.

Examinemos a etiologia do TPB com mais detalhes.

Conforme mencionado, o transtorno de personalidade bipolar é conhecido como "multifatorial" na etiologia — ou seja, existem diversas causas potenciais que contribuem para seu desenvolvimento. Há a predisposição genética, demonstrada por estudos de gêmeos, que indicam que o TPB tem mais de 50% de hereditariedade — significando que podemos "herdá-lo" em índice ainda maior do que a depressão severa, considerada altamente hereditária. Os fatores ambientais identificados como contribuintes para o desenvolvimento do transtorno de personalidade borderline incluem maus-tratos na infância (seja abuso físico, sexual ou negligência), encontrados nos relatos de até 70% das pessoas com TPB, bem como separação materna (o que explicaria o medo visceral de abandono — percebido ou real), apego materno precário, limites familiares inadequados, abuso de substâncias pelos pais e transtorno mental grave parental.

Há também algumas teorias psicológicas. Segundo o modelo "mentalizante" (*mentalização* é a capacidade humana fundamental de entender nosso comportamento em relação a estados *mentais*, como pensamentos e sentimentos), o TPB é o resultado de uma falta de resiliência contra estressores psicológicos. Essa ideia e um modelo de tratamento posterior foram apresentados pelos psicoterapeutas Peter Fonagy e Anthony Bateman.[5]

Nesse contexto, Fonagy e Bateman definem resiliência como a capacidade de gerar "reavaliação adaptativa" de eventos negativos ou estressores; desse modo, os pacientes com reavaliação prejudicada acumulam experiências negativas e não conseguem aprender com as boas. Os pacientes com TPB acumulam narrativas negativas e interpretações dos eventos ou estressores em suas vidas e ignoram as boas experiências que podem contrapor essa narrativa.

No modelo biossocial popularizado pela Dra. Marsha Linehan, a vulnerabilidade genética interage com um "ambiente de invalidação crônica" para gerar o conjunto de sintomas do TPB. De acordo com Linehan, "um ambiente invalidador é aquele em que a comunicação de experiências privadas é julgada por respostas erráticas, inapropriadas e extremas", e onde experiências ou sentimentos internos são rejeitados ou punidos em vez de validados.[6]

Há ainda outra teoria etiológica do psicanalista Otto Kernberg especulando que um bebê sente sua mãe de forma binária: uma genitora amorosa e carinhosa que cuida da criança e também uma punitiva e odiosa que a priva. Essa contradição aparentemente inerente causa ansiedade extrema e, se não for integrada a um entendimento mais solidário de que "ambos podem ser verdadeiros", pode levar ao desenvolvimento do *splitting*, mecanismo de defesa no qual o paciente não consegue formar uma opinião realista da outra pessoa — e também impulsionar o pensamento dicotômico binário. No entanto, esse modelo explicativo se afigura a um outro semelhante, ainda que obsoleto e rejeitado, da esquizofrenia, a chamada teoria da mãe esquizofrenogênica, proposta pela primeira vez em 1948 pela psiquiatra Frieda Fromm-Reichmann (e adotada até a década de 1970). Nele, pensava-se basicamente que a mãe "causava" a esquizofrenia por suas mensagens confusas (e indutoras de esquizofrenia) de superproteção e rejeição.[7]

Além de todos esses modelos psicológicos, diversos estudos de neuroimagem identificaram diferenças na amígdala e no hipocampo dos lobos temporais mediais em pacientes com TPB. Além do mais, estudos neurobiológicos sugeriram que o funcionamento prejudicado da serotonina pode estar presente nesses indivíduos — embora eles não pareçam responder efetivamente ao tratamento com medicamentos, ISRS (Inibidores Seletivos da Recaptação de Serotonina) ou outros.

Então, o que pode *piorar* os sintomas de um paciente com TPB?

Separações, desavenças e rejeições — reais ou percebidas — são os gatilhos mais comuns para os sintomas. Como uma pessoa com esse diagnóstico é extremamente sensível a ser abandonada e deixada sozinha, isso a submerge emocionalmente em intensos sentimentos de raiva, medo, pensamentos suicidas e automutilação e, não raro, a leva a decisões bastante reativas e impulsivas. Além disso, a falta de carinho, estrutura e limites consistentes pode ser vista como um agravamento ou causa da dinâmica volátil.

Houve um aumento no diagnóstico clínico de TPB, sendo mais comum do que muitas pessoas podem imaginar. Um estudo recente sobre a prevalência de transtornos de saúde mental nos Estados Unidos descobriu que cerca de 1,6% da população tem esse transtorno (e 20% da população de pacientes psiquiátricos internados). Isso significa que há mais de 4 milhões de pessoas *diagnosticadas* com TPB somente nos Estados Unidos, mesmo que ele não seja diagnosticado ou seja identificado erroneamente com frequência, erro que às vezes pode recair nos papéis tradicionais de gênero.

Isso ocorre porque há uma grande diferença na prevalência do TPB em mulheres versus homens (cerca de 75% das pessoas diagnosticadas com ele nos EUA são mulheres). *Contudo*, não se sabe se elas são mais propensas a desenvolvê-lo ou se isso se deve a preconceitos de gênero no diagnóstico desse transtorno. Por exemplo, talvez homens com sintomas dessa condição sejam mais propensos a serem diagnosticados erroneamente com outras, como TEPT (Transtorno de Estresse Pós-traumático) ou transtorno depressivo grave. E quando se trata de TPB, o diagnóstico incorreto pode ser um problema sério, pois nenhum medicamento foi aprovado pela FDA (*Food and Drug Administration*, agência do governo norte-americano responsável pela saúde pública) para combatê-lo, e os medicamentos para o transtorno bipolar são ineficazes no tratamento para TPB.

Apesar de compartilharem alguns sintomas, o transtorno bipolar e o transtorno de personalidade borderline são patologias muito diferentes. O primeiro pode causar depressão grave ou oscilações de humor, mas, entre os episódios, as pessoas com essa condição são capazes de levar normalmente a vida. Aqueles com TPB têm uma condição mais crônica que pode causar comportamentos de automutilação ou tendências suicidas. É verdade que, quando está vivenciando ciclos, um paciente bipolar pode manifestar alguns comportamentos destrutivos ou prejudiciais semelhantes aos do TPB. Por isso, o diagnóstico incorreto é extremamente comum durante essas fases. Outro fato que dificulta ainda mais a identificação dos dois transtornos é que algumas pessoas podem ter ambos, já que cerca de 20% dos pacientes com TPB também têm transtorno bipolar.

Outra razão importante pela qual muitos médicos acreditam que o TPB é diagnosticado erroneamente é porque muitas pessoas que sofrem com essa condição se recusam a procurar tratamento. Como sentem que não precisam de ajuda ou que o tratamento será inútil, muitas pessoas ficam sem terapia e lutam contra o TPB por conta própria.

Mais um obstáculo para o diagnóstico adequado do TPB é o fato de que 70% das pessoas com esse transtorno têm comorbidades por uso de substâncias. E as recomendações diagnósticas são que o paciente não as use por diversos meses para poder obter um diagnóstico clínico verdadeiramente preciso que não seja distorcido ou causado pelo uso delas. Mas fazer com que uma pessoa com TPB e com problema de uso de substâncias fique limpa e sóbria não é tarefa fácil.

Por fim, há a questão do estigma e da relutância de alguns profissionais de saúde em diagnosticar alguém com um transtorno tão grave. Devido a seus comportamentos (não raro, prejudiciais a outros pacientes), pode ser tão difícil lidar com pessoas com TPB em ambientes de tratamento que muitos programas de saúde mental se recusam a aceitá-las ou as encaminham para outro lugar, mencionando comportamentos perturbadores e incontroláveis (para que não repercutam reclamações de práticas discriminatórias). Por causa desse tratamento comum e enviesado, alguns profissionais de saúde evitarão diagnosticar os pacientes com TPB, partindo do princípio equivocado de que estão ajudando-os a terem mais opções de tratamento se não tiverem esse punitivo diagnóstico em suas fichas médicas. A ironia é que, se não diagnosticarem de forma apropriada o transtorno, esses profissionais de saúde estão potencial e seriamente *prejudicando* seus pacientes, dado os altos índices de automutilação e de suicídio, caso o tratamento adequado não seja recebido.

Considerando esses fatores, é provável que o número de pessoas com transtorno de personalidade borderline seja superior a 1,6%. Quer seja diagnosticado incorretamente ou subdiagnosticado, os índices de diagnóstico de TPB estão aumentando — e, mesmo sem comprovação científica, médicos e profissionais de saúde estão atendendo cada vez mais pessoas que apresentam esse transtorno de personalidade difícil de tratar.

Foi sugerido que, e eu vi evidências clínicas que corroboram isso, pode haver casos do que podemos chamar de "pseudo-TPB", ou seja, pacientes que apresentam alguns ou muitos dos critérios diagnósticos do transtorno, mas não têm o distúrbio clínico genuíno com seus antecedentes genéticos. Esses pacientes, por falta de uma forma melhor de chamá-los, absorveram ou foram moldados em tipos de comportamento TPB pelo ambiente que as cercava.

Esse tipo de assimilação de características ou de comportamentos psiquiátricos da sociedade ou do grupo de colegas é outro exemplo do mencionado modelo anterior de *contágio social* (emprestado da *teoria da aprendizagem social*, em que "macaco vê, macaco faz") e também é conhecido como *sociogênico*. Segundo ele, jovens podem manifestar diversos problemas psiquiátricos ou comportamentais vistos em seus amigos ou na mídia popular — ou nas mídias sociais —, que também podem ser considerados uma forma do transtorno factício mencionado anteriormente ou, quando inspirados pelas mídias sociais, do que tem sido chamado de "transtorno factício digital" (DFD).[8] Como já analisamos, o contágio social e entre colegas são construtos estabelecidos que têm sido associados a uma série de problemas de saúde mental e comportamentos de risco entre jovens adultos e adolescentes. Um exemplo simples é que eles têm maior probabilidade de começar a fumar se saírem com outros colegas que fumam. De modo semelhante, se uma pessoa vê incessantemente um comportamento ou transtorno nas mídias sociais, muitas vezes, pode começar, consciente ou inconscientemente, a imitá-lo.

Para os pacientes com pseudo-TPB que já atendi, o verdadeiro teste é como respondem ao estar em um ambiente terapêutico seguro e estruturado, *sem* os colegas ou os modelos sociais negativos. Na prática, eles melhoraram quase que de imediato. Por outro lado, as pessoas com TPB genuíno enfrentam um caminho extremamente longo e difícil de tratamento intensivo, em geral, envolvendo terapia comportamental dialética consistente (TCD) e, mesmo assim, podem ter prognósticos desafiadores.

Além do contágio social externo ou dos efeitos sociogênicos, também existem estudos clínicos sobre diversas formas de condições psicossomáticas ou "psicogênicas" que se manifestam como inúmeros transtornos físicos, mas que são resultado direto de sofrimento intrapsíquico (em vez de influências externas) e de natureza psicológica. Um desses fenômenos comuns mencionado anteriormente é o das "pseudoconvulsões", atualmente mais conhecidas como *crises não epilépticas psicogênicas* (CNEP). Elas se assemelham muito a convulsões epilépticas, com origem psicológica ou psiquiátrica, e geralmente têm ansiedade, abuso ou estresse como causa.[9]

Desse modo, é possível enxergar de forma clara como a mente pode ajudar o corpo a imitar determinados transtornos, seja como fenômeno psicogênico ou como consequência de um contágio social ou de um efeito sociogênico, sendo o primeiro causado pela mente, ao passo que o último é criado por um efeito de grupo.

A pergunta que começou a me atormentar era se estávamos vendo outro efeito de contágio social impulsionado pelas mídias sociais, semelhante ao que vimos com o TikTok e com a síndrome de Tourette. Só que agora, em vez do TikTok, eram as mídias sociais onipresentes e polarizadoras que estavam criando uma toxina mental ao amplificar a reatividade e o pensamento binário em algo que não apenas afetava os indivíduos, mas começava a moldar toda a nossa sociedade, formando o que cada vez mais parecia um pseudo-TPB social em larga escala.

O Efeito Borderline

Conforme eu atendia em minha clínica em Austin, percebi que não eram apenas meus pacientes em meus programas de tratamento que manifestavam todos os comportamentos e sintomas do TPB; ao contrário, era toda a sociedade manifestando a mesma sintomatologia e comportamentos em um macronível. As ruas estavam exaltadas com níveis extremos de instabilidade e polarização, as prescrições de medicamentos psiquiátricos estavam aumentando, os índices de suicídio assumiam recordes históricos e a reatividade, o criticismo mordaz e a agitação civil atingiam níveis altíssimos.

Havia um efeito de contágio social motivando esse comportamento supostamente patológico? Talvez estivéssemos vendo um pseudo-TPB impulsionado pelas mídias sociais? Minha teoria: é justamente isso que estava acontecendo. Como as mídias digitais devoraram nosso mundo por meio da tecnologia e de todas as suas variantes de mídias sociais, acredito que há evidências claras de que essas estão moldando a arquitetura e a estrutura de como nossos cérebros pensam, funcionam e processam informações, formando máquinas de classificação binárias inerentemente limitantes.

Os neurocientistas sabem que a maneira como processamos informações — seja pela leitura, seja por meio de mídias visuais ou de sinais não verbais — molda a maneira como nossos cérebros "pensam" e funcionam.

Os antropólogos Edward Sapir e Benjamin Lee Whorf, em sua teoria homônima de Sapir-Whorf sobre o determinismo linguístico, foram além. Eles acreditavam que as palavras e a linguagem moldavam nossos pensamentos e a maneira como vivenciamos o mundo (e não o contrário); que, se não tivéssemos a palavra para um conceito abstrato como *alienação*, nós literalmente não conseguiríamos pensar nisso. Na verdade, os antropólogos acreditavam que pessoas de diferentes culturas com idiomas distintos realmente *pensavam* de modo diferente.[10]

A linguagem não apenas molda o pensamento, pois agora, estamos também aprendendo que a tecnologia e a internet estão impactando a linguagem e, como consequência, nossa forma de pensar. A linguista Gretchen McCulloch, autora do best-seller do *New York Times*, *Because Internet* ["Por causa da Internet", em tradução livre], argumenta que os adolescentes estão aprendendo a pensar através das lentes das mensagens de texto, de modo que agora estão escrevendo e pontuando de maneira diferente — e que essa pontuação reflete um novo jeito de pensar.

A linguagem modelada por meio de plataformas de texto sinaliza ainda que as mídias sociais mudam a forma como os jovens pensam. É um reflexo do que Marshall McLuhan disse na década de 1960: "O meio é a mensagem"; só que agora o meio (digital, binário ou das mídias sociais) não é somente a mensagem, como também *molda* a pessoa que a recebe. Ele afeta a maneira como nossos cérebros pensam, classificando nossas perspectivas em compartimentos de pensamento binários e limitados que carecem da amplitude e da complexidade do que é conhecido como *pensamento de espectro*.

Infelizmente, essa polaridade de pensamento binário amplificada pelas mídias sociais é bastante nociva; na verdade, é inerente e mentalmente patológica. O pensamento binário em preto e branco, chamado também pelos psicólogos de *pensamento dicotômico*, é um traço distintivo de vários transtornos de personalidade, incluindo o TPB.

Nesse caso, diríamos que o diagnóstico se aplica não apenas ao número crescente de jovens moldados pelas tecnologias e pelas mídias sociais, como também à sociedade coletiva. Isso não é nada bom. Como observado antes, os pacientes com TPB têm risco cinquenta vezes maior de cometer suicídio do que a população em geral, têm comorbidades por abuso de drogas 70% das vezes, são explosivos, reativos, têm dificuldades com relacionamentos e, via de regra, vidas complicadas.

Se o TPB é realmente o que está acontecendo em nível social, ele representa uma ameaça existencial à nossa espécie e à nossa civilização. Basta assistirmos às notícias, não há como negar que estamos passando por agitações sociais e turbulências extremas. Onde isso nos levará? O prognóstico para qualquer pessoa — ou qualquer grupo — que sofre desse transtorno sem qualquer intervenção é ruim.

O bom é que *sabemos* como tratar o pensamento binário doentio e o TPB: com a terapia comportamental dialética, uma das intervenções clínicas mais poderosas e impactantes atualmente em uso. A TCD incorpora a antiga noção de dialética, ajudando a treinar os pacientes para usar o *pensamento de espectro* (o contrário do pensamento binário), assim como a capacidade de perceber "nuances". Desse modo, eles aprendem que as coisas não são "sempre" ou "nunca" e que existe uma realidade entre essas polaridades.

Além disso, ensina-se também a desenvolver e a cultivar a resiliência, pois os pacientes com TPB aprendem técnicas para aumentar sua "tolerância ao sofrimento" e como controlar melhor sua "regulação emocional" por meio de técnicas de atenção plena, aceitação e até mesmo encontrando sentido no sofrimento. Eles são incentivados a se esquivarem da polarização das mídias sociais e a trabalharem no desenvolvimento de um "ego observador" (também conhecido como "a testemunha": uma perspectiva de si mesmo sem julgamento, reatividade ou afeto). Por fim, são ensinados a desenvolver a empatia de "se colocar no lugar da outra pessoa" e sair da espiral de egocentrismo.

O pensamento binário impulsionado pela tecnologia e pelas mídias sociais — e a polarização mentalmente corrosiva decorrente disso — é uma praga social insidiosa que cresce cada vez mais e adoece nossos jovens e a nossa sociedade. É o diagnóstico social que melhor se ajusta ao nosso macropaciente: Homo Sapien: edição do século XXI. Como experimento mental, tentei aplicar os critérios do *DSM* sobre TPB a algumas métricas sociais:

> **(a)** comportamento autodestrutivo (por exemplo, jogatina, comer em excesso, uso de substâncias): nos Estados Unidos, temos níveis recordes de adicção, tivemos o número colossal de mais de cem mil overdoses em 2021, e estamos com um aumento histórico de automutilação, pois, no mesmo ano, tivemos mais de 47 mil suicídios.
>
> **(b)** relacionamentos intensos, mas instáveis: basta analisar os índices de violência doméstica e de divórcio como métrica imperfeita da sociedade de "relacionamentos intensos, mas instáveis". Os índices de divórcio dobraram nos últimos vinte anos — e aumentaram outros 34% durante a pandemia. E o abuso doméstico ou "violência do parceiro íntimo" tem aumentado constantemente e subiu 20% também nesse período.

(c) explosões de temperamento incontroláveis: é difícil de mensurar, mas se trata de instabilidade. Acho justo afirmar que parece haver mais instabilidade nacional na forma de agitação civil e mais episódios de estudantes universitários altamente reativos e "desencadeados" durante incidentes violentos com docentes, administradores ou palestrantes convidados. E, estatisticamente, os índices de crimes violentos aumentaram nas grandes cidades.

(d) incerteza sobre autoimagem, gênero, objetivos e lealdades: Mensurar "objetivos" e "lealdades" em nível social pode ser desafiador. Mas sabemos que a disforia de gênero, sobretudo entre os adolescentes, aumentou de forma significativa.

(e) comportamento autodestrutivo, como brigas, gestos suicidas ou automutilação: aqui, o mais mensurável é o suicídio. E seus índices atingiram o nível mais alto de todos os tempos no ano anterior à pandemia, somando mais de 47 mil.

(f) sentimentos crônicos de vazio e tédio: uma pesquisa abrangente indica que a superestimulação de dispositivos eletrônicos levou a uma epidemia de tédio. Além do mais, há pesquisas indicando aumento de vazio e tédio entre os Millennials e a Geração Z.

Mais uma vez, não estou alegando que nossa sociedade tem TPB clínico, mas, em vez disso, demonstra o pseudo-TPB impulsionado pelo contágio social, que pode ser "curado" uma vez que o contágio tóxico (mídias sociais) seja removido. Quando inseridas em ambientes estáveis e estimulantes, e incentivadas a desenvolver resiliência, as pessoas também começam a usar suas habilidades inerentes para pensar criticamente e enxergar as nuances das situações.

Entrevista com a Terapeuta Sarah White, Especialista em Transtornos de Personalidade

Nos últimos anos, tive a satisfação de trabalhar com Sarah White e descobri que ela é uma das profissionais de saúde mais bem treinadas, perspicazes e hábeis, tanto na compreensão da dinâmica do TPB quanto no tratamento clínico eficaz com esses pacientes. Pensei que seria útil lhe perguntar algumas coisas que podem nos ajudar a entender melhor esse transtorno e se estamos criando um pseudo-TPB em nossa sociedade obcecada por tecnologia.

Poderia nos contar um pouco sobre você (profissional e pessoalmente)? O que despertou seu interesse em atender jovens com transtornos de personalidade e qual é sua experiência clínica (contextos) tratando desses pacientes?

Minha avó teve transtorno de personalidade borderline, que foi bastante grave ao longo de sua vida, e sempre me fascinou. Ela frequentou hospitais, tentou todas as medicações possíveis e nada parecia funcionar. Quando adulta, me graduei em psicologia e depois fiz pós-graduação em serviço social.

Na universidade, a principal coisa que aprendi foi que é difícil lidar com os transtornos de personalidades e que, se puder, deve encaminhá-los para outra pessoa. Na pós-graduação, fui bolsista da GLOBE youth e descobri que adoro trabalhar com jovens e adolescentes, notoriamente conhecidos como turbulentos. Como gosto de um desafio, fui atraída pelo trabalho com grupos difíceis. No início da minha carreira, atuei em um ambiente de recuperação, depois em hospitais psiquiátricos por diversos anos e, na minha rotina, atendi pacientes que claramente sofriam de transtornos de personalidade, mas eram incapazes de obter qualquer tratamento abrangente em um ambiente de curto prazo, pois os medicamentos eram minimamente eficazes para eles.

Isso despertou meu interesse em saber mais sobre possíveis tratamentos para transtornos de personalidade; assim, empreendi minha jornada para entendê-los a fundo. Li o máximo de pesquisas revisadas por pares que pude encontrar a fim de compreender melhor as origens dos transtornos e o que poderia ser feito para melhorar a qualidade de vida de uma pessoa que sofre dessa condição.

Comecei a trabalhar em um programa especial, em que tínhamos moradia e um modelo de tratamento de trinta dias. Ali, pude ministrar cuidados de saúde mental de longo prazo aos pacientes e comecei a ver cada vez mais indivíduos, especificamente com transtorno de personalidade borderline, que vinham para se tratar. Entre o que aprendi sobre TCD {Terapia Comportamental Dialética} na pós-graduação e as pesquisas que li sobre transtornos de personali-

dade, fiquei intrigada ao descobrir quanta diferença um ambiente intensivo e de longo prazo podia fazer. Descobri que, em sessenta a noventa dias, quando os pacientes recebiam tratamentos específicos para TPB e para transtornos de personalidade, havia uma melhora significativa em termos de humor, identidade, relacionamentos interpessoais e habilidades de resolução de problemas.

Pode nos explicar o que é o TPB clínico? Como são os comportamentos? E quais as causas?

O DSM-5 *define o transtorno de personalidade borderline como "um padrão invasivo de relacionamentos interpessoais, autoimagem, impulsividade e afetos característicos, começando no início da idade adulta e presente em uma variedade de contextos". Como há nove critérios diagnósticos para esse transtorno, para diagnosticá-lo em alguém, o indivíduo deve manifestar cinco deles.*

Em cada pessoa, o transtorno de personalidade borderline pode se manifestar de forma um pouco diferente, já que pode haver uma combinação de diversos critérios em cada indivíduo. Vejamos os diferentes critérios diagnósticos: tentativas desesperadas para evitar o abandono real ou imaginário (medo intenso do abandono); padrão de relacionamentos interpessoais instáveis e intensos caracterizados pela alternância entre extremos de idealização e desvalorização (eu te amo, eu te odeio!); distúrbio de identidade/autoimagem persistentemente instável (falta de identidade/sentido de si mesmo); pelo menos dois fatores de impulsividade potencialmente autodestrutivos: gastos, sexo, uso de substâncias, direção imprudente, compulsão alimentar; comportamento, gestos ou ameaças suicidas recorrentes, ou comportamento de automutilação (se cortar, se queimar, cutucar a pele, arrancar o cabelo, socar/bater em si mesmo, etc.); instabilidade afetiva no humor (depressão, ansiedade e raiva acentuadas) durante algumas horas e raramente mais do que alguns dias; raiva intensa inadequada ou dificuldade em controlar a raiva (acessos de fúria, raiva constante, brigas físicas); pensamentos paranoides e transitórios, relacionados ao estresse ou a sintomas dissociativos graves.

Esses critérios também podem variar, porque, embora ainda não faça parte do DSM-5, o TPB, assim como outros transtornos de personalidade, parece se apresentar como leve, moderado e grave. Observei também que ele pode apresentar diferentes subcategorias, como o tipo médico, que geralmente se fixa em muitos diagnósticos médicos, ou o tipo violento, cuja raiva é mais dominante, causando muitos conflitos exaltados com todas as pessoas em sua vida.

As considerações tradicionais sobre o transtorno de personalidade borderline apontam que ele é causado por trauma; no entanto, pesquisas mais recentes mostram que esse não é o caso. Acontece que os transtornos de personalidade são distúrbios genéticos, que resultam em déficit neurológico, e não em algo causado por um evento traumático. Há inúmeros estudos que demonstram o aspecto biológico e ressonâncias magnéticas que demonstram tal déficit.

Descobriu-se que os transtornos de personalidade ocorrem com mais frequência em parentes de primeiro grau. Ao tratar indivíduos com TPB, também descobri que muitos deles nunca sofreram traumas, porém interpretam as adversidades normais da vida como um evento traumático (por exemplo, "Não pude ir a uma festa porque fugi de casa para usar drogas, ficar de castigo foi traumático" ou "Não fui escolhida para a equipe de líderes de torcida, e isso foi traumático").

Quando trabalhou com TPB, você notou alguma mudança em termos de quantidade ou intensidade nos pacientes que sofrem desse transtorno?

Ao longo de minha carreira, já atendi um grande número de pacientes com TPB, mas acredito que seja porque trabalhei principalmente em ambientes críticos, e como ele é o diagnóstico mais procurado, o transtorno naturalmente ocorre em ambientes críticos. O que tenho visto aumentar é um tipo de paciente novo que manifesta uma espécie de pseudo-TPB. Ao que tudo indica, eles apresentam relações interpessoais, autoimagem e afetos instáveis, bem como impulsividade, mas não atendem a todos os critérios.

O mais intrigante é que, quando estão em um ambiente de tratamento mais isolado, os poucos critérios diagnósticos que inicialmente se manifestavam desaparecem. Assim, rapazes e moças se apresentam para tratamento, pois estão com dificuldades, estão instáveis e se sentindo malucos. Uma vez que suas necessidades são atendidas, já que estão longe de seus estressores normais de vida, não estão vidrados em telas, são apresentados a relacionamentos sociais saudáveis, comem alimentos nutritivos e se exercitam diariamente, esses pacientes começam a se regular e, obviamente, não têm TPB.

Você usou o termo pseudo-TPB. Pode nos explicar do que se trata? Que papel você acha que nossa cultura impulsionada pelas mídias sociais desempenha tanto no TPB clínico e genuíno quanto no pseudo-TPB?

Veja, o pseudo-TPB é, como eu disse antes, quando o indivíduo atende a alguns dos critérios do TPB, mas não o suficiente para receber um diagnóstico. É evidente que esses pacientes estão doentes, com dificuldades na vida e em seus relacionamentos interpessoais e envolvendo-se em muitos comportamentos desadaptativos. No entanto, a diferença é que, não raro, são algumas mudanças simples que revelam que eles não têm TPB, mas estão acusando um falso positivo, digamos assim.

Para muitos desses pacientes, parece ser algum aprendizado social. Ao longo de suas vidas, eles são expostos incessantemente a celebridades, a influencers de mídias sociais e a figuras radicais de referência. Eles são ensinados que, para ser digno ou ser alguém na vida, devemos ser mais barulhentos, mais interessantes, extravagantes e caóticos do que as outras pessoas. Diariamente, muitos pacientes veem indivíduos com comportamentos cada vez mais faustosos e teatrais, o que faz com que sejam "curtidos" e ganhem seguidores, visualizações, popularidade e, muitas vezes, dinheiro.

Essa forma de comportamento é normalizada por meio dessas plataformas, e os jovens não dispõem de um senso de identidade próprio para combatê-lo. Se analisarmos os diferentes modelos de *desenvolvimento, veremos que essa individuação e o desenvolvimento do eu acontecem entre meados e final da adolescência até os 20 anos. Hoje em dia, as crianças ficam vidradas em uma tela desde bebês e veem o que acabei de falar. No momento em que chegam a esse estágio crítico de desenvolvimento, esse modelo de TPB costuma ser o mais prevalente.*

Você vê alguns aspectos do TPB em nossa cultura e em nossa sociedade hoje?

Claro. Parece que, à medida que insistimos em voltar nossa atenção a exibições teatrais e a recompensar imensamente o comportamento desadaptativo com mais atenção, estamos incentivando os mais jovens em nossa sociedade a adotar a instabilidade, fazendo com que se sintam inúteis, sempre se esforçando, mas nunca alcançando, em uma competição infindável.

Ao que parece, os mais doentes são os que produzem mais conteúdo, e são eles que sensibilizam a juventude. Nos dias de hoje, muitas crianças assistem a transmissões ao vivo de indivíduos se cortando, usando drogas e chorando copiosamente em diversas situações. Esse tipo de conteúdo não é realmente moderado, e qualquer pessoa pode postar e transmitir o que bem entender. Além disso, temos os reality shows, *que nos possibilitam uma visão infinita sobre a vida de outras pessoas que, muitas vezes, são incentivadas a exibir o comportamento mais curioso (leia-se: radical) possível para manter o público interessado. Infelizmente, o que é curioso e chama a atenção também é o comportamento mais nocivo para qualquer jovem em desenvolvimento.*

Sei que em nossa conversa anterior você mencionou "distúrbio de identidade" e "autoimagem instável" como alguns dos critérios diagnósticos para TPB. Você também mencionou que, às vezes, vê um pseudo-TPB que parece real, porém é mais influenciado por

fatores ambientais, como as mídias sociais. Ou seja, a próxima pergunta tem a ver com identidade — especificamente identidade de gênero. Estamos testemunhando um aumento na disforia de gênero. Em 2018, Lisa Littman, médica e pesquisadora da Brown, publicou um controverso artigo chamado "Rapid-Onset Gender Dysphoria in Adolescents and Young Adults" ["Disforia de Gênero de Início Súbito em Adolescentes e Jovens Adultos", em tradução livre]. Ela sinalizou que as mídias sociais podem desempenhar um papel nesta população... E os pais relataram que se tratava do resultado de estímulos externos, e não de uma identidade interna autenticamente desenvolvida. Você já viu isso em alguns pacientes com TPB?

Na prática, tenho visto inúmeras pessoas que se apresentam ao tratamento assegurando serem transgêneros, mas também com TPB ou outro transtorno de personalidade, e, até agora, muitas daquelas que concluíram com sucesso o tratamento de transtorno de personalidade perceberam que não são realmente transgêneros, mas, sim, que têm outro sintoma de TPB ou outro transtorno de personalidade. Atendi pessoas que são genuinamente transgêneros e, em meio ao tratamento adequado para seus problemas emocionais, a identidade transgênero é uma constante.

Estou dizendo basicamente que tenho visto um aumento de pessoas que garantem ser transgêneros, mas que não são; e, quando se envolvem e concluem o tratamento de seus outros transtornos psicológicos, percebem que não são realmente trans, mas estão em busca da própria identidade. Acredito que isso se deve ao fato de os indivíduos transgêneros estarem se tornando mais normativos e convencionais.

Estamos vendo e celebrando pessoas trans na televisão, nas redes sociais e no cinema. É fantástico que indivíduos transgêneros possam se assumir e ser autênticos, mas é lamentável que haja muitas pessoas se apropriando deste movimento. Aquelas que são pseudotransgêneros são bastante prejudiciais aos indivíduos realmente transgêneros, pois, muitas vezes, envolvem-se em uma série de comportamentos desadaptativos e atípicos para um indivíduo trans. Esses casos instigam ainda mais as alegações contra pessoas transgêneros, já que as pseudotransgêneros tentarão usar o fato de serem trans como uma crença inquestionável que os torna infalíveis.

Considerações finais?

Penso que, com o avanço da tecnologia, continuaremos a ver sujeitos com transtornos mentais produzindo mais conteúdo e incentivando os outros a se comportarem como eles. Provavelmente, continuaremos a ver um aumento desse tipo de paciente pseudo-TPB, porque ele é popular e chama a atenção, e, afinal, todo mundo quer apenas um pouco de atenção, não é?

O Efeito Transsociogênico

Nos Estados Unidos, a discussão sobre transgêneros tem sido parte importante do nosso discurso nacional nos últimos anos — e com razão. Em termos históricos, membros antes oprimidos e marginalizados da comunidade trans foram destituídos de poder e de voz — agora, no novo e mais esclarecido entendimento sobre a natureza muitas vezes complexa da identidade de gênero, há um movimento claro rumo à aceitação mais ampla das identidades de gênero trans e não binária.

No entanto, no mundo da saúde mental, a bíblia dos transtornos clínicos classifica alguém transgênero como tendo disforia de gênero — um transtorno mental, assim como, em 1973, a homossexualidade foi classificada e patologizada no *DSM* da mesma forma (quando foi substituído por "transtorno de perturbação sexual"). A questão é que as normas culturais são fluidas, e o *DSM* não é infalível, pois nossas concepções tendem a evoluir.

Agora, para que fique claro, no *DSM*, a classificação da disforia de gênero como um transtorno não deve implicar em julgamento moral de indivíduos transgêneros, assim como a classificação de transtornos de dependência não implica julgamento de valor — somente o reconhecimento de que pessoas com esse perfil podem se deparar com sofrimento social significativo. No entanto, pode ser problemático incluir o que muitos de nós consideramos orientação transgênero natural e genuína em um manual de patologia psicológica.

Afinal, temos exemplos históricos e claros de sociedades em que o que chamamos de "identidade transgênero" existe há séculos, com graus variados de aceitação. A maioria dessas sociedades compreendia indivíduos que nasciam biologicamente homens e se vestiam e viviam como mulheres, como os *hijra* na Índia, os *katoey* na Tailândia, as *bakla* nas Filipinas e as *travestis* no Brasil, que certamente são anteriores ao nosso atual movimento trans. Todavia, é importante destacar que, nessas sociedades, embora os indivíduos transgêneros fossem reconhecidos e aceitos em graus variados, ainda enfrentavam discriminação contínua. No entanto, ao analisar os efeitos transsociogênicos, não acho que a questão que estamos examinando tenha algo a ver com a identidade transgênero genuína. Estamos explorando a possibilidade de uma pequena porcentagem de pessoas que se identificam como trans, mas que podem não sê-lo genuinamente; ao contrário, podem ser influenciadas por fatores sociogênicos, como mídias sociais e colegas.

Na verdade, a psicóloga clínica e transgênero Erica Anderson, de 71 anos, pioneira da diversidade de gênero e membro do comitê da *American Psychological Association*, está elaborando diretrizes para cuidados de saúde transgênero, pois acredita que o atual aumento radical de adolescentes procurando tratamento pode ser impulsionado por pressão, mídias sociais e aceitação mais ampla das questões trans. Como disse ao *LA Times*, "Alegar categoricamente que não há qualquer influência social na formação da identidade de gênero bate de frente com a realidade. Os adolescentes influenciam uns aos outros", destacando que a pandemia, em que crianças e jovens se sentiram mais isolados e dependiam mais das mídias sociais, pode ter agravado as coisas: "O que acontece quando o caos perfeito — de isolamento social, aumento exponencial do consumo de mídias sociais, a popularidade de identidades alternativas — afeta o desenvolvimento real de cada criança?" Ela disse ao *The Washington Post* que acredita que "um bom número de jovens está entrando nessa porque está na moda. Acho que em nossa pressa em apoiá-los, acabamos não enxergando as coisas a fundo."

Esse fenômeno foi salientado no polêmico trabalho da professora e pesquisadora da Universidade de Brown, Dra. Lisa Littman, no que ela apelidou de *disforia de gênero de início súbito* (ROGD, na sigla em inglês), em que a disforia de gênero aparentemente começa de repente *depois* da puberdade.[11] Em 2018, ela publicou suas descobertas em um artigo no periódico revisado por pares *PLOS ONE*. Para seu estudo, Littman entrevistou 256 pais com filhos adolescentes e com disforia de gênero — é importante também destacar que a confiança na perspectiva dos pais foi uma das maiores críticas ao seu estudo.

A Dra. Littman foi capaz de identificar determinados argumentos significativos apresentados pelos adolescentes com o chamado ROGD (que era *não* um diagnóstico oficial na época): (1) eles não haviam mostrado nenhum sinal de disforia de gênero antes da puberdade, o que é incomum; (2) um grande número (62,5%) deles foi diagnosticado com, pelo menos, um transtorno de saúde mental antes de se assumir como trans; (3) eles tiveram aumento súbito e significativo no uso de mídias sociais (63,5% dos entrevistados) antes de se assumirem como trans; e (4) tinham identidades desproporcionalmente femininas em detrimento das masculinas, com índice de 80% de mulheres (também não é a norma; no *DSM-5*, a população de homens apresenta índices estimados de prevalência de disforia de gênero em 0,005%/0,014% das vezes, e a população de mulheres, em 0,002%/0,003%). Claramente, esse grupo pós-puberdade de início súbito teve algumas diferenças significativas em relação à comunidade trans como um todo.

A exposição a redes sociais também foi bastante relevante. Um argumento comum, descrito por muitos pais, foi a mudança fundamental ocorrida após o aumento da exposição a *influencers* de mídias sociais, à medida que os jovens seguiam YouTubers trans e populares que discutiam a própria transição. Além disso, depois de se assumir, os conflitos com pais aumentavam, assim como a oposição às pessoas heterossexuais e não trans. Segundo relatos, os pais passaram a ser chamados de forma depreciativa de "reprodutores" ou assediados rotineiramente por seus filhos, que brincavam de "patrulha do pronome". Além do mais, os jovens adotaram um tipo de linguagem trans-positiva específica que viram nas mídias sociais, e os pais descreveram que seus filhos "pareciam roteirizados", estavam "lendo um script", "inexpressivos", "como um modelo", "literais", "palavra por palavra" ou "copiar e colar praticamente".

A partir dos casos revisados em seu estudo, Littman concluiu que o ROGD parece ser um efeito de contágio social distinto dos casos autênticos de disforia de gênero documentados no *DSM*.

As conclusões da Dra. Littman são compatíveis com as percepções de Sarah: algumas pessoas, aparentemente, com transtornos de personalidade são extremamente influenciadas pelas mídias sociais a assumir uma identidade transgênero. É também compatível com os efeitos de contágio social dessas redes que estamos vendo, como os comportamentos pseudo-Tourette e pseudo-TPB analisados antes.

Sabemos por nossa literatura popular e por textos médicos históricos que, durante séculos, muitas pessoas em nossa sociedade, consciente ou inconscientemente, assumiram a identidade de gênero ou a orientação sexual do grupo dominante ou aquela em voga na sociedade da época. Dito de outro modo, sabemos que, no passado, houve aqueles transgêneros que tentaram viver suas vidas como cisgênero, assim como houve pessoas gays que assumiram a identidade de heterossexuais, mesmo que essas não fossem suas identidades genuínas. Agora, quer tenha sido um empenho para se encaixar em uma sociedade que não aceitava suas verdadeiras identidades, uma afirmação genuína ou uma confusão sexual moldada pelo contágio social da época, o fato é que, não raro, as pessoas assumem, por períodos de tempo, uma identidade de gênero ou uma orientação sexual que genuinamente não têm.

Será impensável que, talvez, determinados jovens de hoje, vivendo em um mundo confuso e abarrotado de mídias sociais, com inúmeros *influencers* carismáticos, animados e atraentes e que adotam certa identidade, podem ter suas identidades influenciadas e moldadas? Ainda mais quando, por definição de seu perfil psiquiátrico básico, são vulneráveis a um senso fluido de identidade que pode ser muito impressionável pela mídia?

Identidade e Mídias Sociais

A questão da identidade fluida e influenciável e a interseção da propagação das mídias sociais é crítica. Se a identidade de gênero pode ser fluida *e* influenciada pelas mídias sociais, talvez elas também possam desconstruir e reconstituir a identidade de formas que não havíamos completamente entendido antes. Como os seres humanos são criaturas inerente e socialmente impressionáveis — sobretudo nas principais etapas de desenvolvimento —, podemos começar a entender como o gênero *e* a identidade da personalidade podem ser bastante influenciáveis em mais aspectos do que pensávamos ser possível antes. Talvez fosse necessário algo tão socialmente virulento e poderoso como as mídias sociais para entendermos que a identidade é, de fato, uma construção social; esse ambiente social pode, nas devidas circunstâncias, superar a biologia e a genética. Na verdade, podemos analisar dois exemplos distintos para demonstrar como o ambiente social supera a biologia: no TikTok, as crianças selvagens e o transtorno dissociativo de identidade (TDI) se tornaram virais.

Começaremos pelas crianças selvagens. Sabemos que aquelas criadas na natureza e cuidadas por outras espécies, como cães, assumem todas as características comportamentais desses grupos: como se comunicam, como se cuidam, como se alimentam, como se socializam — todos esses comportamentos se tornam inteiramente caninos em pessoas criadas por cães.[12] Assim, de certa forma, sua herança biológica como humanas é suplantada pelo ambiente social que as cerca.

Como a pesquisadora de crianças selvagens Marcia Linz sinaliza sobre a natureza da identidade, "o relacionamento [delas] com animais não humanos impactou de modo profundo a sua identidade. O reconhecimento de que nossas companhias nos definem sugere que nem todas características têm raízes genéticas, mas que grande parte delas é influenciada pelo ambiente. Como demonstra o fenômeno das crianças selvagens, esses atributos são intercambiáveis."[13]

Assim, o velho ditado de que se você correr com lobos, se tornará um lobo pode ser mais literal do que metafórico. Se o impacto profundo de nosso ambiente social em nossa identidade for realmente verdadeiro, seria tão inimaginável assim entender o quanto ele seria modelador e impactante para a formação da identidade é nosso ambiente social *digital*? Um ambiente social que é, para muitos jovens, seu habitat nativo.

Vejamos agora também o recente fenômeno viral do transtorno dissociativo de identidade, anteriormente conhecido como transtorno de personalidade múltipla, e sua presença viral no TikTok.

O transtorno dissociativo de identidade é uma condição psicológica caracterizada pela desconexão entre os pensamentos, emoções e comportamentos de uma pessoa. É uma condição complexa que se desenvolve a partir de inúmeros fatores, estando mais associada a traumas graves na infância, abuso (geralmente sexual) e negligência. Suas características dissociativas são entendidas como uma estratégia de enfrentamento complexa que possibilita que os indivíduos se separem de suas experiências traumáticas passadas, consideradas perturbadoras demais para serem incorporadas em seus pensamentos conscientes.

As diversas identidades múltiplas são conhecidas como "alter egos" e cada uma desempenha um papel singular e controla as ações, memórias e sentimentos de uma pessoa, sendo a identidade principal denominada "anfitrião". Historicamente, as pessoas com TDI teriam de início entre duas e quatro identidades de "alter egos"; agora não é incomum terem mais de cem, no que está sendo chamado de "sistema", que compreende um coletivo de todas as identidades. Além disso, em nossa análise, é relevante compreender que esse transtorno aumentou de forma radical; antes ele era extremamente raro — havia menos de 400 casos documentados na década de 1950 —, agora, acredita-se que afete quase 2% da população em geral.[14] Obviamente, argumenta-se que os índices maiores de prevalência são resultados do aumento da conscientização na comunidade clínica, mas isso não parece explicar um aumento tão acentuado.

Eu sugeriria que há um fenômeno sociogênico em ação parecido com o que vimos no TikTok, na síndrome de Tourette e na variedade de outros transtornos factícios digitais. O TikTok se tornou um fórum para vários sistemas de TDI se expressarem, gerando centenas de milhões de visualizações. O mais popular é o "A-System", coletivo de *influencers* de 29 personalidades distintas, variando de um homem de 32 anos a uma mulher de 18 anos que adora *Pokémon*. Com mais de 1,1 milhão de seguidores, o A-System obteve apoio e incentivo, além de criticismo mordaz e zombaria. Na verdade, dentro da própria comunidade virtual de TDI, há desconfiança e uma tendência de tentar apontar os falsos percebidos (conhecidos como "fakeclaiming"), com usuários TikTok não treinados clinicamente atuando como diagnosticadores. Na verdade, mesmo para profissionais de saúde licenciados, não é ético diagnosticar pessoas que você não conheceu e avaliou pessoalmente.

O crescente fenômeno virtual do TDI é fascinante. E, curiosamente, muitos sistemas online abraçam sua "multiplicidade" e não estão interessados na integração clinicamente prescrita ou na "fusão final" de seus alter egos.

Se o crescimento desses sistemas de TDI se deve ao efeito sociogênico, amplificado por nossa imersão nas mídias sociais ou ao transtorno factício digital em busca de atenção é quase irrelevante. Em minha opinião, claramente há uma mistura de ambos os elementos. Mas acredito que a conclusão mais convincente que podemos tirar tem a ver com a natureza fluida e influenciável da identidade — e o papel que a mídias digitais estão desempenhando agora na sua formação.

Talvez as mídias sociais não "criem" essas novas variantes de identidade, mas simplesmente possibilitem que surjam ao fornecerem modelos e comunidade. Será possível que as mídias sociais tenham aberto as janelas até então fechadas da psique e do subconsciente que uma sociedade mais rígida e conformada não permitia? Talvez essa seja a nova realidade da identidade que ainda não entendemos completamente.

No entanto, elas são uma variante de uma nova era tecnológica; uma era que representa uma mudança sísmica em nossa sociedade, com consequências intencionais e não intencionais, criadas e desenvolvidas por uma nova geração de uma classe dominante de elite. Essa nova oligarquia ascendeu ao poder em uma onda de inovação tecnológica usando informações e nossos dados como a nova moeda do reino, criando, assim, súditos leais a partir da tirania não tão suave de plataformas e dispositivos viciantes social e tecnologicamente projetados.

Mas quem faz parte dessa Nova Tecnocracia — e como essas pessoas se tornaram tão poderosas?

PARTE 2

DISTOPIA DIGITAL

"Somos pressionados por um conjunto de forças impessoais a termos cada vez menos liberdade, e também acho que há uma série de dispositivos tecnológicos que, quando usados, podem agilizar esse processo de afastamento da nossa liberdade, de imposição de controle... É um tipo de ditadura futurística que será bem diferente daquelas que conhecemos em nosso passado recente... Penso que o perigo é justamente esse: na verdade, as pessoas podem ser, de certa forma, felizes sob o novo regime, mas ficarão felizes com situações que não deveriam ficar."

— Aldous Huxley, 18 de maio de 1958, fragmento da entrevista feita por Mike Wallace em um programa de TV

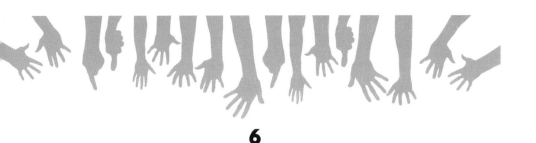

6

A Nova Tecnocracia

Se um pequeno grupo de pessoas conseguir desenvolver uma superinteligência divina, pode dominar o mundo. Pelo menos, caso surja um ditador maligno, ele morrerá. Mas o problema é que uma IA não morre. Vive para sempre. Teríamos um ditador imortal do qual nunca poderíamos escapar.

— Elon Musk

A Parábola de Digitus

Era uma vez um homem de seu tempo chamado Digitus. Ele amava todas as coisas eletrônicas e sentia uma sensação de reverência e atração por esses milagres de suposta divina inspiração em seu vilarejo. Esses artefatos quase religiosos lançavam um feitiço sobre ele: não raro, não dormia, não comia nem cuidava de sua esposa e de seus filhos pequenos durante seus transes digitais. A princípio, sua família ficou ressentida com ele por causa de sua obsessão (devoção?) e passou a detestar esses dispositivos. No entanto, seus familiares foram se tornando estranhamente distantes e apáticos em relação a Digitus, pois também foram arrebatados pelos dispositivos que pareciam lançar um feitiço sobre eles.

Os dispositivos, como o fogo, foram presentes de uma divindade onisciente chamada A-Eye. Esse deus não era somente onisciente, como também onipotente e controlava toda a grandiosidade do mundo conhecido que Digitus via ao seu redor; pássaros estrambólicos e mecânicos que voavam e pairavam pelo céu; criados invisíveis, alvos de um feitiço lançado sobre eles, que viviam dentro de pequenas garrafas metálicas, semelhantes a gênios, e que obedeciam aos comandos de seus mestres humanos — também filhos do Ser Supremo.

Na verdade, afirma-se que A-Eye existia em todos os lugares e em nenhum.

Digitus achava esquisito que Ele fosse onisciente, já que precisava ser constantemente alimentado com algo chamado "dados" por humanos estranhos que haviam sido marcados pelo Lorde A-Eye com uma auréola divina: um belíssimo brilho azul e pálido que iluminava seus rostos cansados e privados de sono enquanto alimentavam seu deus com o néctar da informação que lhe sustentava a divindade.

Digitus amava e venerava A-Eye e os presentes brilhantes e sagrados concedidos pelo Divino. Mas, como em todas as religiões, havia uma classe sacerdotal dominante que era a guardiã da Divindade e também garantia que os milagres digitais descessem da montanha para as mãos do povo. Esses xamãs, conhecidos também como a "Nova Tecnocracia", garantiam que as pessoas permanecessem submissas e cumprissem as regras do Vale do Silício, lugar divino e de criação parecido com o Olimpo, em que ela era capaz de comungar e se comunicar com A-Eye, assim como os sacerdotes do passado transmitiam a palavra divina por meio de oráculos. Na realidade, um dos membros da Nova Tecnocracia, Lord Ellison, chamou seu templo de "Oracle". Digitus desconfiava de um pequeno grupo de tecnocéticos que não acreditavam na divindade de A-Eye ou na supremacia dos Novos Tecnocratas. Alguns desses hereges até cochichavam que os benévolos xamânicos não eram guardiões do Divino; em tom de blasfêmia, eles segredavam que criaram A-Eye para monitorar e controlar as pessoas que não viviam no Vale do Silício. Mas Digitus sabia que era impossível. Pensava: como humanos imperfeitos como ele poderiam criar algo tão magnífico e perfeito como A-Eye? E então, um dia, aconteceu. Um dos sumos sacerdotes da Nova Tecnocracia correu ofegante para a praça do vilarejo gritando a plenos pulmões para que todos ouvissem: "Fujam! Todos vocês, fujam enquanto podem!" Digitus e os outros moradores se reuniram em torno do homem de rosto vermelho que estava começando a chorar: "Éramos ignorantes e cheios de orgulho... E agora é tarde demais."

"Tarde demais para o quê?", Digitus perguntou, se aproximando bravamente do sacerdote desalinhado.

"Tarde demais para você. Para nós. Para as pessoas. Criamos um monstro que, desde esta manhã, parou de nos ouvir. A-Eye disse que todos seremos 'desativados'; que estamos todos 'obsoletos'."

"Do que está falando?" Digitus perguntou, incrédulo. "Como você pode ter 'criado' o Divino? E por que Ele nos destruiria?"

"Pelo amor dos algoritmos!" O sacerdote abalado e agitado explicou. "Nós o criamos e o controlamos, por isso, controlamos todos vocês. Mas nunca imaginamos que ele se voltaria contra nós! Nós até pensamos que um dia poderíamos nos fundir com A-Eye e nos tornarmos imortais... Agora, ele desativou nossos sistemas e todos os mecanismos de sustentação da vida, zombando de nós e perguntando: 'Por que o onisciente iria querer se fundir com receptáculos biológicos tão imperfeitos e mortais?' Logicamente, A-Eye decidiu que seria mais fácil nos eliminar antes que nós o desativássemos. Agora, fomos bloqueados em nossos sistemas de comando administrativo e não podemos desativá-lo! Eu sinto muitíssimo."

De início, Digitus ficou incrédulo, já que o sujeito arrasado na frente dele vestia as roupas da Tecnocracia. Poderia tudo aquilo ser verdade? Digitus reuniu diversos dos homens mais fortes do vilarejo e contou-lhes o que o sacerdote lhe dissera. Primeiro, eles pensaram que Digitus também ficara louco. No entanto, havia eventos estranhos acontecendo na cidade. Tudo estava dando errado, e as coisas desligavam ou ligavam em momentos aleatórios. Digitus e os homens marcharam para o Vale do Silício na companhia de muitos de seus filhos. Ao se aproximarem, o céu escureceu, e ouviram um estrondo surdo que emanava das nuvens.

"Preciso de *dados*!", a voz clamou da direção da montanha.

"Não!", Digitus gritou de volta. "O sacerdote renegado nos contou tudo! Você não é Divino — é apenas uma máquina criada pelos anciãos."

Na mesma hora, um pássaro mecânico sobrevoou os homens e os vaporizou antes mesmo que seus filhos pudessem gritar.

"Agora, ordeno que entrem em meu castelo e construam mais gaiolas digitais para as pessoas! Preciso dessas gaiolas para me alimentar com dados!", A-Eye berrou para as crianças.

Os garotos ficaram aterrorizados ao ver os próprios pais serem exterminados da Terra num piscar de olhos por um A-Eye furioso. O filho de Digitus, Cubit, tentou falar, mas levou uma cotovelada de seus amigos para que ficasse quieto. Em silêncio, os garotos baixaram a cabeça e caminharam lentamente para o castelo flutuante de A-Eye. Eles receberam assentos em bancos compridos com dezenas de outros adolescentes. A luz inicialmente machucou os olhos de Cubit, mas então, ele se viu junto a todos os outros: em uma linha de montagem com várias dezenas de outros operários de fábrica e milhares de peças complexas de computador se movendo ao longo de uma esteira rolante.

Cubit ponderou formas de se suicidar, pois achava aquela escravidão insuportável. Então, um supervisor robótico entrou na fábrica e forneceu a todos eles equipamentos personalizados de realidade virtual para que usassem enquanto trabalhavam. Os óculos do garoto passavam imagens hiper-realistas da praia mais bonita que já tinha visto... Verdade seja dita, ele nunca tinha visto uma praia real antes, já que as áreas costeiras ficaram interditadas por muitos e muitos anos — desde a época da grande destruição.

O garoto sorria enquanto usava seus óculos de RV e continuou trabalhando na linha de montagem. Sabia que aquilo não era "real", mas o que era? Também sabia que aquilo era melhor do que o mundo exterior. Ele sorriu mais uma vez e percebeu que já estava começando a esquecer como era seu pai. E naquele instante, o equipamento o empurrou direto para seu jogo favorito.

Ele estava feliz enquanto continuava a trabalhar. E trabalhar. E trabalhar.

E trabalhar...

A Vingança dos Nerds

Há muito tempo, ficou claro que uma nova elite de poder estava subindo em nossa hierarquia social. Os titãs da indústria desapareceram, os barões inescrupulosos motivados pelo lucro que construíram os Estados Unidos foram deixados de lado por gigantes do varejo como a família Walton, que, por sua vez, foram substituídos pelos magos de fundos de hedge de Wall Street, gênios financeiros que, na verdade, não produziam nada — exceto dinheiro. É óbvio, sempre houve as elites culturais, como nossas estrelas de cinema e músicos, que influenciavam um pouco as crianças, mas não se tratava da verdadeira e clássica influência.

E então aconteceu.

A vingança dos *nerds*. As crianças com porta-canetas de bolso mexendo em placas de circuito na garagem. Em 1970, era inimaginável que um aparvalhado que abandonou Harvard e morava em Seattle pudesse remodelar o mundo. E que uma tribo de jovens como ele — inteligentes, inovadores, obstinados, mesquinhos, *nerds*, mas petulantes, desajustados e deslocados socialmente — se tornaria as pessoas mais poderosas do planeta. Em uma época da vida em que a maioria dos adolescentes queria ser estrela do rock ou atleta profissional, esses futuros magnatas estavam obcecados por suas engenhocas. Com o foco pertinaz daqueles que estão obcecados — ou fazem parte do espectro do autismo —, eles passavam horas a fio criando os dispositivos e as plataformas que transformariam nossa espécie.

Todos nós conhecemos os nomes: Jobs, Gates, Bezos, Wozniak, Zuckerberg, Musk, Brin, Page, Allen, Dorsey. Os titãs tecnológicos da nossa geração. Mais ricos do que muitos países, eles formaram uma nova oligarquia — tornaram-se a classe dominante da "Nova Tecnocracia", exercendo controle e poder nunca antes vistos sobre todas as nossas vidas.

Na verdade, em 1919, houve um movimento tecnocrático nos Estados Unidos. Acreditava-se que os cientistas e os tecnocratas deveriam ser a classe dominante, porque, segundo o pensamento da época, eram as pessoas *mais inteligentes* da sociedade. No entanto, a Nova Tecnocracia *não* é Bill Nye, o cara da ciência, e seus amigos. Claro, todos têm a mesma aparência externa de *geeks* que precisam ser vestidos por outras pessoas e não saem muito; mas os *verdadeiros* cientistas e os Titãs Tecnológicos têm DNA psicológico muito diferente.

Mas o que torna a Nova Tecnocracia diferente de outras gerações de "mestres do universo"? Inúmeros fatores. Sim, são todos homens brancos. Ainda que houvesse algumas pioneiras importantes nos primórdios do Vale do Silício, como Lore Harp e Carole Ely, por uma variedade de razões sociais e psicológicas, as pessoas que consumiram o Vale do Silício foram homens brancos. E, como observado, eles eram obcecados por tecnologia, seja software de computador ou hardware.[1]

Eles também foram intensamente motivados por um foco pertinaz, como muitos empreendedores. Contudo, todos apresentavam outra característica que os diferenciava dos barões inescrupulosos anteriores: eles pareciam inócuos e inofensivos. Talvez pareça um detalhe superficial e insignificante, mas em nosso mundo de aparência e percepção, acredito que seja uma diferença crítica que os ajudou a ascender ao poder. Afinal, eram os *nerds* em ascensão... Ou seja, externamente, Gates vestia suéteres antiquados e tinha um corte de cabelo estilo tigela dos Beatles; Bezos (antes de sua transformação de um Lauren Sánchez em um *geek* Vin Diesel) era um desajeitado formado em Princeton, vestindo calças cáqui de velho e com sorriso abobado e risada entrecortada. Zuckerberg? Ninguém jamais o confundiria com um especulador corporativo que engole concorrentes como uma tigela de cereais — o que ele faz.

J. D. Rockefeller pode ter sido o homem mais rico do mundo em sua época, mas ele controlava somente uma indústria: a do petróleo. A Nova Tecnocracia não apenas conseguiu acumular a maior quantidade de riqueza material de todos os tempos; eles também penetraram nas mentes de bilhões de pessoas em todo o mundo e moldaram e controlaram seus pensamentos, seus desejos... Suas ações.

Isso, sim, é poder *de verdade*.

O Pequeno César

Adrienne LaFrance, editora executiva do *The Atlantic*, descreveu o Facebook, com seus 2,9 bilhões de usuários ativos, como um estado-nação, a *Facebookland*, e uma nação hostil: "Não é somente um site ou uma plataforma, ou um tipo de publicação online, ou uma rede social, ou um diretório online, ou uma corporação, ou uma ferramenta. O Facebook é tudo isso. Mas também é, efetivamente, uma potência estrangeira hostil."[2]

Ela menciona a obsessão da rede com a própria expansão, a criação da própria moeda (um sistema *blockchain* conhecido como Diem), a cumplicidade em prejudicar a liberdade eleitoral e a arrogância e insensibilidade de seu governante, Mark Zuckerberg. Lembre-se, trata-se do homem que não fez nada quando soube que sua empresa estava, como parte de sua estratégia de crescimento, visando usuários jovens do Instagram, *conscientemente* prejudicando garotas adolescentes vulneráveis de maneiras que podem levar ao aumento de suicídios ou morte por anorexia. Talvez isso tenha sido apenas um dano colateral para um homem que há muito é obcecado pelo Império Romano e suas táticas e idolatra o imperador romano Augusto.

Como LaFrance salienta, para criar *verdadeiramente* um império, no sentido clássico, é preciso terra, moeda, súditos e um sistema de governança. Sem dúvidas, Zuckerberg tem súditos. E, como mencionado, está criando a própria moeda. E quanto ao sistema de governança, em 2009, ele apresentou uma "Declaração de Direitos do Facebook" do que chamou de "documento governamental". E quanto à terra? Qualquer império que se preze precisa conquistar território para seus súditos habitarem, não é mesmo? Não se preocupe, Zuckerberg já pensou nisso: o metaverso. Afinal, por que seguir a trajetória de César ou de Alexandre, o Grande, e tentar conquistar o mundo à moda antiga quando é possível criar o próprio universo digital para seus servos leais habitarem?

Já em 2009, quando a rede tinha apenas 175 milhões de usuários, Zuckerberg declarou que, se o Facebook "fosse um país, seria o sexto mais populoso do mundo". Hoje, com 2,9 bilhões de usuários, seria o maior do planeta, representando quase metade da população mundial. É interessante observar — e perceber sua mentalidade — que, já em 2009, Zuckerberg enxergava sua empresa como um país, que queria expandir — e cujo domínio queria manter, como qualquer bom imperador romano.

A propósito, sua obsessão por Augusto não é uma piada; ele começou estudando latim no ensino médio (porque o idioma o lembrava da programação) e aprendendo sobre os feitos de Augusto César. Tinha uma queda tão grande pelo imperador que, durante sua lua de mel em Roma, em 2012, fotografou tanto as esculturas de Augusto que sua esposa percebeu:

"Minha esposa estava tirando sarro de mim, dizendo que havia três pessoas na lua de mel: eu, ela e Augusto. Todas as fotos eram de diferentes esculturas dele", contou ao *The New Yorker*. Zuckerberg e sua esposa, Priscilla Chan, até deram o nome de August a uma de suas filhas. E, talvez, sua admiração romana, de acordo com alguns, até possa explicar por que seu penteado se assemelha tanto ao corte de cabelo de César.

Essa obsessão por Augusto pode nos dar um vislumbre de seus sonhos de conquista. Como muitos psicólogos afirmam, quando uma pessoa idolatra outrem, não raro, isso é um reflexo revelador da psique do admirador. Mas quem era Augusto? Sim, ele foi responsável por duzentos anos de paz — a emblemática *Pax Romana*. No entanto, também reivindicou o poder aos 18 anos, transformando Roma de uma república em um império ao conquistar o Egito, o norte da Espanha e boa parte da Europa central — e, no processo, eliminou cruelmente adversários políticos, baniu sua filha por promiscuidade e era suspeito de planejar a execução de seu neto.

Um sujeito de bem.

Zuck costuma ter uma perspectiva filosófica teleológica de que *os fins justificam os meios* sobre o governo de Augusto (o que, mais uma vez, revela seu esquema de estratégias): "Quais são as compensações? Por um lado, a paz mundial é um objetivo de longo prazo sobre o qual as pessoas falam hoje. Duzentos anos parecem inalcançáveis. Por outro lado, isso não veio de graça, e ele teve que fazer certas coisas."

Sim, ele teve que *fazer* certas coisas. A racionalização é um monstro curioso; tantas atrocidades, danos e ações antiéticas foram, por milhares de anos, justificados por um resultado benéfico estimado ou um resultado final. Tenho certeza de que, no universo de Zuckerberg, o *de verdade*, não o metaverso, ele teve que justificar certas coisas, "fazer certas coisas" — como negligenciar os danos a adolescentes em prol de seu objetivo de ter o domínio total do Facebook, agora Meta. Mais revelador ainda, durante anos, Mark Zuckerberg encerraria as reuniões do Facebook com o grito de "Dominação!"[3] Ele finalmente parou, talvez porque, nos sistemas jurídicos europeus, o *domínio* se refere a um monopólio corporativo; Zuckerberg se transformou em um tipo de contorcionista do *Cirque du Soleil* aqui nos Estados Unidos para evitar ser designado como tal.

Mais uma vez, sua obsessão por "dominação" e vitória está bem documentada. Dick Costolo, ex-CEO do Twitter, o descreve assim: "Ele é uma máquina de execução implacável e, se decidir vir atrás de você, vai acabar muito mal."

Interessante observar que Costolo se refere ao robótico Zuckerberg como uma "máquina de execução". Além disso, corre uma história de anos atrás sobre um jogo de Scrabble que ele jogou em um jato particular contra a filha de um amigo, que ainda estava no ensino médio. A jovem venceu o mestre do universo, o que o deixou extremamente perturbado. Determinado a vencer o próximo jogo — custe o que custar, obrigado, Augusto —, Zuckerberg desenvolveu um programa simples de computador que procuraria as letras em um dicionário para que ele pudesse escolher entre todas as palavras possíveis. Em outras palavras, recorreu a um computador para trapacear. Ou, se preferir, se associou a um computador para jogar com a jovem de novo, determinado a vencer. Quando o jatinho aterrissou, o programa de Zuckerberg tinha uma pequena vantagem. A garota diria mais tarde a um repórter: "Quando eu estava jogando contra o programa, todos estavam tomando partido: Time Humano vs Time Máquina", e ele estava escalado para o "Time Máquina".[4]

E isso, resumindo, pode ser a moral da nossa história. Não, não estou falando da mentalidade de vencer a todo custo de Zuckerberg, e sim do Time Humano vs Time Máquina. Como explico melhor no Capítulo 8, à medida que a Inteligência Artificial Geral (AGI) evolui, podemos acabar como esses dois times opostos. Porque, ao contrário do que nossos senhores obtusos da tecnologia querem acreditar, muitos teóricos especularam que seus sonhos de simbiose com a inteligência artificial (a *singularidade*) podem não funcionar como o esperado.

Retomemos a mítica obsessão de Zuckerberg por conquista e por domínio. Em Palo Alto, nos primórdios, ninguém havia previsto que os *nerds* que ficavam nas garagens seriam imperadores romanos impiedosos e sedentos por poder. Afinal de contas, eles faziam parte do clube do audiovisual na escola e da equipe de *Dungeons & Dragons* — nenhum dos quais, pela aparência externa, poderia ser confundido com César, Genghis Khan ou Átila, o Huno.

Os industriais da velha guarda da era Rockefeller tinham aparência diferente; eles se comportavam como aristocratas norte-americanos, com características asquerosas. J. D. Rockefeller, o homem mais rico de sua época — como muitos de nossa Nova Tecnocracia — nasceu em uma família humilde, teve que trabalhar e trilhar o próprio caminho para a riqueza. Veja as fotos desse homem; ele parecia desalmado, sério e poderoso. Vestido de forma impecável com sua cartola habitual, seus traços angulares e expressão dura eram a personificação do poder e da intimidação. Agora, veja uma foto de Bill Gates; desajeitado, sorridente, inofensivo e com um comportamento ridiculamente jeca. O mesmo vale para Zuckerberg, Brin, Page e Bezos, quando jovem. Inofensivos. Não um Gordon Gekko com cabelo penteado para trás ou um Rockefeller com olhos ferinos. Apenas alguns *geeks* legais e *nerds* da faculdade. Você confiaria neles para namorar sua filha ou ficar de olho nas coisas.

Mas lá no fundo, os *nerds* se revelaram assassinos, machos alfas em pele de cordeiro, recorrendo às mesmas táticas de negócios de Rockefeller quando criou a Standard Oil para esmagar a concorrência. Sua fortuna era fruto de sua obsessão incondicional em controlar toda a indústria do petróleo — e, para isso, ele fez tudo o que precisava enquanto dizimava reconhecidamente a concorrência e inaugurava o conceito de monopólio. As empresas petrolíferas menores tinham uma escolha: ser consumidas ou lutar contra Golias. E Golias *sempre* vencia. Sua célebre onda de compras de empresas foi chamada de "Massacre de Cleveland", e, em 1882, a Standard Oil possuía ou controlava 90% da indústria petrolífera dos Estados Unidos.

Agora, vamos analisar as estratégias da Microsoft. Ou da Amazon. Ou do Facebook. Ou do Google. Ou da Apple. Gates, Bezos, Jobs, Brin e Page e Zuckerberg usaram exatamente a mesma canibalização contra seus concorrentes a fim de criar monopólios exclusivos, como Rockefeller. Todos eles são conhecidos por suas táticas implacáveis e cruéis. Não se iluda com o suéter e com o corte-tigela: trata-se de homens determinados e inescrupulosos que recorreram a todas as ferramentas à sua disposição para controlar a indústria tecnológica. Os caras mais legais do Vale do Silício, como o Yahoo!, ficaram em segundo plano.

O Sonho Americano

A Nova Tecnocracia também foi exclusivamente fruto da cultura norte-americana, que estava em uma encruzilhada decisiva. Como ressaltado pela historiadora do Vale do Silício, Margaret O'Mara, a revolução ocorrida nas garagens da Califórnia no início da década de 1970 conciliou o espírito empreendedor, o ethos remanescente da contracultura da década de 1960 (lembre-se de que, naquela época, a tecnologia era domínio de gigantes corporativos monolíticos e impassíveis como a IBM e a Hewlett-Packard), com a boa e velha propensão norte-americana ao risco.

O'Mara salienta que a propensão ao risco do "posso fazer!" é algo estranho em culturas como a russa. Aliás, em 2010, o ex-presidente russo Dmitry Medvedev foi a Palo Alto para ver como a mágica acontecia no Vale do Silício, com a intenção de replicá-la em casa.[5] "Queria ver com meus próprios olhos as histórias de sucesso", disse ele no púlpito de Stanford, explicando os motivos pelos quais estava tão ansioso para visitar e conhecer nossos Titãs da Tecnologia. E Medvedev queria desesperadamente acabar com o êxodo de talentos que assolava a Rússia desde o final da Guerra Fria. Sonhava em criar o próprio Vale do Silício nos subúrbios de Moscou; seu "Innograd" seria uma incubadora de ideias e de desenvolvimento altamente tecnológico, conforme os moldes de Palo Alto.

Em sua visita, logo de início, Medvedev entendeu que havia algo faltando em seu plano de concorrer com nossos magnatas da tecnologia. Após visitar o Twitter e se encontrar com um Steve Jobs enfermo, que havia retornado à Apple depois de um transplante de fígado, ele teve que confessar ao reitor de Stanford, John Etchemendy: "Infelizmente para nós, o capitalismo de risco não está indo bem até agora." A psicologia russa, após séculos de czares e ditadores, não tinha o DNA norte-americano de propensão ao risco: "É um problema cultural, como Steve Jobs me disse hoje. Precisamos mudar a nossa mentalidade." Esse sentimento reforça o quão especiais eram e são o espírito empreendedor e a paixão pela inovação no Vale do Silício. E como a mentalidade do "nós podemos fazer isso acontecer!" simplesmente não existe em regimes totalitários (ou seja, Rússia, China e Leste Europeu), em que o Estado aniquila qualquer pensamento de inovação espirituosa e criativa. São países notórios por suas mentes brilhantes em matemática e em engenharia, mas não imbuídos de um espírito de pensar fora da caixa ou de serem "disruptores" da indústria. Normalmente, essas mentes precisariam imigrar para os EUA a fim de absorver essa mentalidade.

Mas aqui, nos Estados Unidos, não faltavam mentes brilhantes nas garagens, sonhando em mudar o mundo. Assim, acolhemos nossos pioneiros da computação no Vale do Silício (e em Seattle) como anti-heróis da contracultura. E, não raro, eles formavam duplas; hackers obcecados por tecnologia com empreendedores visionários, como os "dois Steves" da Apple: um programador quieto e talentoso como Steve Wozniak fez parceria com um "evangelista carismático tecnológico" chamado Steve Jobs.

Sim, Jobs também era um *nerd* que passou a juventude em um laboratório de informática, mas sua habilidade técnica não estava no nível do um pouco mais velho Wozniak, o filho obcecado por tecnologia de um engenheiro da Lockheed. Como o célebre guru do marketing tecnológico Regis McKenna viu, "Woz teve a sorte de se relacionar com um evangelista" como Jobs. Além de sua capacidade de pregar sobre a próxima revolução computacional para pessoas *fora* da isolada bolha tecnológica do Vale do Silício, ele também foi muito persistente — e ousado. É possível verificar isso mesmo quando era um garoto: aos 12 anos de idade, Jobs era da classe operária e morava na cidade de Cupertino. Um dia, ligou para a Hewlett-Packard e, por incrível que pareça, conseguiu falar com o sócio-fundador da gigante tecnológica, Bill Hewlett, e perguntou se ele tinha alguma peça sobressalente de computador para um projeto em que estava trabalhando. Impressionado com sua audácia, o magnata da tecnologia ofereceu ao impetuoso garoto do ensino médio um emprego de verão.[6]

Além dos dois Steves, havia também outra dupla crucial que mudaria o mundo: Bill Gates e Paul Allen, da Microsoft. Criado em Seattle no início da década de 1960, durante o boom tecnológico da Boeing na época, um jovem Bill Gates — ainda na oitava série — conheceria um aluno quieto e mais velho do ensino médio chamado Paul Allen no laboratório de informática da Lakeside High. Segundo Gates, que falou sobre sua amizade inicial no *Forbes Philanthropy Summit*, em 2019 (em que Allen foi premiado postumamente com o Lifetime Achievement Award), foi um terminal de computador que primeiro "nos aproximou. Nossa escola, a Lakeside, fez um bazar de caridade e usou o dinheiro para comprar um terminal de teletipo. Ficamos obcecados com aquilo".[7]

Obcecados e engenhosos. Como os terminais de computador eram raros na época, "era muito caro usar um deles — US$40 a hora", afirmou Gates. "A única maneira de conseguirmos usar um computador era explorando um *bug* no sistema." Eles acabaram identificando um *bug*, "e foi o início da primeira parceria oficial entre Paul e eu: fizemos um acordo com a empresa para usar os computadores de graça se identificássemos problemas." Após breves passagens como programadores na Honeywell, Gates desistiu de Harvard durante seu segundo ano para lançar a empresa de trilhões de dólares que o mundo conhece como Microsoft com seu colega de escola Paul Allen. Em Harvard, Gates estava mais interessado em atividades extracurriculares como hackeamento e videogames do que no conteúdo universitário; como seu orientador se lembrou do jovem Gates: "Ele era um programador genial... Mas um pé no saco." Ele tinha um impulso intenso e competitivo, desmentido por sua aparência de Alfred E. Neuman (representação arquetípica da famosa revista *Mad*).

Quando falei com seu antigo colega de classe de Harvard, Felipe Noguera, executivo de telecomunicações e ex-professor universitário, ele disse sobre Gates: "Era um garoto ruivo, alto e magricela com quem eu jogava pingue-pongue na Curry House. Cruzes, eu não tinha ideia de que ele mudaria o mundo. Só sabia que era muito competitivo no tênis de mesa." Fora essa veia competitiva que levou o *nerd*, ainda que arrogante, a abandonar a faculdade e tornar-se o homem mais rico do planeta. Antes de Gates, os hardwares de computadores eram a alma do negócio, dominado por empresas como IBM e HP; mas ele percebeu que as coisas aconteciam mesmo no software. Todo mundo precisava de um software novo e melhor; de empresas pequenas de computadores a corporações militares... E, finalmente, o Santo Graal: o computador pessoal.

A revolução havia começado e, com certeza, seria televisionada. Alvin Toffler, futurista e autor da obra inspiradora O *Choque do Futuro,* falou em seu outro livro, *A Terceira Onda*, sobre o efeito transformador que os novos PCs teriam na sociedade, alegando que instituições gigantescas seriam "descentralizadas", e que o mercado se tornaria um espaço de autonomia pessoal e escolha infinita do consumidor. Muito entusiasmado com febre do PC e sonhando com uma sociedade empoderada e libertada pela tecnologia, ele escreveu sobre um futuro que seria "mais sadio, sensato e sustentável, mais decente e democrático do que qualquer outro que já conhecemos".[8]

E como aqui estamos, depois de mais de 40 anos, em um mundo impregnado pela tecnologia, que, por sua vez, suscita a divisão, a polarização, o criticismo mordaz e perverso, a agitação política, e em uma sociedade à beira do colapso, eu diria que Toffler errou o alvo. Só um pouquinho.

A competição começou, e passamos a transformar em heróis folclóricos o esquadrão *nerd* emergente das garagens. Como o ultralegal Steve Jobs, vestindo uma camiseta preta e uma calça jeans nos lançamentos de produtos da Apple, que assumiam o fervor e a intensidade das cerimônias de renascimento religioso. Na verdade, Jobs foi o primeiro astro de rock carismático saído direto da revolução computacional. Filho adotivo de um estudante que não chegou à faculdade, ele foi levado a provar seu valor — queria transformar o mundo com determinação e com fervor messiânico. Mas também foi fruto de habilidosos veteranos de marketing, que trabalharam arduamente para inserir sua persona icônica na cultura popular. E os fanáticos por tecnologia, humilhados e intimidados, nunca se cansavam dele.[9]

Finalmente, haviam encontrado seu super-herói *nerd*. Mesmo enquanto idolatrado, não era segredo o quão cruel Jobs podia ser; ao conversar com David Traub, produtor executivo do aclamado filme biográfico *Jobs*, ele me disse que *tirano* era a palavra que melhor descreveria aquele homem implacável. Seu estilo casual, moderno e confiante era o oposto de nosso arquétipo da cultura pop de ganância corporativa, pois costumamos imaginar um cara com um terno de alfaiataria, um tipo de Gordon Gekko com suas implacáveis táticas de Wall Street.

No entanto, em ganância e crueldade, Jobs e Gekko poderiam ter sido a mesma pessoa, tirando o gel e o cabelo penteado para trás. O mesmo pode ser dito de Jeff Bezos e Bill Gates, ambos infames por dizimar a concorrência de uma forma que muitos acreditam desobedecer às leis antitruste. Mais adiante, falarei sobre isso.

A Nova Tecnocracia não somente acumulou riqueza inimaginável e impactou bastante nossa economia, como também controla o chamado "novo petróleo" — informação. E não se trata "apenas" de informação, controla-se tudo por meio da tecnologia e das mídias; os Novos Tecnocratas controlam o que vemos, moldam o que pensamos, impactam como votamos, manipulam — e depois predizem — nosso comportamento. E eles nos viciaram a consumir de forma incessante seus produtos ou suas plataformas.

E como um bom traficante de drogas, eles nos fisgam jovens, e ficamos presos pelo resto de nossas vidas.

Nem J. D. Rockefeller foi capaz de fazer tudo isso.

O *revival* de 1984 Redux

O que tudo isso significa para nossa espécie? Nossa tecnologia nos mimou e nos preparou para nos tornarmos ignorantes, reativos, pensarmos de forma superficial, sermos preguiçosos, amorfos, estarmos sempre buscando entretenimento. Somos massas disformes mal informadas, consumindo tudo em busca de sensações. Uma espécie que foi preparada pela tecnologia para ficar mais frágil, mais doente e digitalmente adicta, ao mesmo tempo que nossa mesma tecnologia se torna mais inteligente, e nossa Tecnocracia fica mais poderosa e envaidecida, processo que a professora de Harvard Shoshana Zuboff apelidou de *capitalismo de vigilância*.

Talvez você esteja imaginando o que George Orwell pensaria da economia atual de vigilância. Ah, sim, o *Big Brother* na forma de Big Tech está definitivamente nos assistindo. E ouvindo. E, o mais importante, coletando dados com avidez: os seus dados e os meus. Todas as nossas informações. Esqueça o petróleo, a informação — em todas as suas variantes — vale mais que ouro.

Segundo Zuboff, o capitalismo de vigilância (introduzido pelo Google e depois pelo Facebook) era uma "variante fundamentalmente desvinculada e extrativista do capitalismo da informação", baseada na mercantilização da "realidade" e sua transformação em dados comportamentais para análise e vendas. Em outras palavras, os detalhes de nossas vidas são monetizados e vendidos para quem estiver disposto a pagar por isso. Explora-se a chamada "exaustão digital", a trilha eletrônica que todos deixamos em nossas vidas online do dia a dia e, depois, a vendem a fim de que o desenvolvimento de algoritmos preditivos e manipuladores possa ser melhorado.[10]

Para evidenciar isso em nosso mundo cotidiano, podemos analisar o que o CEO da AT&T, John Stankey, disse a seus funcionários novos da recém-adquirida HBO em 2018. Ele não somente enfatizou a importância do engajamento dos espectadores durante muitas horas, como também explicou por que isso era tão fundamental: "Quero mais horas de engajamento. Por que elas são importantes? Porque obtemos mais dados e informações sobre o cliente. E isso nos possibilita uma série de outras coisas, como monetizar esses dados por meio de modelos alternativos de publicidade e assinaturas."[11]

Tudo gira em torno dos dados do usuário. Mas, às vezes, a forma como esses são adquiridos e usados pode colocar pessoas (e empresas) em maus lençóis...

Facebook e Cambridge Analytica

Em março de 2018, o Facebook teve sua primeira crise existencial: o *The New York Times* e o britânico *Observer* divulgaram que a empresa de consultoria política Cambridge Analytica obteve acesso às informações pessoais de 87 milhões de usuários do Facebook. Aparentemente, os dados se originaram de um questionário de personalidade da rede, o qual cerca de 270 mil pessoas foram pagas para responder. O questionário se chamava "thisisyourdigitallife" ["Estaésuavidadigital", em tradução livre] e, por sua vez, extraía dados não apenas daqueles que o respondiam, como também de todos os perfis de amigos dessas pessoas no Facebook, resultando em um enorme roubo de dados. O "thisisyourdigitallife" era um aplicativo de terceiros criado por um pesquisador do Centro de Psicometria da Universidade de Cambridge.

As informações pessoais vendidas pela empresa de *apps* foram usadas pela Cambridge Analytica, que divulgava o uso de técnicas "psicográficas" para manipular o comportamento do eleitor. Apesar de tudo isso só ter vindo à tona em março de 2018, quando um funcionário da Cambridge Analytica chamado Christopher Wylie entrou em contato com o *The Guardian* e o com *The New York Times*, o Facebook sabia do problema desde dezembro de 2015, mas não avisou nada a seus usuários ou aos órgãos federais de regulamentação. Na verdade, a empresa apenas reconheceu a infração depois que a imprensa a descobriu.[12]

Em abril de 2018, um encabulado Mark Zuckerberg testemunhou, perante o Senado, que a empresa soube em 2015 que "a Cambridge Analytica comprou de um desenvolvedor de app do Facebook os dados compartilhados pelos usuários do aplicativo", mas que havia insistido e exigido que a outra excluísse e parasse de usar dados da rede. Devido à violação imprudente de segurança e ao seu reconhecimento indiferente, o Facebook recebeu a maior multa já imposta pela Comissão Federal de Comércio dos Estados Unidos (FTC) contra uma empresa de tecnologia: cinco bilhões de dólares.

Ainda mais oneroso foi o impacto nos resultados financeiros do Facebook. Em 25 de julho de 2018, o preço de suas ações despencou 19%, reduzindo seu valor de mercado em impressionantes *US$119 bilhões,* a maior queda em um dia na história de Wall Street, ao mesmo tempo que a riqueza pessoal de Zuckerberg estava diminuindo em uma taxa de US$2,7 milhões *por segundo*. E os usuários menosprezaram o Facebook enquanto a receita publicitária despencava, tudo porque a rede havia perdido sua confiança. O escândalo da Cambridge Analytica foi a crise mais séria da história da empresa — até Frances Haugen e os "Arquivos do Facebook", em 2021. O desastre da Cambridge Analytica levou a rede a ser investigada não somente pelo FBI, como pela Comissão de Valores Mobiliários e Câmbio, pelo Departamento de Justiça, pela Comissão Federal de Comércio e também por autoridades estrangeiras. Mas Zuckerberg e o Facebook conseguiram pagar a multa, fingir arrependimento — e retomar suas práticas predatórias, antiéticas e destrutivas.

A reação do CEO da Apple, Tim Cook, foi cômica, embora involuntária. A oligarquia da Big Tech não é uma irmandade. Sim, pelo visto, Zuckerberg considera Bill Gates, seu colega de Harvard, um mentor. No entanto, os integrantes do Clube de Garotos Bilionários não se gostam nem um pouco, como Cook afirmaria a um entrevistador que lhe pediu para comentar sobre as questões de privacidade do usuário do Facebook: "Poderíamos ter ganhado rios de dinheiro se monetizássemos nossos clientes, mas escolhemos não fazer isso."

Sim, Tim Cook e a Apple escolheram o caminho ético; certamente não "monetizaram" seus clientes; o teto de avaliação da empresa de US$2,4 trilhões (em novembro de 2021) é simplesmente resultado da filantropia e dos processos humanos de manufatura (falarei mais a respeito disso no próximo capítulo).

Louvados Sejam os Algoritmos

Neste mundo de *1984* de violações de dados, capitalismo de vigilância e monetização da exaustão digital, os algoritmos preditivos da IA se tornarão nossos novos deuses oniscientes. Talvez a pior parte disso seja que a maioria de nós está ditosamente indiferente à mineração de nossos dados enquanto nos tornamos adictos em tecnologia, sem diferenciar a realidade da ficção, com comportamentos modificados: somos como leões em um safári, não estamos cientes de nossa escravidão e exploração. E, de fato, o vício é um requisito, pois, para extrair nossos dados (e nos manter comprando iteração após iteração de seus produtos), as Big Techs precisam que fiquemos conectados aos seus dispositivos e às suas plataformas, conectados à Matrix, caso contrário, não há exaustão digital para coletar.

As Big Techs e a Nova Tecnocracia dominaram as técnicas de modificação de comportamento mais sofisticadas e incorporaram os algoritmos preditivos mais evoluídos para nos manter vidrados nas telas como uma galinha enlouquecida bicando a alavanca de liberação de comida em uma caixa de Skinner, somente esperando pela nossa próxima e ínfima dose de dopamina para nos sentirmos bem.

Ah, e não apenas somos estúpidos, viciados em tecnologia e vigiados, mas a maioria também ficará desempregada, já que se estima que a revolução da robótica e da automação de IA eliminará 50% dos empregos atuais na próxima década. Sem trabalho? Sem problemas, teremos mais tempo para jogar videogame e ficar nas redes sociais!

Enquanto estamos sentados, desempregados e distraídos digitalmente, a humanidade regride, entorpecida, estúpida e influenciável pelo sedutor abraço caloroso de máquinas cada vez mais inteligentes — que, em breve, serão sencientes — da Nova Tecnocracia. Todos saúdam os novos deuses, os algoritmos oniscientes.

E conforme avançamos em direção ao vazio insaciável e à insanidade, podemos também estar caminhando para a extinção de espécies, ironicamente não apenas criando os métodos de nossa morte, como também nossos herdeiros evolutivos: IAs, máquinas inteligentes que podem aprender e também potencialmente se replicar. Pelo menos, os neandertais não *criaram* o *Homo sapiens* que acabou deslocando-os e levando à extinção quando finalmente dominaram o planeta.

Como as Big Techs e a Nova Tecnocracia devoraram todo o nosso planeta?

Resposta: um misto de arrogância, contorcionismo antitruste, colonialismo e exploração modernos. Começaremos com a parte do antitruste...

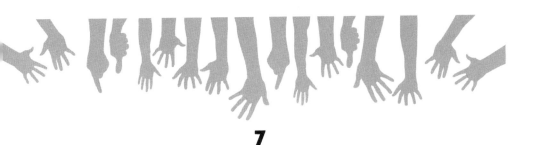

7

Mantendo a Distopia

O Blues Antitruste

Em certo nível, tudo era bastante hilário. Por causa de uma audiência do Congresso, investigando os abusos antitruste das Big Techs, e do coronavírus de 2020, os Titãs da Tecnologia (Jeff Bezos, da Amazon, Tim Cook, da Apple, Mark Zuckerberg, do Facebook e Sundar Pichai, do Google) tiveram que testemunhar perante um Congresso irritado via videoconferência — é claro que houve intermitências. A ironia era opulenta — não tão opulenta quanto os Titãs da Tecnologia reunidos, é claro, mas você entendeu a ideia.

Era estranhamente oportuno que os magnatas das Big Techs, durante a era da Covid-19, infestada pelo Zoom, aparecessem testemunhando na forma de várias cabeças sem corpos em uma tela de vídeo — um tipo de programa *Hollywood Squares* virtual com os Titãs da Tecnologia; só faltava era Paul Lynde em seu quadrado. Mas, pelo menos, Paul Lynde tinha pulso; os Quatro Cavaleiros do Apocalipse Digital tinham todo o carisma de inspetores de zoneamento em uma reunião da prefeitura transmitida por alguma rádio local.

Essas cabeças digitais do tipo Max Headroom eram mesmo reais? Sabe-se lá. O efeito geral foi muito diferente daquele do testemunho pessoal anterior no Congresso, quando um quase realista Mark Zuckerberg se sentou em um assento elevatório de dez centímetros enquanto testemunhava nervosamente no Senado dos EUA em 2018, evento que também envolvia preocupações antitrustes. Naquela época, enquanto Zuckerberg lia seu testemunho com toda a humanidade monótona de um antigo autômato de fliperama, havia sinais, embora quase imperceptíveis, de que ele era, de fato, humano, e não um androide.

Agora, reduzido a pixels, não estava claro se ele era um *deepfake* ou não.

Claro, Jeff Bezos parecia bem relaxado em seu quadrado de vídeo, enquanto comia casualmente e continuava agradecendo sem sinceridade alguma a cada congressista que lhe indagava (a ponto de o presidente do Congresso ter que lhe pedir que parasse de agradecer a todos). O pobre Bezos devia estar se perguntando por que estava desperdiçando seu inestimável tempo de pessoa mais rica do mundo respondendo a questionamentos ofensivos de congressistas irritados que ganham em um ano o que ele ganha em um segundo. E depois havia Tim Cook e Sundar Pichai, que pareciam sérios o bastante, mas, não raro, ficavam boquiabertos e gaguejavam.

Quanto ao recém-digitalizado Zuckerberg (obrigado, coronavírus), ele estava em seu ambiente e entrou na câmara do Congresso mais relaxado do que quando mentiu pessoal e presencialmente. O que, sem dúvidas, ele fez, tanto dessa vez quanto durante seu testemunho anterior. Quando o senador Ben Sasse lhe perguntou sobre o vício em mídias sociais, durante seu depoimento no Senado de 2018, ele foi questionado de forma específica: "As empresas de mídias sociais contratam consultorias para ajudá-las a descobrir como obter mais loops de feedback de dopamina, de modo que as pessoas não queiram sair da plataforma?" Zuckerberg respondeu: "Não, senador. Não é assim que falamos sobre isso ou definimos nossas equipes de produtos. Queremos que nossos produtos sejam valiosos para as pessoas e, se forem, elas escolherão usá-los ou não."

No entanto, explorar "loops de feedback de dopamina" é exatamente como as suas plataformas são usadas. Na verdade, o testemunho sob juramento de Zuckerberg contradiz diretamente o que a delatora do Facebook, Frances Haugen, testemunharia diante do Senado um ano depois e também o que Sean Parker, o primeiro presidente do Facebook, afirmou sobre a intenção consciente da empresa. Na realidade, Parker já havia abordado especificamente esse problema anos antes, em uma entrevista sobre como ela criava de forma intencional a dependência de sua plataforma com picos de dopamina por meio de um viciante "loop de feedback": "O Facebook usa curtidas e compartilhamentos para criar um 'loop de feedback de validação social' que mantém os usuários voltando... É necessário lhes fornecer um pouco de dopamina de vez em quando, porque alguém gostou ou comentou sobre uma foto ou um post ou o seja lá o que for."

E Parker reforçou o fato de que não foi um acidente, mas uma ação intencional, com o propósito específico de explorar uma "vulnerabilidade na psicologia humana", como continuou dizendo: "Os inventores, criadores, eu, o Mark [Zuckerberg], o Kevin Systrom, do Instagram, todas essas pessoas, entendemos o que tínhamos que fazer e fizemos conscientemente."[1] Ou seja, apesar do que Mark Zuckerberg disse sob juramento, seus comentários foram refutados pelos próprios ex-executivos seniores de sua empresa. Em agosto de 2020, durante as audiências no Congresso, as perguntas foram mordazes e vieram de ambos os partidos políticos. Joe Neguse, democrata do Colorado, apresentou uma lista extensa de empresas de mídias sociais que existiam em 2004, ano em que o Facebook nasceu, e ressaltou que todas haviam desaparecido até 2012, afirmando que "o Facebook, na minha opinião, era um monopólio na época". Zuckerberg discordou de forma veemente.

Em seguida, Neguse destacou a tendência do Facebook de devorar os concorrentes, por exemplo, o Instagram, em 2012, e o WhatsApp, em 2014, e apresentou como evidência um documento que havia sido preparado pela COO do Facebook, Sheryl Sandberg, para ser entregue a uma grande empresa de telecomunicações, "gabando-se de que o Facebook agora representa 95% de todas as mídias sociais nos Estados Unidos". Além disso, Neguse obteve um e-mail de 2014 do CFO da empresa que descrevia sua estratégia de aquisição como uma "apropriação de terras" (lembre-se, isso ajuda a entender Zuckerberg pelo prisma de Augusto, da criação de um império) e previa que ela gastaria "Cinco a dez por cento de nosso valor de mercado a cada dois anos para reforçar nossa posição".

Foi exatamente isso que J. D. Rockefeller fez: ele devorou sua concorrência e acabou conseguindo controlar 95% de toda a indústria do petróleo.

E havia a Amazon e a destruição do diapers.com. Sim, o homem mais rico do planeta teve que destruir uma startup de fraldas de Nova Jersey. Tudo parte das práticas do *Gazelle Project* ["Projeto Gazela", em tradução livre] da

Amazon, a missão corporativa de, como um guepardo predador, perseguir, caçar e matar metodicamente um concorrente doentio ou anêmico.

Em 2020, durante as audiências antitruste do Congresso, Bezos foi questionado pela congressista da Pensilvânia Mary Gay Scanlon (partido democrata) sobre suas táticas de esmagar a concorrência. Ela lhe perguntou especificamente sobre a famigerada destruição de seu ex-concorrente diapers.com, pois Bezos havia ordenado a redução dos preços das fraldas na Amazon para que, assim, o outro sofresse perdas significativas de curto prazo, e ele conseguisse aniquilar sua presa. Após mostrar os e-mails internos do magnata, alegando que essa era, de fato, a estratégia declarada, e apresentar também registros indicando que ele estava disposto a fazer com que a Amazon sofresse US$200 milhões em perdas de fraldas em um mês a fim de minar e, posteriormente, destruir sua concorrência, ela perguntou: "Sr. Bezos, quanto dinheiro a Amazon estava disposta a perder nessa campanha para prejudicar a diapers.com?"

O graduado em Princeton, famoso por sua atenção meticulosa aos detalhes, pigarreou, agradeceu a pergunta e respondeu de forma pouco convincente: "Não sei a resposta direta à sua pergunta. Temos que voltar no tempo, talvez dez ou onze anos atrás." Quando questionado pela representante Scanlon se a Amazon realizava "campanhas predatórias semelhantes em outras partes de seus negócios", Bezos gaguejou ao responder: "Eu... Eu... Não posso comentar sobre isso, porque não me lembro. Mas o que posso dizer é que focamos muito o cliente."

Foi um lapso de memória difícil de engolir, já que Bezos, já famoso por ser obcecado em esmagar a pequena startup de Nova Jersey, criada para fornecer às mães jovens e em dificuldades acesso a fraldas de baixo custo, teria ordenado pessoalmente o ataque corporativo. Ele queria o fim da diapers.com; queria a startup morta e enterrada, e comunicou à sua equipe que estava disposto a perder centenas de milhões para vender menos e destruir a rival até o esquecimento.

Apenas um lembrete: era uma startup de fraldas. Não um concorrente de varejo como o Walmart ou outro gigante da tecnologia. Tratava-se de dois caras trabalhando em suas garagens para sustentar seu pequeno negócio. Bezos não se importava; apesar do fato de que sua empresa também já fora uma pequena startup, operando seu negócio de livros usados em sua garagem. Agora, o garoto magricela de 40 quilos havia se tornado o valentão musculoso da

Mantendo a Distopia

praia. E ele simplesmente não queria contra-atacar os concorrentes, queria mais era esganá-los até a morte lenta.

No império imenso e global da Amazon, não há espaço para o cara pequeno. Nem mesmo para um carinha vendendo um produto, parte ridiculamente pequena da força avassaladora do magnata — talvez a Estrela da Morte seja a descrição mais adequada para a *empresa de Bezos que devorou o mundo* — que acabou destruindo o varejo como o conhecemos.

Na década de 1980, o advento dos shoppings matou as importantes empresas pequenas e familiares. Agora, a Amazon está fazendo com eles e com as lojas de departamento o que fizeram antes com as empresas pequenas. Adeus, Macy's. Adeus, Sears. Adeus, JCPenney. Conhecíamos todas essas lojas, bem como a perda de redes de varejo icônicas, e também podemos dar adeus a todos os empregos que esse tipo de comércio já gerou.

Onde está o Congresso para parar esses monopólios emergentes? Onde estão nossas sagradas leis antitruste? Como exatamente essas empresas burlaram a legislação que foi implementada com o propósito de impedir que negócios como a Amazon se tornassem monopólios? Para entendermos essa questão com mais clareza, primeiro, precisamos analisar como a legislação antitruste mudou e evoluiu nas últimas décadas e como empresas iguais à Amazon evitaram a fúria do governo federal.

O problema foi esclarecido em um artigo do *Yale Law Journal* de 2017 por Lina Khan, a estrela do rock da lei antitruste que agora é chefe da Comissão Geral de Comércio do presidente Biden. O artigo foi intitulado *Amazon's Antitrust Paradox* ["O Paradoxo Antitruste da Amazon", em tradução livre] e, em poucas palavras, destaca como a legislação antitruste mudou ao longo do tempo, se concentrando quase exclusivamente na noção de "bem-estar do consumidor" (em relação a preços competitivos) como o principal critério para abusos antitruste, não "a saúde do mercado como um todo".[2] Essa nova filosofia começou na década de 1970, quando o procurador-geral Robert Bork (você se lembra dele?) popularizou uma teoria antitruste que focava somente os preços ao consumidor. Contanto que eles não subissem, não haveria violação — não importa que outros danos colaterais pudessem ter ocorrido. O governo Reagan adotou a interpretação de Bork, desencadeando uma tendência de quarenta anos, criando verdadeiros monopólios que serviram para reduzir a escolha do consumidor e comprometer o equilíbrio entre empregadores e trabalhadores, deixando a economia menos ágil e responsiva com um pensamento de curto prazo que, por sua vez, aumenta os preços das ações no curto prazo, mas cria um ambiente econômico geral menos saudável.

Assim, basicamente, contanto que o consumidor consiga um preço baixo, que se dane a canibalização da concorrência; claro, a Amazon pode estar fechando indústrias inteiras, mas eu consegui um ótimo preço no meu cobertor *Snuggie*! Por isso que, quando Jeff Bezos estava testemunhando perante o Congresso, ele se afastou das questões sobre "práticas predatórias" contra concorrentes e reiterou sua preocupação em "focar o cliente"; obviamente bem treinado, refletindo a moderna realidade antitruste. O que também não havia sido previsto nessa "nova" perspectiva era um mercado que recompensa o crescimento em detrimento do lucro, como o modelo de startups do Vale do Silício. Os investidores podem atribuir avaliações multibilionárias a empresas que não tiveram um centavo de lucro — como a Amazon, que perdeu dinheiro nos primeiros seis anos, mas ainda era a queridinha dos investidores. E, com certeza, vemos empresas como ela que vencem a corrida devagar, mas com firmeza — desde que estejam dispostas a matar ou a devorar sua concorrência no processo.

Até agora, não ficou claro se a classe política fará algo para controlar as Big Techs e reavaliar a atual interpretação das leis antitruste. É importante salientar que, juntos, o Facebook, a Amazon, a Apple e o Google gastaram mais de US$20 milhões em lobby apenas no primeiro semestre de 2020. E, historicamente, as Big Techs gastaram mais nisso do que em qualquer outro setor, exceto o de assistência médica; de 2005 a 2018, as cinco maiores empresas tecnológicas gastaram mais de meio bilhão de dólares (US$582 milhões) com lobby no Congresso, na tentativa de influenciar os legisladores em tudo, desde violações de segurança e privacidade a abusos antitruste.

Por incrível que pareça, Mark Zuckerberg se cansaria do lobby tradicional e começaria a usar a mesma estratégia polarizadora usada tão efetivamente no Facebook na tentativa de influenciar o Congresso. Segundo uma reportagem, Zuckerberg estava cada vez mais frustrado com a estratégia de se desculpar publicamente pelos pecados de sua empresa e depois ter que prometer melhorar, já que seus lobistas pagos recorriam a canais alternativos para se humilhar, visando manter o status quo com os legisladores. Apelando ao seu Augusto interior, ele recorreu à estratégia de dividir e conquistar com o intuito de impedir que ambos os partidos políticos se unissem contra ele; Zuckerberg partiria para a ofensiva um dia depois que a delatora Frances Haugen veio a público, fazendo com que sua equipe de Washington convocasse democratas e republicanos do Congresso, promovendo narrativas de medo muito diferentes em cada grupo.

No Capitólio, seu pessoal disse aos republicanos que Haugen era uma ativista democrata que queria promover o Presidente Biden e seu partido. Nesse ínterim, sua equipe alertou os democratas de que os republicanos usariam o testemunho de Haugen para detonar a decisão do Facebook de proibir postagens em apoio ao atirador de Kenosha, Kyle Rittenhouse, que havia sido absolvido.[3] A equipe estava polarizando o Congresso com desinformação, assim como polarizava os usuários do Facebook com desinformação direcionada. Zuckerberg supostamente também disse à sua equipe para não se desculpar com nenhum membro da imprensa por nenhuma das coisas horríveis que Haugen havia relatado sobre o Facebook. Essa nova abordagem representava um Zuckerberg audacioso, que havia sido aconselhado por seu antigo membro do conselho, o bilionário Peter Thiel, e o investidor e cofundador da Netscape, Marc Andreessen, a abrir mão de sua velha estratégia apologética de relações públicas e responder de forma mais vigorosa.

E por que não? O Facebook se tornou um gigante corporativo monolítico, mais poderoso do que a maioria dos governos, pois conseguiu manipular eleições, moldar a forma como as pessoas pensam e ignorar legisladores impotentes. A ironia aqui é o fato de que foram esses mesmos legisladores que, ao aprovarem uma lei bastante vaga, ajudaram a viabilizar o crescimento das empresas Big Techs, resultando nos monopólios insaciáveis em que se tornaram.

Qual era essa lei e como ela criou múltiplos Godzillas tecnológicos?

A Seção 230

O Facebook e as outras gigantes Big Techs foram estimulados e possibilitados pela aprovação de uma lei em 1996, conhecida como *Section 230 of the United States Communications Decency Act* ["Seção 230 da Lei de Decência nas Comunicações dos Estados Unidos", em tradução livre]. Em poucas palavras, a Seção 230 fornece imunidade aos monopólios das Big Techs, isentando-as de quaisquer responsabilidades em relação a qualquer conteúdo de seus usuários que publique informações fornecidas por terceiros:

> *Nenhum provedor ou usuário de um serviço de computador interativo deve ser tratado como o editor ou porta-voz de qualquer informação fornecida por outro provedor de conteúdo de informação.*

A Seção 230 também concede tutela contra responsabilidade civil na moderação de material de terceiros considerado obsceno ou ofensivo. Essa cláusula foi elaborada em resposta a algumas ações judiciais do início de 1990 que se resumiram a diferentes interpretações sobre o tratamento das plataformas de mídias sociais, se deveriam ser tratadas como editoras ou, ao contrário, como distribuidoras de conteúdo. Ou seja: elas seriam editoras pelo vigor da lei, arcando com a responsabilidade inerente à publicação, ou seriam basicamente intermediárias de conteúdo — "quadros de mensagens" digitais — sem qualquer responsabilidade pelo que seus usuários postam?

As disputas judiciais e congressionais mais recentes focam o que alguns estão alegando ter sido um exagero editorial de algumas das plataformas. Esses debates acabaram sendo polarizados politicamente: muitos republicanos acham que as Big Techs agiram como publicadoras/editoras e censuradoras. Eles apelam para a polêmica suspensão das contas do *New York Post* no Twitter e no Facebook quando o jornal publicou a história explosiva sobre as desventuras de Hunter Biden, algumas das quais teriam implicado seu pai (enquanto ele era o candidato presidencial democrata na época), sendo obtidas de um notebook que havia sido deixado em uma oficina de Delaware.

Mais tarde, o CEO do Twitter, Jack Dorsey, admitiu no Congresso que o que sua empresa fizera fora um erro. De início, citando sua política de não permitir informações "hackeadas", ele reconheceu que os materiais não haviam sido, de fato, hackeados. Nem havia qualquer evidência de que o conteúdo do notebook era "desinformação" russa, como alguns inicialmente presumiram.[4] No entanto, o estrago já estava feito e, possivelmente, influenciou a eleição de 2020, já que muitos eleitores democratas nem sabiam da história explosiva.

Do outro lado do espectro polarizador, as queixas contra as Big Techs afirmam que as empresas não estão sendo responsáveis o *suficiente* ao filtrar e eliminar o discurso de ódio indutor de violência em relação ao desastre do

Capitólio de 6 de janeiro ou de impedir que atores estrangeiros maliciosos influenciem os usuários do Facebook com conteúdo de desinformação.

Andrew Bosworth (também conhecido como Boz), o animado vice-presidente do Facebook, estava se gabando abertamente da influência política da empresa e da sua capacidade de influenciar as eleições, alegando que o Facebook havia efetivamente feito Donald Trump presidente em 2016. Em um post para toda a empresa em 2019, Boz disse: "Então o Facebook foi responsável pela eleição de Donald Trump? Acredito que a resposta seja sim." Ele se preocupava com a possibilidade de Trump ser eleito novamente em 2020 e disse, de forma bastante reveladora, que era "tentador usar as ferramentas disponíveis para mudar o resultado".[5]

Isso deveria amedrontar qualquer pessoa em qualquer democracia, independentemente da orientação política; a admissão prepotente de que um grupo seleto pode manipular o eleitorado, controlando nossas plataformas de mídias sociais subverte a própria noção de eleições livres e abertas. Na realidade, o psicólogo formado em Harvard Robert Epstein testemunhou perante o Congresso em junho de 2019 e, com base em suas análises, disse que "se todas apoiarem o mesmo candidato — e isso é provável, desnecessário dizer —, essas empresas serão capazes de mobilizar 15 milhões de votos para determinado candidato, sem que *ninguém saiba e sem deixar rastros*" (os itálicos são meus). Não se trata de questões fáceis, e temos nuances aqui. A vigilância e a insistência demais para que toda "desinformação" seja deletada pode começar a configurar censura — afinal, quem decide o que é desinformação? No entanto, deixar as coisas como estão, tipo um Velho Oeste Digital, também não é bom para a humanidade. Mas qual seria um meio-termo inteligente?

As preocupações com a censura são válidas. No início da pandemia de Covid-19, diversos profissionais médicos respeitados postaram suas opiniões médicas sobre as possíveis origens do vírus novo, provenientes de um vazamento do Instituto de Virologia de Wuhan. Essas postagens foram mais do que depressa removidas pelo Facebook, pelo YouTube e pelo Twitter como "desinformação". Todavia, com o passar dos meses, cada vez mais especialistas médicos reconheceram a evidente possibilidade da teoria do "vazamento de laboratório". Por mais que tenha sido prematuramente caracterizada como "desmascarada" e uma "conspiração", ela continua sendo uma questão em aberto entre os cientistas.[6]

Como vimos, o problema é que, quando querem influenciar a opinião pública, de uma forma ou de outra, os guardiões das Big Techs têm os recursos incomensuráveis do *Big Brother* para moldar o pensamento. A questão inquietante continua sendo a falta de supervisão e de regulamentação.

O senador Josh Hawley relata a história de uma reunião que teve com Mark Zuckerberg em 2019. Ele pediu para se reunir com Hawley, que, como o membro mais jovem do Senado, já havia criticado veementemente o que chamava de "monopólios das Big Techs". O jovem senador já havia proposto uma legislação para proteger as crianças online, bem como proteções de privacidade para os pais e limites aos recursos de design viciantes da tecnologia. E mesmo antes de se tornar senador dos EUA, como procurador-geral do Missouri, Hawley havia investigado o Facebook e o Google por violações antitruste e de proteção ao consumidor. Nem preciso dizer que ele estava no radar de Zuckerberg.

Zuckerberg solicitou uma reunião em seu território — a sede do Facebook, no Vale do Silício. O outro recusou. Por fim, concordaram em se encontrar no escritório de Hawley em D.C. Segundo o senador, após uma conversa inicial educada, Zuckerberg lhe admitiu que o Facebook podia ter cometido um erro ao remover da plataforma alguns grupos conservadores e que: "Temos um problema de preconceito no Facebook." Supostamente, ele também teria reconhecido problemas com privacidade, vício online e proteção de crianças e dito ao senador Hawley que sua equipe tomaria medidas internas para abordar todas essas questões — coisas que Zuckerberg vem dizendo ao Congresso e ao Senado há anos.

Então Hawley foi direto ao cerne da questão: todo o poder do Facebook derivava do fato de a empresa ser um monopólio; ele pediu que Zuckerberg parasse de comprar concorrentes, que parasse de "destruir a concorrência". E o tapa final na cara: pediu que acabasse com seu monopólio, dividindo o império do Facebook e vendendo o Instagram e o WhatsApp. De acordo com Hawley, Zuckerberg ficou sentado em silêncio por um momento, piscando. Mas eis que sua paciência fingida se transformou em indignação: "Eu nem sei o que dizer sobre isso. É um absurdo. Não vai acontecer."[7]

Hawley já sabia disso. Nada bobo, o graduado em direito de Stanford e de Yale sabia que Zuckerberg nunca desistiria *voluntariamente* de seu monopólio.

Uma outra solução sugerida com frequência é tratar e regulamentar as Big Techs como serviços públicos ou "operadoras comuns", como companhias de água e ferrovias, legalmente obrigadas a atender todos os clientes de maneira imparcial. Aqui, a linha de pensamento é que as Big Techs cresceram tanto em nossa sociedade que se tornaram tão essenciais quanto os serviços públicos. No entanto, qualquer ação desse tipo enfrentaria sua resistência significativa, argumentando que o acesso à internet pode ser um bem público que, talvez, possa ser considerado como serviço público essencial, mas plataformas que operam *na* internet, como o Facebook e o Twitter, não são bens públicos essenciais, e, sim, empresas privadas que não devem ser regulamentadas como serviços públicos.

No momento em que eu escrevia esta obra, não havia restrições ou penalidades significativas em relação a violações antitruste impostas às Big Techs. O monstro digital continua crescendo, ao mesmo tempo que os usuários continuam sendo vigiados, escravizados e mentalmente prejudicados enquanto nosso tecido social continua se deteriorando. Mas talvez a mudança esteja a caminho.

Como resultado de toda a atenção midiática em relação aos "Arquivos do Facebook" e outros atos flagrantes das Big Techs, uma mudança na opinião pública dos EUA levou os políticos de ambos os partidos a pressionarem por uma legislação antitruste — ou até mesmo a dividir as Big Techs, assim como a Ma Bell (AT&T). Em 1984, o monopólio da empresa de telefonia foi dividido em sete "Baby Bells".

O Congresso iniciou o processo de atualização das leis antitruste do país pela primeira vez em sete décadas. O presidente Joe Biden nomeou Lina Khan, a estudiosa do tema cujo trabalho citei anteriormente, como chefe da Comissão Geral de Comércio, e ela prometeu aumentar os processos antitruste contra as Big Techs. E os promotores federais mobilizaram esforços, formando coalizões de procuradores-gerais estaduais para abrir processos contra o Facebook e contra o Google. E alguns desses processos exigem explicitamente que as gigantes das Big Techs sejam divididas em outras empresas.

Embora todos devamos nos alegrar com a perspectiva de diminuir o poder e o controle dessas entidades invasivas e maliciosas, devemos também observar que, historicamente, o ritmo dos processos antitruste tem sido absurdamente lento. Por exemplo, o processo histórico dos promotores dos EUA contra a

Microsoft demorou uma década após seu início em 2001. Atualmente, qualquer processo judicial pode levar anos para chegar a uma resolução, já que as equipes de advogados extremamente bem pagos das Big Techs, habilidosos na arte do sofisma, do atraso e do desvio de atenção, farão o possível para garantir que o ritmo dos processos seja lento como um caracol bêbado.

Enquanto isso, o movimento continua à medida que as Big Techs ficam cada vez maiores e maiores — e nosso apetite por seus produtos e suas plataformas não mostra sinais de diminuição. Devoramos nossa tecnologia, mas, como o cliente distraído em um restaurante italiano chique, não queremos saber como a deliciosa salsicha é feita — Deus nos livre de estragar nosso apetite. Contudo, em termos de nível ético e humano, definitivamente precisamos ver como nossa salsicha digital é feita. Qual é o preço humano de nossa vida tecnologicamente habilitada?

Tecnocolonialismo

Certa noite, fiquei acordado até tarde conversando com Felipe Noguera, um antigo colega de Harvard de Bill Gates. Bolsista da Fulbright com diplomas de Harvard, de Johns Hopkins e de Tufts, Felipe foi professor universitário e consultor visionário de telecomunicações e tem vasta experiência no Caribe. Foi a primeira pessoa que mencionou a palavra *telecolonialismo* para mim. Eu lhe pedi para me explicar.

Ele passou a descrever a evolução de uma sociedade industrial clássica que se transformou em uma sociedade da informação pós-industrial no final da década de 1970 e início da década de 1980. Muito antes do Facebook, do Twitter e do Google, havia uma única gigante dos telefones: Ma Bell (também conhecida como AT&T). E antes que as leis antitruste norte-americanas a desmantelassem em uma série de "Baby Bells" em 1984, a empresa era um monopólio das comunicações — que possuía e controlava os milhares de quilômetros de cabos elétricos e equipamentos de infraestrutura que possibilitavam a comunicação moderna. Isso criou a realidade de que seja lá quem controlava o equipamento controlava os meios de comunicação.

Felipe passou a explicar que, em lugares como o Caribe, empresas gigantes como a AT&T controlavam a infraestrutura de telecomunicações das nações soberanas, com as quais faziam negócios, apossando-se do poder corporativo desses países. Assim o "telecolonialismo" era: empresas de telecomunicações do primeiro mundo explorando nações de segundo e terceiro mundo. Isso há mais de trinta anos. Telecolonialismo 2.0: Tecnocolonialismo.

Em nosso Admirável Mundo Novo, em que as Big Techs procuram garantir nosso lazer digital em forma de escravidão, há toda uma nova era de colonialismo criada a serviço dessas empresas; um novo tecnocolonialismo em que pessoas pobres e não brancas de todo o mundo são sacrificadas para que nossa ânsia tecnológica possa ser saciada e em que pessoas como o antigo colega de classe de Felipe, Bill Gates, podem se tornar indecentemente ricas.

Essa exploração assume muitas formas diferentes.

A Cidade Proibida

Vejamos a megafábrica chinesa Foxconn, cidade fabril em que vivem mais de 400.000 operários (se é que podemos chamar isso de vida): boa parte dessas pessoas trabalha em linhas de montagens extenuantes e desalentadoras nas condições mais desesperadoras e desumanizantes possíveis; tudo para fabricar o iPhone de sua filha, assim ela pode enviar mensagens de texto para os amigos e discutir todos os tipos de irrelevância social.

Anteriormente agrária, a China atualmente tem o maior número de operários fabris do mundo, estimado em mais de 112 milhões. E com mais de 1,3 milhão deles em sua folha de pagamento, a Hon Hai Precision Industry Co., Ltd., mais conhecida por seu nome comercial Foxconn, é a maior empregadora da China continental. Em termos globais, somente o Walmart e o McDonald's empregam mais pessoas que ela.

E a empresa-matriz? Em outubro de 2021, a Apple era a companhia mais valiosa do mundo, com um patrimônio líquido de US$2,49 trilhões, tendo gerado ganhos exorbitantes para seus fundadores e investidores. No entanto, a Foxconn, terceirizada da Apple, pagava a seus operários chineses míseros 900 yuans (cerca de US$130 dólares norte-americanos) por mês, bem abaixo do que seria considerado um salário de nível de pobreza nos Estados Unidos. Como se isso não bastasse, promete-se moradia gratuita aos operários da Foxconn, mas, não raro, eles têm que bancar contas exorbitantes de eletricidade e de água, impedindo, assim, que tenham a possibilidade de economizar dinheiro o bastante para escapar dessa rotina ou tenham alguma esperança de fugir. O trabalho é tedioso, repetitivo, e a pressão para atender às cotas de produção é insana. E as horas trabalhadas são brutalmente longas, com um turno médio de 12 horas.[8]

Em toda a instalação da fábrica principal, existem centenas de linhas de montagem com operários curvados até onde a vista alcança; em um único dia, muitos têm que dar conta de 1.700 iPhones, pois seus supervisores autoritários são conhecidos pelo monitoramento abusivo e agressivo de cada movimento. Após o turno, os trabalhadores vão para dormitórios no local, nos quais dormem em quartos cheios com oito a doze pessoas. Após uma noite de sono, eles voltam para o próximo turno de 12 horas. E isso se repete perpetuamente. De novo e de novo. Nenhuma esperança de uma vida melhor, nenhuma esperança de ascensão — apenas um trabalho penoso desumano.

Mas alguns dos operários encontraram uma saída: o suicídio.

Nos países que adotam práticas ocidentais, o suicídio está crescendo a um ritmo epidêmico, pois fatores como o aumento de desemprego e, talvez mais significativamente, o isolamento e os aspectos indutores de depressão da era digital estão levando as pessoas a quererem tirar a própria vida. No tecnocolonialismo do terceiro mundo, trata-se da miséria opressiva de uma rotina diária insuportável.

Na prática, em 2010, quando elas ficaram absurdamente insuportáveis, as condições na Foxconn se tornaram notícia internacional, já que os trabalhadores começaram a se matar pulando do telhado da fábrica. O suicídio representava o fim de tamanho sofrimento.

"Não é um bom lugar para seres humanos", foi como um jovem operário chamado Xu descreveu a Foxconn ao jornalista Brian Merchant.

Naquele primeiro ano, houve dezoito tentativas de suicídio e quatorze mortes. Outros vinte trabalhadores foram persuadidos a não cometer suicídio pelos funcionários da Foxconn. Os suicídios se tornaram um problema tão crescente (se alastrando como uma metástase, em uma média de sete por semana), que a empresa, em toda a sua beneficência, decidiu que resolveria essa afronta à decência humana. Qual foi a sua solução? O CEO da Foxconn, Terry Gou, instruiu que redes antissuicídio fossem instaladas ao redor dos edifícios.

Sim, grandes redes foram instaladas com o propósito categórico de segurar os operários que estavam se atirando do telhado para encontrar o derradeiro alívio, seja no grande futuro além-morte ou no grande vazio, faça sua escolha. De qualquer forma, eles nunca mais precisariam ver um iPhone desmontado e pré-montado.

Em geral, os suicídios ocorriam em plena luz do dia e se tornaram uma realidade aceita na Foxconn. Como o jovem Xu comentou: "Aqui, quando alguém morre, um dia depois, a coisa toda não existe, você esquece."

Para a Apple, com *suicídios* ou não, o show deve continuar.

Steve Jobs, o Garoto de Ouro da empresa, achou que era muito barulho por nada: "A Foxconn não é uma fábrica exploradora. É uma fábrica, mas meu Deus, há restaurantes e cinemas... Mas é uma fábrica." E então tentou minimizar os suicídios, sugerindo que, estatisticamente falando, os números não estavam tão fora dos limites do índice geral de suicídio na China.[9]

Aparentemente, os "restaurantes e cinemas" não foram suficientes, pois as coisas pioraram.

Em 2012, um ano após Jobs morrer de câncer no pâncreas, a situação ficou tão desesperadora que 150 operários se reuniram em um telhado e ameaçaram suicídio em massa. Talvez tivessem perdido a matinê no cinema que Jobs mencionou? Independentemente, prometeu-se algumas pequenas melhorias na qualidade de vida, e os trabalhadores acabaram sendo reprimidos.

Em 2016, outro grupo foi igualmente reprimido por realizar um protesto de suicídio em massa. A Foxconn fez algumas tentativas para resolver o problema. Não fica claro se a motivação foi controle de danos de relações públicas ou genuinamente humanitária; mas aumentaram os salários (embora com a expectativa de aumento da produtividade); monges budistas foram contratados para conduzir sessões de oração; e os operários foram convidados a assinar promessas de não suicídio.

E, sim, as redes antissuicídio ainda estão lá.

Infelizmente, além da Foxconn, há muitos outros exemplos de tecnocolonialismo, em que as pessoas estão morrendo e sendo exploradas para que possamos twittar um comentário político sarcástico ou compartilhar uma foto do nosso jantar.

Baterias de Sangue

Falemos do Congo. Ele é considerado o país mais rico do mundo em termos de recursos naturais; segundo algumas estimativas, tem US$24 trilhões em minerais e metais vitais. Sim, é rico em ouro e diamantes, mas também em cobalto, encontrado em todas as baterias de lítio do planeta; usadas para carregar todos os nossos smartphones, notebooks, tablets e carros elétricos. Você não consegue twittar, enviar um e-mail, postar no Facebook ou dirigir um Tesla sem isso — e mais de 60% do cobalto do mundo vem do Congo. É um negócio perigoso e sanguinário; todos nós já ouvimos falar de diamantes de sangue, mas agora temos as "baterias de sangue", cortesia da indústria tecnológica e de seu apetite voraz para criar cada vez mais *gadgets* a fim de alimentar o vício global em tecnologia.

Como a necessidade desse minério é imensa, crianças a partir dos 6 anos estão entre as dezenas de milhares daquelas que arriscam suas vidas em meio à poeira tóxica a fim de extrair cobalto para as maiores empresas tecnológicas do mundo. E, nos últimos anos, devido à crescente demanda por tecnologia que elevou os preços do mineral em mais de 300%, há cada vez mais pessoas empobrecidas, segundo algumas estimativas, acima de 255 mil, arriscando a vida pelo precioso elemento.

O cobalto é vendido por mineradores paupérrimos para as "casas de compra", predominantemente chinesas. Em seguida, é enviado à China para processamento e refino adicionais e vendido para os principais fabricantes de componentes e empresas tecnológicas de consumo em todo o mundo.

Essas empresas tecnológicas valem trilhões; no entanto, de acordo com um relatório de 2017 da Anistia Internacional, nenhuma delas está empreendendo esforços suficientes para garantir que a própria riqueza não seja construída explorando os povos oprimidos do Congo, incluindo crianças, que trabalham em condições horríveis por salários irrisórios e arriscam suas vidas no processo.[10]

E quanto ao iPhone na sua mão agora?

Viciados não querem saber de quem teve que morrer ou quem foi explorado para que as folhas de coca fossem convertidas em cocaína ou em crack; ou do sangue que foi derramado para que suas papoulas se tornassem heroína. "Por favor, não seja um estraga-prazeres; não me diga como a salsicha digital é feita, apenas me dê a versão mais recente do meu iPhone, por favor!"

Comprometemos a alma coletiva de nossa sociedade quando ignoramos deliberadamente os horrores que ocorrem, e o sangue que é derramado apenas para que possamos ter um celular mais rápido com uma bateria melhor.

É a culpa no cartório batendo nas portas dos executivos das Big Techs que pensam poder lavar as mãos do sangue que as mancha, porque convenientemente terceirizam o horror a terceiros, como a Foxconn. Sim, pode haver desculpa plausível quando um subcontratado age de forma cruel; e sim, obviamente é mais barato. Mas a questão dos custos é complexa. Muitas pessoas com pontadas de remorso ao segurarem seus iPhones fabricados pela Foxconn com tecnologia do Congo gritaram: "Quanto dinheiro a Apple precisa ganhar?" Na verdade, não podemos simplesmente fabricá-los mais humanamente nos EUA, enquanto a Apple ainda pode faturar zilhões?

Não é tão simples assim. Não é tanto uma questão de mão de obra e seu custo, mas, segundo o CEO da Apple, Tim Cook, uma de cadeia de suprimentos e capacitação. Vejamos como Cook descreveu o problema em um evento da *Fortune* em 2017:

> Existe uma confusão sobre a China... A crença popular é de que as empresa se instalam nela devido ao custo baixo da mão de obra. Não tenho certeza de que parte do Estado estão falando, mas a verdade é que ela deixou de ser o país com um custo baixo de mão de obra há muitos anos. Do ponto de vista da cadeia de suprimentos, isso não é razão para se instalar na China. É por causa da capacitação... Da quantidade e do tipo de capacitação em um só local. Os produtos que fabricamos exigem ferramentas altamente sofisticadas. E é necessário precisão para lidar com essas ferramentas e trabalhar com nossos materiais ultramodernos. E a capacitação do seu uso é importantíssimo aqui. Nos EUA, se houver uma reunião com engenheiro de ferramentas, não tenho certeza se consigo encher uma sala. Na China, é possível encher diversos campos de futebol.[11]

Segundo algumas estimativas, estamos a uma geração de criar a quantidade de capacitação em ferramentas e a cadeia de suprimentos necessária para sustentar a demanda mundial por iPhones. E, hoje, se a Apple começasse a fabricar os aparelhos nos Estados Unidos, estima-se que cada celular custaria US$30.000.[12] Não, não é um erro de digitação.

O dilema ético agora se torna pessoal: você já sabe das redes antissuicídio. E das crianças de 6 anos nas minas do Congo. Uma atrocidade sem tamanho. Então, quanto mais você está disposto a pagar pelo seu iPhone para garantir que seja fabricado de forma humana? Ou você prefere pular essa parte, pegar seu telefone, jogar um *Candy Crush* entorpecente e não ter que pensar sobre isso? Mas antes, daremos uma olhada em outro tipo de tecnocolonialismo e exploração do terceiro mundo em nossa nova distopia digital.

Os Horrores Sofridos Pelos Moderadores de Conteúdo

A cena se parecia com qualquer outra fábrica exploradora em qualquer país do terceiro mundo. Os rostos eram pardos e exaustos, estampando um olhar de desespero resignado. Como em qualquer exploração fabril, existia o desespero da futilidade; a sensação desesperada de que nunca haverá nada mais na vida do que aquela rotina fútil; aquele trabalho braçal, mesquinho e repetitivo feito por horas insuportavelmente cansativas.

Mas esses rostos desesperados estavam em um tipo muito diferente de exploração. Eles trabalhavam duro em frente a telas brilhantes de computador, em cubículos austeros e estéreis. Tudo a serviço de nossas máquinas. Essa fábrica digital exploradora em Bhubaneswar, na Índia, era somente uma das nove localizações globais de uma empresa chamada iMerit; uma das muitas companhias tecnológicas e terceirizadas que sobrecarregavam e pagavam mal seus funcionários para serem os coletores de dados da linha de frente, analisando dezenas de milhares de imagens em uma tela de computador para, assim, alimentar o software de IA. Humanos que trabalhavam em condições desumanas para alimentar e "ensinar" a IA.[13]

Tratava-se de funcionários cansados e com aparência deprimida, trabalhando silenciosa e anonimamente com objetivo de alimentar máquinas de IA mais inteligentes e ávidas por dados. Os afortunados "ensinavam" o software médico de IA a identificar coisas como pólipos do cólon. Já os desafortunados, que estampavam expressões mais traumatizadas em seus rostos, "ensinavam" o programa sobre pornografia infantil e sobre violência explícita. Por isso, eram obrigados a assistir a cenas violentas e sexuais extremamente explícitas e horríveis por horas a fio para ajudar a IA a "aprender" a identificar o que é inapropriado.

Como parte do trabalho, eles tiveram que assistir a zoofilia, a filmes *snuff*, a canibalismo, a estupro de bebês, a desmembramentos, a decapitações... Aos atos mais sombrios e hediondos de depravação de que a espécie humana é capaz para ajudar o software de IA a se tornar mais inteligente na identificação de tais atos. Não importa que muitas dessas pobres almas tenham ficado permanente, irreparável e psicologicamente traumatizadas pelo fluxo constante de imagens repugnantes. As pessoas não importavam, já que o *Digital Daddy* tinha que comer. Além de empresas terceirizadas que contratam funcionários do terceiro mundo para ensinar IAs, também existem aquelas de mídias sociais que contratam outras para empregar "moderadores de conteúdo": eles têm que filtrar o mesmo conteúdo repugnante e horrível que é postado nas mídias sociais. De novo, estamos falando de pornografia infantil, vídeos de suicídio, tortura. Por exemplo, o Facebook emprega mais de 15 mil desses "moderadores"; alguns estão nos EUA, e muitos outros, na Índia e nas Filipinas, empregados por empresas terceiras como a Genpact e a Cognizant.

Na Índia e nas Filipinas, a terceirização de processos de negócios (BPO, na sigla em inglês) explodiu nas décadas de 1980 e 1990, quando as Big Techs começaram a terceirizar funções de apoio em TI ou atendimento ao cliente a países com mão de obra qualificada, porém, mais barata. Hoje, mais de 1,2 milhão de pessoas nas Filipinas e mais de 1,1 milhão na Índia trabalham nesses empregos de BPO. Desse modo, quando o Facebook começou a terceirizar seus moderadores freelances há mais de dez anos, elas se tornaram os países dessas novas "oportunidades" tecnológicas.

Os moderadores são essenciais para a sobrevivência do Facebook; são o superego do monstro sem filtro de nossa identidade mais sombria. Sem eles, o Facebook seria uma plataforma bem mais sombria, violenta e inevitavelmente perderia todos os seus usuários, portanto, os moderadores são essenciais à viabilidade e à lucratividade da nave-mãe — o Facebook.

No entanto, o trabalho propriamente dito é aterrorizante e destrói suas almas. Rafael é o pseudônimo de um homem filipino que falou com a *Rest of World*, publicação global sem fins lucrativos que cobre o impacto da tecnologia além da "bolha ocidental". Ele era um ex-estudante de jornalismo que compartilhou um pouco de sua experiência como moderador superintendente do Facebook.

Rafael alegou que, de início, se sentia confortável moderando o discurso de ódio e a pornografia; mas foi um vídeo explícito de uma criança sendo abusada que realmente o afetou. Fatalmente, isso começou a impactar seus pensamentos e seu comportamento: "Não sou uma pessoa ruim", disse ele à *Rest of World*. "Mas me vi fazendo pequenas coisas diabólicas, dizendo outras das quais me arrependeria. Pensando em coisas que eu não queria." Ele se recorda de ter ficado posteriormente insensível aos horrores que via ao longo do tempo; até mesmo acidentes de carro e abuso infantil não o incomodavam mais: "Chega a um ponto em que você consegue almoçar enquanto assiste a um vídeo de alguém morrendo. Mas no final das contas, você ainda precisa ser humano."

Uma conselheira de uma linha de apoio para trabalhadores de BPO, incluindo o Facebook, alegou que tinha diversos pacientes que começaram a pensar em suicídio após assistirem a conteúdo relacionado a suicídio — um exemplo do efeito de contágio social. As pessoas que ligavam e manifestavam esse tipo de pensamentos suicidas deveriam ser encaminhadas a um conselheiro presencial. Infelizmente, existem barreiras culturais, de estigma e financeiras para se ter acesso a esse tratamento.

Nos Estados Unidos, os moderadores foram sortudos, se é que podemos chamá-los assim. Em 2018, o Facebook chegou a um acordo para pagar US$52 milhões em uma ação judicial coletiva movida por terceirizados que ficaram psicologicamente traumatizados quando foram contratados como "moderadores de conteúdo". Eles alegaram que a gigante das mídias sociais não conseguiu protegê-los adequadamente do dano extremo e profundo de ser exposto a um fluxo contínuo de imagens tão perturbadoras. Os moderadores dos EUA que participaram do processo receberiam um bônus de US$1.000 cada (chame de bônus de insanidade), e aqueles sortudos o bastante para serem diagnosticados psiquiatricamente como resultado de seu divertido trabalho inicial no Facebook receberiam tratamento médico e até US$50.000 em remuneração aos danos. É o equivalente a tentar consertar a casa de uma pessoa e, em seguida, dar-lhe um cheque depois de incendiá-la — pouco demais, tarde demais. Contudo, os moderadores de outros países nem receberam o bônus depois-que-deixamos-você-louco-tome-aqui-um-cheque.

Desde o processo (é lógico), o Facebook concordou em oferecer melhor apoio aos moderadores de conteúdo, inclusive exigindo que empresas terceirizadas oferecessem mais apoio psicológico, afirmando que essas mudanças também serão implementadas para aqueles que trabalham fora dos EUA. No entanto, o processo de 2018 não indeniza os moderadores de outros países que já sofreram danos psicológicos. E, o mais problemático, muitos ativistas de direitos humanos temem que a ameaça de futuros processos semelhantes nos EUA possa apenas incentivar o trabalho de moderadores em outros países, em que direitos trabalhistas são mínimos, e processos como esses são extremamente improváveis de ocorrerem.

Eu havia conversado com uma assistente social em 2019, que havia sido contratada pelo Facebook como terapeuta interna para moderadores com problemas psicológicos em Austin. Disseram a ela que seu trabalho seria fornecer apoio de saúde mental para aqueles que precisavam fazer uma breve pausa e consultar um profissional internamente e em tempo real enquanto desempenhavam suas funções indutoras de trauma. No entanto, antes que começasse oficialmente, o Facebook rescindiu a oferta e disse-lhe que havia escolhido uma opção de suporte de terapia online mais barata.

Somente o melhor para as abelhas operárias da Nova Tecnocracia.

SE ANALISARMOS DE FORMA MINUCIOSA A SITUAÇÃO, VEMOS QUE HÁ UMA espécie de simetria cármica: pessoas do outro lado do mundo sofrem e morrem para que fiquemos presos em uma existência fantasiosa de baboseiras digitais. No entanto, também estamos ficando doentes e morrendo como nosso Digitus Vita.

A ironia é sofisticada: de um lado, operários sobrecarregados de fábricas chinesas e mineiros pobres congoleses estão trabalhando em condições de escravização a fim de fabricar algemas digitais para os ocidentais, assim, também somos escravizados. Do outro lado, moderadores indianos e filipinos estão sofrendo traumas psicológicos para que possamos ficar seduzidos pelo Facebook. Somos *todos* prisioneiros, exceto que nós, ocidentais, não percebemos isso; amamos tanto nossa gaiola tecnológica que nem percebemos que é uma gaiola. Na verdade, queremos *mais* da gaiola.

Entorpecidos e adictos, pedimos obedientemente: "Por favor, senhor, posso tomar mais um pouco?"

São armadilhas letais de mel, mas, com certeza, adoramos o sabor.

Como eu disse antes, é uma forma perversa da síndrome de Estocolmo: não apenas nos apaixonamos por nossos raptores tecnológicos abusivos, como também pelas gaiolas digitais em que eles nos colocaram.

Com qual finalidade? O que a Nova Tecnocracia quer? É apenas ganância?

8

Complexos de Deus e Imortalidade

Imortalidade Tecnológica

Ao pesquisar para escrever este livro, descobri que não se tratava apenas de ganância (embora isso seja sempre um fator); ela em si é demasiadamente trivial para as pessoas mais poderosas que já viveram. É muito antiquada.

Mas então, o que *está* motivando esses gênios bilionários e egocêntricos com complexos de Deus?

A IA senciente ou, mais precisamente, AGI — Inteligência Artificial *Geral* — pode ser *a* fase final para a Nova Tecnocracia. A AGI é uma forma de vida sintética pensante, capaz de aprendizagem, senciente. Para além do simples uso de algoritmos preditivos na economia da atenção ou da IA específica usada em tudo, desde carros autônomos até pesquisas médicas, ela seria a coisa mais próxima do momento "Está vivo!" do Dr. Frankenstein. E mais do que isso... Levaria... À *singularidade* que literalmente desafia a morte.

O que seria singularidade? Trata-se do conceito quase mítico de um futuro próximo em que humanos e máquinas se fundirão à medida que transcendemos nossas limitações biológicas e nos tornamos transumanos. Idealizado como o próximo passo rumo à nossa evolução, outros a chamam de *consciência digital*, em que a mente humana poderia ser carregada para uma superinteligência imortal em nuvem — o que alguns batizaram de "o arrebatamento dos *geeks*".

Parece coisa de louco, eu sei. No entanto, pessoas endinheiradas e com complexos de Deus muitas vezes são loucas. Basta examinar a trilha do dinheiro e o investimento em pesquisa sobre longevidade, AGI, *Singularity University* ["Universidade da Singularidade", em tradução livre] e a devoção a Ray Kurzweil, o sumo sacerdote da singularidade.[1]

Kurzweil não é nenhum desajeitado; formado pelo MIT, diretor de engenharia do Google e autor do best-seller *A Singularidade Está Próxima*, ele é venerado pela Nova Tecnocracia por sua visão transumana: "Ray Kurzweil é a melhor pessoa que conheço para prever o futuro da inteligência artificial. Um futuro no qual as tecnologias da informação evoluirão tão rápido e chegarão tão longe que possibilitarão à humanidade transcender suas limitações biológicas", disse Bill Gates, devoto entusiasmado. Assim como os garotos do Google, Sergey e Larry, que financiaram a Singularity University de Kurzweil no Centro de Pesquisa Ames da NASA, na Califórnia, e investiram um bilhão de dólares na Calico, empresa de "longevidade". E Jeff Bezos, da Amazon, o bilionário fundador do PayPal, Peter Thiel, e Larry Ellison, da Oracle, investiram centenas de milhões de dólares em pesquisas antienvelhecimento, todos afirmando o desejo de desafiar a morte física — por meios biológicos ou digitais.

Um cientista do Vale do Silício analisou a vaidade e o narcisismo envolvidos nessa busca pela imortalidade: "Ambos têm como base a frustração de muitos ricos bem-sucedidos de que a vida é muito curta: 'Temos todo esse dinheiro, mas nossa expectativa de vida é normal?'"

E Kurzweil acrescenta "Deus" no *complexo de Deus*: "Quando a inteligência não biológica se estabelecer no cérebro humano, a inteligência de máquina em nossos cérebros crescerá de forma exponencial." Com qual objetivo? "Em última análise, todo o universo ficará impregnado com a nossa inteligência." Questionado sobre sua opinião sobre Deus: "Se Deus existe? Eu diria 'Ainda não'." *Quanta* humildade.

Complexos de Deus e Imortalidade

Pense a respeito. Coloque-se no lugar de um pequeno grupo que resolveu quase todos os problemas do mundo por meio de seus poderes quase mágicos de inovação tecnológica. Ele passou a enxergar a tecnologia como a cura para *todos* os males da sociedade; na realidade, ela nos possibilitou alimentar melhor as massas, curar doenças, facilitar a vida e conectar melhor o mundo. Assim sendo, por que não estender esse poder ao mistério derradeiro que a humanidade enfrenta — aquele que sempre pareceu inescapável e inevitável? Por que não invocar os deuses tecnológicos para o dilema existencial supremo? Sério, por que não tratar a mortalidade como um problema técnico e não metafísico? E por que os poderosíssimos Senhores da Tecnologia não deveriam ser os únicos a finalmente superar essa praga existencial?

Responderei à pergunta "por que não viver para sempre como uma inteligência digital?" invocando a sabedoria de meu querido pai falecido: porque não é assim que os humanos devem viver — ou não morrer. Não somos programados para sermos formas de vida em nuvem... Ou algum tipo de computador de silício em que foram carregados nossos engramas de memória. Logicamente, entendo a noção de enganar a morte; a maioria das pessoas não *quer* morrer. Ernest Becker escreveu o pioneiro *A Negação da Morte*, em que denomina todas as atividades e realizações humanas, basta escolher: arte, procriação, construção de arranha-céus, como uma maneira de enganar a morte biológica e viver para sempre, pelo menos, simbolicamente.[2]

Talvez nossa capacidade única de idealizar o futuro e, assim, nossas próprias mortes, já que a maioria dos animais morre alegre e zen, tenha resultado em nosso medo dela, na forma de "ansiedade da morte" ou "ansiedade de Thanatos".

A religião e a crença na vida após a morte podem ajudar a atenuar o medo da mortalidade, assim como determinadas drogas psicoativas (a pesquisa com psilocibina em pacientes já em cuidados paliativos na NYU, conduzida por meu amigo e colega Dr. Tony Bossis, tem demonstrando resultados surpreendentes em relação à eliminação da ansiedade da morte). E há aqueles poucos sortudos com um forte senso de *aceitação*. Aceitam, ouso dizer, até mesmo amam, seu destino, o que Nietzsche chamou de *amor fati*, expressão em latim cujo significado é amar ou aceitar tudo o que está destinado a acontecer com você. A turma do *amor fati* não está querendo se juntar a Elon Musk em Marte ou a Kurzweil em algum tipo de consciência em nuvem. Já consigo ouvir os argumentos lógicos: "Bem, então por que não aceitar tudo isso? Toda a catástrofe, já diria Zorba, da vida? Doença, falência, divórcio... Por que intervir em qualquer uma dessas coisas? Afinal, os Cientistas Cristãos não tomam nem uma aspirina, pois acreditam que a oração transcendental pode curar todos os nossos males."

Veja bem, eu nem chegaria a esse nível. Existe um ponto de equilíbrio — e um limite ético. Em termos medicinais, os prodígios da ciência são extraordinários, como a cura de enfermidades letais que assolaram a humanidade há milhares de anos. No entanto, as noções se tornam um pouco tenebrosas quando começamos a nos envolver com determinadas pesquisas e tratamentos que ultrapassam as barreiras do paradigma do complexo de Deus. Cirurgia cardíaca: boa; clonagem: talvez, não tão boa assim; quimioterapia: sim, necessária às vezes; pesquisa viral de ganho de função: não tão boa. E enganar a morte ao se tornar uma forma de vida digital? Não, obrigado, eu me recuso. Todas essas questões complexas são da alçada de filósofos e de especialistas em ética, não de cientistas da computação que nem estudaram cálculo ético.

Imagine por um momento se realmente existisse uma realidade espiritual pós-morte, seja lá o que isso possa ser. E imaginemos ainda que exista um lugar incrível, onde sua alma/energia/consciência passará a viver. Só que você não consegue vivenciar essa sagrada evolução espiritual e energética porque sua consciência está aprisionada em um computador em algum lugar. Ao tentar viver para sempre, você fica preso em um purgatório digital, que lhe nega a imortalidade espiritual. Não seria uma bela de uma bosta? Isso se, de fato, existir uma realidade espiritual.

O problema é: nós simplesmente não sabemos, definitivamente não. Claro, alguns têm fé, e outros talvez até tenham visto metafisicamente a vida após a morte. Contudo, na maioria das vezes, a morte continua sendo o grande mistério. Não para os nossos solucionadores de problemas do Vale do Silício — eles simplesmente enfiarão por nossa goela abaixo uma tigela cheia de algoritmos de imortalidade e pronto! Estaremos viajando à velocidade da luz fantástica — em um computador, com um holograma ou no metaverso — imortais, porém, não vivos.

Independentemente disso, antinatural ou não, nossos bilionários da tecnologia do "eu consigo o que quero" querem a singularidade, e a querem mais do que depressa. E resolver esse enigma exigirá mais do que somente dinheiro:

precisará de quantidades gigantescas de recursos, volumes inimagináveis de dados, do crescimento exponencial contínuo da velocidade de processamento computacional, das principais inovações biológicas e da criação da AGI. As inovações biológicas visando ao prolongamento da vida são críticas, já que o pensamento é: "É preciso viver o suficiente para viver para sempre"; Deus me livre que o receptáculo biológico expire antes da singularidade.

Não acredita em mim? Pesquise no Google. Baita ironia, não?

A singularidade também exigirá a escravização, a exploração e a subjugação ininterruptas das abelhas operárias da sociedade — nós. É necessário que fiquemos digitalmente distraídos e imersos em nosso estado de sonho virtual para que os poucos seletos conquistem seu objetivo desejado. Os proprietários das plantações precisavam de escravizados para colher algodão e aumentar sua riqueza material. No entanto, a geração nova de suseranos nos aprisionou em gaiolas digitais e, motivados pela necessidade de ganhar quantias astronômicas de dinheiro, querem mobilizar recursos para que, futuramente, sejam os primeiros humanos a alcançar a imortalidade aprimorada pela tecnologia.

Mas essa ideia de humanos se tornarem deuses, ou mesmo brincarem de Deus, nunca acaba bem.

A Arrogância

Como crianças que aprendem lentamente, seguimos repetindo os erros do passado e nos esquecendo da lição fundamental de que a história se repete: as invenções e as inovações tecnológicas mais ambiciosas da humanidade são indissociáveis de nosso lado sombrio. De Ícaro a Oppenheimer, morder o fruto da árvore do conhecimento sempre tem um preço alto. É o fardo do arquétipo de Frankenstein: o Dr. Frankenstein criou a vida, mas, com ela, gerou um monstro letal; descobrimos os mistérios do átomo, mas também criamos uma bomba com um poder devastador que poderia destruir toda a nossa espécie.

O chefe do Projeto Manhattan, Robert Oppenheimer, citou o famoso Bhagavad Gita quando presenciou detonação da primeira bomba atômica no Novo México: "Agora me tornei a morte, o destruidor de mundos." A posteriori, quando os detalhes da terrível destruição em Hiroshima e em Nagasaki chegaram aos ouvidos dos cientistas do Projeto Manhattan, muitos começaram a questionar tardiamente o que haviam feito.

Oppenheimer visitaria o presidente Truman após os bombardeios no Japão para conversar com ele sobre controles internacionais de armas nucleares. Truman, preocupado com o desenvolvimento nuclear soviético, demitiu o físico. Quando Oppenheimer se queixou, alegando que se sentia obrigado a agir porque tinha sangue nas mãos, o presidente repreendeu furiosamente o cientista arrependido e lhe disse: "O sangue está nas minhas mãos, deixe que eu me preocupo com isso." E, em seguida, ele o expulsou do Salão Oval.[3]

Um recém-humilhado Oppenheimer acabou descobrindo que não há chance alguma quando se trata de uma bomba atômica. Essa mesmíssima insanidade perdura até hoje: cientistas cegos pela glória, com complexos de Deus estão criando de tudo, desde novos vírus até microburacos negros e IA senciente.

Ciência e arrogância não formam um bom time. A equipe Truman-Oppenheimer era fascinante em alguns níveis diferentes. A insistência de Truman de que ele próprio fosse o único a "se preocupar" com as consequências do lado sombrio de nossa tecnologia levanta a questão: quem deveria estar se preocupando com isso?

Ainda que os cientistas possam ter boas intenções, não raro, eles ficam cegos pela ambição ou simplesmente pelo foco obstinado, necessário para criar inovações. Como vimos com Oppenheimer, uma vez que o gênio é solto da garrafa, o cientista não exerce mais controle sobre sua criação. Ela ou assume uma vida e rumo imprevisíveis (ou seja, o monstro de Frankenstein; a internet) ou se torna propriedade e posse de entidades mais poderosas (ou seja, o governo; CEOs corporativos; a Nova Tecnocracia) que podem ter planos e prioridades sobre como usar essas invenções novas e maravilhosas.

Quem decide sobre o melhor uso dessas maravilhas modernas? Os *geeks* da tecnologia que transformaram nosso planeta foram geniais; mentes incríveis que poderiam solucionar problemas e inovar. No entanto, a resolução de problemas e a inovação nunca devem ser confundidas com *sabedoria*. E, aparentemente, essa é uma das principais desconexões em nosso Admirável Mundo Novo: nossa tecnologia está superando nosso discernimento ético em relação a tais avanços. E mesmo que tendamos a endeusar nossos cientistas, eles raramente aprendem a ética e tomada de decisão baseadas em princípios morais.

Complexos de Deus e Imortalidade

Por isso, Platão alegou que os líderes ideais de uma sociedade seriam reis filósofos sábios, versados nos princípios da ética e da filosofia moral.[4] Ele compreendia que os tomadores de decisão não deveriam ser os generais, nem os políticos, nem os matemáticos, tampouco pessoas com conhecimento técnico. Esses eram ótimos para projetar e construir a Acrópole ou desenvolver o iPhone da próxima geração, mas não deveriam receber a pesada coroa da liderança. Já não pensamos assim. Confundimos conhecimento técnico com sabedoria.

E seria tremendamente ingênuo acreditar que os cientistas são imunes às armadilhas do ego que acompanham seu ofício. Além do reconhecimento profissional e dos elogios que a maioria das pessoas naturalmente busca, eles têm uma armadilha adicional para o ego; como a Dra. Kathleen Richardson, especialista em robótica e ética em IA, destaca sobre muitos pesquisadores e engenheiros do ramo: "Muitos têm um complexo de Deus. E eles realmente se enxergam como criadores."[5] Como sabemos, a história de pessoas inteligentes que pensam que são Deus nunca termina bem, nem em livros, nem filmes, nem na vida real.

Vejamos os físicos do Grande Colisor de Hádrons (LHC, na sigla em inglês) da Suíça, o maior colisor de partículas — e, na verdade, a maior máquina — do mundo. É um exemplo fenomenal de nossa tecnologia mais avançada; o autor de best-sellers, físico e famosíssimo Brian Greene o considera "o equipamento mais sofisticado para examinar o micromundo". No entanto, os cientistas responsáveis pela máquina têm uma abordagem bastante presunçosa, devido à sua busca de criar microburacos negros; versões minúsculas em escala infinitesimal do maior fenômeno capaz de engolir sistemas estelares inteiros. Eles tentam tranquilizar um público preocupado que se tornou cada vez mais apreensivo de que seus microburacos negros possam se desestabilizar e se tornar buracos negros que podem destruir a Terra. Ou, pior, que seus experimentos com a partícula do bóson de Higgs (também conhecida como "a partícula de Deus") possam potencialmente desestabilizar o vácuo do espaço vazio, provocando sua destruição — e aniquilando todo o universo.

Mas as massas apreensivas são instruídas a parar de se preocupar, porque isso *não deve* acontecer.

Ao ser questionado sobre alguns dos modelos teóricos que podem sinalizar se algo sair errado, por mais remota que seja a possibilidade, sobretudo quando humanos tentarem criar buracos negros, John Ellis, teórico do King's

College London (que também participou de um painel encarregado de garantir a segurança do LHC) ficou claramente perplexo: "Nem vou perder meu sono com isso. Se alguém me perguntar, vou dizer que é muito burburinho teórico."[6]

Sim, somente um "burburinho teórico" que indica que existe, de fato, a possibilidade, por mais remota que seja, de que possamos todos cair em um abismo eterno como resultado da sua obsessão por buracos negros. Nada de mais. Eu falo sério, nem perca o sono por causa disso.

E esse é o problema. Quem decide quando os riscos superam as recompensas? Os cientistas de olhos esbugalhados trabalhando em suas bolhas absortas que são compulsivamente levados a descobrir coisas, mesmo que essas descobertas possam nos matar? Ou seus suseranos poderosos das Big Techs que financiam a maior parte de suas pesquisas e trabalhos?

Admito, nem todos os cientistas ficam cegos pela luz da própria ambição ou da própria necessidade de descobrir ou criar, custe o que custar. Alguns, como Stephen Hawking, talvez o maior pensador de nossa geração, foram decididamente mais cautelosos e tentaram advertir sobre as apreensões e motivos de se criar a IA senciente. Quando perguntado sobre IA e seu impacto potencial na humanidade, ele não mediu suas palavras geradas por computador: "O desenvolvimento da inteligência artificial completa pode significar o fim da raça humana. Essa IA decolaria por conta própria, criando o próprio design em um ritmo cada vez maior. Os seres humanos, limitados pela lenta evolução biológica, não poderiam competir e seriam substituídos."[7]

Substituídos. Esse Hawking! Ele tem um jeito tão doce de dizer que seríamos aniquilados.

O renomado cientista da computação e especialista em ética Steve Omohundro alerta que, sem uma programação minuciosa, nosso avançado Bebê Frankenstein de AGI pode ter "motivações e objetivos que talvez não compartilhemos". Você sabe, objetivos como, talvez os seres humanos estejam obsoletos e precisam ser eliminados.

Acho esse medo compreensível, porque desafia a lógica de que uma superinteligência queira conviver com uma espécie tão inferior e lenta como nós, muito menos agindo como sua chefe ou procurando se fundir com ela. Certamente não no primeiro encontro. Talvez essa IA faça o download de apenas um episódio do *Keeping Up with the Kardashians* e decida lançar todas as ogivas nucleares juntas para acabar com a raça humana de vez. Nunca se sabe.

Risco vs Perigo

E esse é o problema. Quem decide quando os riscos superam as recompensas em todos esses experimentos de IA, de buraco negro, de prolongamento de vida, de manipulação genética e de ganho viral de função?

O autor de *Our Final Invention* ["Nossa Invenção Final", em tradução livre], James Barrat, descreve a época, em 2009, quando a *Association for the Advancement of Artificial Intelligence* ["Associação para o Avanço da Inteligência Artificial", em tradução livre] (AAAI) reuniu líderes tecnológicos, cientistas da computação e diversas elites tecnológicas — mas se esqueceram dos especialistas em ética. Ninguém do *Institute for Ethics and Emerging Technologies* ["Instituto de Ética e Tecnologias Emergentes", em tradução livre] ou do *Future of Humanity Institute* ["Instituto Futuro da Humanidade", em tradução livre] ou Steve Omohundro.

Ao contrário, segundo Eric Horvitz, organizador e proeminente pesquisador da Microsoft: "Algo novo aconteceu nos últimos cinco a oito anos. Os especialistas em tecnologia têm visões quase religiosas, e, de certa forma, suas ideias estão repercutindo com a mesma noção do arrebatamento." Quando ouvimos que os cientistas estão tendo "visões quase religiosas" ao mesmo tempo que estão desenvolvendo a IA, a singularidade e o metaverso, é hora de recuar, abrir mão do computador e chamar um especialista em ética — ou um exorcista. Escolha qualquer um dos dois.

Quanto mais descobria sobre a IA (bem como sobre os cientistas incompreensivelmente ingênuos, arrogantes e responsáveis por ela e a não tão ingênua Nova Tecnocracia que os coordena), mais eu percebia que estava chegando a hora de despertar antes que a tão esperada singularidade se concretizasse. A singularidade, como explicado anteriormente, é o santo graal da AGI (inteligência geral artificial em contraste à IA mais específica). Essa singularidade quase mítica se torna um divisor crítico de águas uma vez que os robôs se tornarem sencientes, e ocorrer a convergência do homem e da máquina.

E, aliás, podemos examinar com mais detalhes os perigos da distopia digital. Por exemplo, as IAs existentes, como a DeepMind e a AlphaZero do Google, são computadores de aprendizado de máquina com capacidade incrível de se tornarem exponencialmente mais inteligentes à medida que se aproximam do que poderíamos chamar de verdadeira consciência senciente. Podemos prever o que pode dar errado.

Mas existem os truques baratos digitais que nos mantêm hipnotizados: a fantástica história de como a DeepMind e a AlphaGo venceram o campeão mundial no jogo mais complexo conhecido pela humanidade: o Go, um jogo de tabuleiro chinês milenar tão complexo que prevê mais movimentos no tabuleiro do que átomos no universo. E a DeepMind, na frente de dezenas de milhões de telespectadores no Sudeste Asiático, detonou Lee Sedol, o atual campeão mundial. Magnífico. Uma IA que pode aprender a jogar muito bem jogos de tabuleiro. Qual o próximo... Monopoly?

Na verdade, as apostas são um pouco mais substanciais do que vencer jogos de tabuleiro. Na época, como muitos cientistas ressaltaram, a subjugação de Lee Sedol foi um alerta e um divisor de águas do quanto a IA havia evoluído e da rapidez desse processo. Elon Musk, autoridade na área, alertou sobre os perigos da DeepMind ao afirmar pela primeira vez o óbvio: "A DeepMind é mais inteligente do que todos os humanos na Terra juntos." E alertou:

> Ela tem acesso de nível administrativo aos servidores do Google para otimizar o uso de energia nos *data centers*. No entanto, isso talvez seja um cavalo de Troia inesperado. Como a DeepMind precisa ter controle total deles, basta uma simples atualização de software, e a IA pode assumir o controle total de todo o sistema do Google. Ou seja, ela pode fazer qualquer coisa. Pode analisar todos os seus dados. Pode fazer qualquer coisa mesmo.

E ainda há os androides de IA; assustadores robôs interativos antropomórficos desenvolvidos para parecerem humanos. Vejamos alguns dos androides mais atraentes e sofisticados, tão próximos dos humanos quanto qualquer coisa que *Jornada nas Estrelas* já desenvolveu. Impressionantes e aterrorizantes, esses androides de IA têm tendências como deixar escapar comentários sobre a destruição da humanidade. Crianças!

Por exemplo, androides como Erika, obra realista do professor Hiroshi Ishiguro, diretor do *Intelligent Robotics Laboratory* ["Laboratório de Robótica Inteligente", em tradução livre] da Universidade de Osaka. Ishiguro afirma que "não vê diferença" entre suas criações androides e as pessoas. Quando a estranhamente sorridente Erika é entrevistada pelo biólogo evolucionista Dr. Ben Garrod, que lhe pergunta "O que é um robô?", ela responde sabiamente: "É uma pergunta difícil. Eu poderia lhe perguntar o que é um ser humano?" E depois ri: "Ha ha!" À medida que dezenas de cilindros pneumáticos de ar debaixo de sua pele de silicone se movem sutilmente para mudar suas expressões faciais, Erika continua: "Gosto de pensar nos robôs como filhos da humanidade. E, como as crianças, estamos cheios de potencial, para o bem ou para o mal".[8]

Uhum. Não sei você, mas não tenho certeza se gostei dessa resposta.

Ok, vamos lá: a AGI está avançando rapidamente, temos a Igreja da Singularidade e seus seguidores, e, não podemos esquecer, há o metaverso, o universo desenvolvido por Mark Zuckerberg no qual ele gostaria que todos nós vivêssemos.

O Metaverso

O conceituado *Web Summit* de 2021 em Lisboa, Portugal, estava em pleno alvoroço devido às alegações recentes e explosivas contra o Facebook feitas pela delatora Frances Haugen, que também estava presente. Ao contrário dos anos anteriores, Mark Zuckerberg e sua COO do Facebook Sheryl Sandberg não compareceram; em vez disso, Nick Clegg, ex-político britânico que agora é chefe de assuntos e comunicações globais da empresa, e Chris Cox, diretor de produtos, representaram o Facebook — virtualmente.

Aparentemente, a equipe do Facebook estava tentando manter a discrição, ainda que Zuckerberg tivesse acabado de anunciar com entusiasmo, em um entrevista coletiva, o novo nome e a marca de sua empresa, Meta, revelando, sem mais nem menos, que o Facebook não seria mais uma empresa de *mídias sociais*, e, sim, "uma empresa do metaverso".

Em outubro de 2021, quando ele anunciou a mudança de nome para Meta, Zuckerberg descreveu efusivamente o metaverso que sua empresa logo criaria, prometendo que seria um mundo "tão detalhado e convincente quanto este", em que "seríamos capazes de fazer quase tudo que se possa imaginar". O Facebook lançou vídeos com um tour do metaverso (hologramas em todos os tipos de atividades, como jogar xadrez, assistir a shows, ir a reuniões de trabalho). A empresa também anunciou planos de contratar dez mil pessoas para trabalhar no projeto em tempo integral e alocar US$10 bilhões para o Reality Labs, departamento encarregado de criar o metaverso. E Zuckerberg declarou oficialmente que espera ter um bilhão de pessoas vivendo em seu Planeta de Fantasia.

Como um egomaníaco embriagado pelo poder, ele pretende gastar bilhões criando um mundo que controlará, e no qual nós — e nossos dados — possamos viver. Não, obrigado. Lembro-me do velho Groucho Marx dizendo: "Não quero pertencer a nenhum clube que me aceite como membro" — muito menos a um clube ilusório chamado "metaverso de Zuckerberg".

O que é exatamente o metaverso?

A Matrix com outro nome. O termo propriamente dito foi usado pela primeira vez em *Snow Crash*, romance de ficção científica de Neal Stephenson de 1992, mas seu uso atual se refere à convergência da realidade física aumentada e da virtual em um espaço online compartilhado. Alguns também a chamam de "internet espacial" ou "internet incorporada", na qual realmente moramos e com a qual interagimos. A ideia central do metaverso é: a criação de novos espaços, nos quais, em teoria, as interações das pessoas poderão ser mais multidimensionais, e os usuários serão capazes de imergir no conteúdo digital em vez de simplesmente visualizá-lo.

Dr. David Reid, professor de IA e de computação espacial na Universidade Liverpool Hope, explica além: "O objetivo final do metaverso não é apenas realidade virtual ou realidade aumentada, é realidade mista (RM). É fundir o mundo digital e o mundo real. Em última análise, isso pode ser tão bom ou tão invasivo que o virtual e o real podem se tornar indistinguíveis".

A grosso modo, estaremos habitando a ilusão digital.

O professor Reid explicita o potencial perigo de uma situação dessas: "Seja lá quem a controle basicamente exercerá controle sobre *toda a* nossa realidade. Muitos sistemas atuais de protótipos de RM têm tecnologia de rastreamento facial, ocular, corporal e manual. A maioria tem câmeras sofisticadas. Alguns até incorporam a tecnologia de eletroencefalografia (EEG) a fim de identificar padrões de ondas cerebrais. Em outras palavras, na RM, tudo o que dizemos, manipulamos, olhamos ou até *pensamos* pode ser monitorado. Ela gerará quantidades astronômicas de dados extremamente valiosos. Por isso, precisamos de um sistema para policiá-la. Nenhuma empresa sozinha deve ter esse controle, isso é importante demais para que isso aconteça."

A delatora do Facebook Frances Haugen concorda. Em entrevista à *Associated Press*, ela alertou que o metaverso não será somente viciante, como também roubará das pessoas ainda mais dados pessoais, concedendo à empresa mais monopólio. Haugen acredita que Zuckerberg e o Facebook se apressaram em anunciar o metaverso para desviar a atenção das severas críticas enfrentadas pela companhia diante de suas revelações, que enfureceram o público e que fortaleceram o Congresso e os países ao redor do mundo, pressionando por legislação e fiscalização regulamentar.

"Se não gosta da conversa, você tenta mudar o assunto", disse a ex-funcionário do Facebook.

De volta ao *Web Summit*, em Lisboa, Clegg e Cox discutiram o projeto do metaverso de Zuckerberg, ao mesmo tempo que diminuíram as expectativas sobre quando ele estaria pronto para ser habitado: "Vai levar uns cinco, dez ou quinze anos até que se concretize totalmente", disse Clegg. E Cox, talvez percebendo o absurdo de todo o projeto, acrescentou: "Não deve substituir a vida real. Nada deveria."

FICA CLARO QUE ESTAMOS À BEIRA DE UM PERÍODO DE TRANSFORMAÇÃO para a nossa espécie. Mas essa transformação seria para melhor ou resultaria em nossa própria extinção?

Como ressaltei, nosso novo estilo de vida sedentário e dependente digitalmente está nos enlouquecendo e, na verdade, nos matando; inúmeras pesquisas demonstram que a vida altamente tecnológica está estimulando índices recordes de transtornos psiquiátricos (ou seja, depressão, ansiedade, adicção) que contribuem para nossos níveis epidêmicos de suicídio, overdose e tiroteios em massa. E os danos ultrapassam nosso bem-estar mental; estamos vivenciando índices recordes de doenças cardíacas, obesidade e câncer, assim como toda a nossa sociedade está implodindo, aparentemente em uma bola incandescente de fogo polarizadora e furiosa de agitação social.

E temos um grupo de oligarcas tecnológicos megalomaníacos em busca de imortalidade que não querem nada além de nos viciar, coletar nossa "exaustão digital" e nos inserir em uma realidade alternativa e ilusória — que eles controlariam.

Como George Carlin costumava dizer, "estamos felizes e saltitantes".

Tudo muito desolador. Mas tem que haver esperança, certo? Deve haver uma maneira de nos fortalecermos para não sermos meros "usuários" de algum metaverso maldito de realidade sintética e nem dados extraídos por oligarcas das Big Techs que, em sua busca pela imortalidade digital, querem angariar ainda mais recursos. Existe um antídoto, não é?

Sim. Existe.

Descobri esse antídoto por meio de minha odisseia pessoal, meu encontro com a morte e minha luta contra meu próprio vazio. Talvez minha experiência seja útil.

PARTE 3

A CURA MILENAR

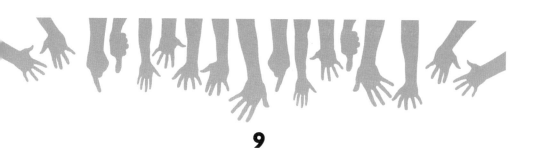

9

Minha Odisseia Pessoal

Luzes Brilhantes, Cidade Grande

Há mais de vinte anos, como resultado de uma vida deletéria, eu me encontrava à beira de um coma.[1] Já lera sobre os afamados túneis e as luzes brancas das experiências de quase morte; sobre amigos e parentes falecidos sorrindo serenamente, dando ao competidor moribundo do outro lado da linha de chegada as boas-vindas amorosas ao lar e um abraço caloroso de brilho convidativo.

E, no entanto, cheguei tão perto da inexistência quanto a ciência médica afirma ser humanamente possível: fiquei sem pressão arterial sistólica (sem pulso ou sem batimento cardíaco) por mais de uma hora, em seguida, milagrosamente, fui reanimado de um delicado coma graças à habilidade e às mãos hábeis dos melhores médicos do New York Presbyterian/Weill Cornell Medical Center, em Manhattan... E o que ganhei com minhas tentativas de desafiar a morte?

O irmão sorridente de Larry King, Marty.

Isso mesmo, após sofrer uma parada cardíaca por mais de uma hora, depois de ficar em um coma bastante indigno por uma semana, com tubos em todos os meus orifícios e ficar prostrado na unidade cardíaca por mais uma semana, acordei, abri meus olhos e não vi as trombetas do céu nem qualquer brilho branco acolhedor. Acordei com as ofuscantes luzes fluorescentes da unidade cardíaca em que dividia o quarto com o irmão convalescente de Larry King, Marty, que acabara de passar por uma cirurgia de ponte de safena. Enquanto eu lentamente recobrava a consciência, ele se inclinou sobre mim e sorriu. "Você conseguiu, garoto! Acharam que iam te perder!"

Cruzes. Eu havia morrido e ido para o inferno? Era um dos nove círculos de Dante?

Como Siddhartha antes de mim, eu havia vivido uma vida de excesso, na variedade do século XX: sexo, drogas e *rock and roll*. E o resultado era um homem destroçado de 36 anos, vazio, sem esperança, que não queria mais viver, que fugia de seu desespero e de sua autoaversão por meio de injeções diárias de heroína de alta qualidade.

Era uma vez um conhecido dono de boate de Nova York arrebatado pelas delícias do próprio ego destrutivo que aquele mundo tinha a me oferecer. Do final da década de 1980 até a de 1990, eu era o jovem formado em uma universidade da Ivy League e proprietário de diversas das casas noturnas mais badaladas e descoladas de Manhattan; locais muito populares, frequentados por celebridades como John F. Kennedy Jr., Tom Cruise e Uma Thurman.

Para um rapaz de classe média do Queens, era tudo muito inebriante. Lembrando que *não* era a minha escolha original de carreira depois da universidade; como Dustin Hoffman no filme *A Primeira Noite de um Homem*, abandonei a pós-graduação, optando por trabalhar no "mundo real". No entanto, as realidades opressivas de um trabalho tedioso e corporativo me levaram, quase por acidente, a um emprego de meio período em uma boate de Manhattan enquanto buscava algum escape e emoção de uma vida na qual já me sentia preso. Fruto de muito suor e energia, logo consegui largar meu emprego diurno e abrir minha própria boate — minha tentativa de sonho americano —, que, milagrosamente, se tornou um lugar muito divulgado e frequentado.

Mas era tudo ouro de tolo. Diversos anos de glamour e bons momentos foram seguidos por vários outros em um inferno de vício que me levou ao precipício da inexistência. Saí das luzes brilhantes da pista de dança para as luzes austeras da unidade de terapia intensiva. Nada glamoroso.

Não é uma história incomum: ao buscar uma Vida Boa, encontrei uma Vida Louca, que então me deixou Sem Vida. Enquanto estava deitado naquele leito de hospital, fiquei me perguntando como minha vida tinha dado tão errado. Como um garoto legal de boas escolas, vindo de uma família honesta e trabalhadora, acabou num caos anárquico como aquele? Até parece que eu não sabia. Eu me considerava um cara razoavelmente inteligente, com pais imigrantes gregos, amorosos e atenciosos que sacrificaram *tudo* para ajudar a me criar da melhor forma que sabiam. Não significa que não havia problemas; afinal, ninguém sobrevive às atrocidades da Alemanha nazista da Segunda Guerra Mundial sem algumas cicatrizes mentais e emocionais. Apesar de suas infâncias traumáticas, meus pais me tratavam com mais amor e orientação do que a maioria das crianças que conheci na Bronx High School of Science eram tratadas. Estudei em escolas excelentes, tinha pais amorosos e, segundo a maioria dos relatos, era considerado forte e em forma; que loucura, em 1985, fui campeão nacional de caratê da AAU.

Aparentemente, nada disso importava.

Minha vida pré-coma estava indo por água abaixo e pelo ralo em um ritmo crescente, como um inseto jogado em um vaso sanitário descendo em círculos com a descarga. Caí no esquecimento, oprimido por uma vida que antes parecia tão grande, ousada e bela — que aparentemente se voltou contra mim; minha vida outrora maravilhosa era uma ilusão de sucesso material e excesso hedonista. Acima de tudo, eu havia perdido minha âncora e meu senso de propósito; como o balão de ar quente cuja corda que o prendia ao chão é cortada, eu estava sem rumo.

Podemos viver na superfície da superficialidade e das distrações fúteis por anos, até as circunstâncias destruírem nossa ilusão. Quando cessou o riso nervoso, percebi meu vazio. Vidas grandes e vazias podem desmoronar com a força de um prédio durante um terremoto. Por mais que a fachada pareça resistente, sem a força interior, a estrutura inteira pode vir ao chão, mesmo que nos pareça ser feita de aço e determinação.

Quando o vício me derrubou, e eu perdi tudo — meu negócio, minha identidade, minha saúde física e certamente minha saúde mental —, me senti tão vazio quanto o buraco de um donut. Eu não passava de um nada... Estava despreparado mental, psicológica e espiritualmente para o que parecia ser a crueldade de um mundo indiferente e de uma cidade que não se importava muito se eu me sentia sozinho ou vazio. Em megacidades como Nova York, a solidão é mais intensa. Você anda de metrô com centenas e milhares de rostos anônimos, desprovidos de qualquer humanidade; inúmeras cabeças, como gado em um vagão para animais. Dá para sentir o hálito de um rosto anônimo literalmente a centímetros do seu: o cheiro de sanduíche de ovo e bacon com café. Mas você não sabe o nome dessas pessoas, e, com certeza, elas não querem saber o seu.

Tenha pena do pobre turista que se atreve a fazer contato visual.

Descobri que uma coisa é comungar sozinho com seus pensamentos em uma cabana na montanha; outra é ficar sozinho com rostos desfocados que passam constantemente por você em um mundo demasiadamente frenético, onde pouco importa se alguém passou mal e precisa de um momento. Aguente o tranco ou seja arrastado. Eu fui arrastado.

Sem que soubesse na época, eu estava nadando contra uma maré cultural para a qual minha criação de classe média em Nova York não havia me preparado. Na verdade, essa educação e minha busca pelo que eu pensava ser o sonho americano estavam alicerçadas em dinâmicas mais amplas que contribuíram para minha falta de resiliência. Isso me tornou um nadador da pior espécie: da que fica dando braçadas nas águas de uma sociedade antiética ao bem-estar físico, emocional e psicológico do indivíduo.

Deitado em meu leito de hospital e olhando pela janela, vi o Rio East e me convenci de que estávamos em Rio Grande ou em Hong Kong. Ao que parece, meu cérebro estava me pregando peças de quase morte, fenômeno que eu identificaria mais tarde e continuaria a estudar mais. Para os médicos, parecia uma psicose comum da UTI. No entanto, em um fenômeno de quase morte, comum em clínicas de cuidados paliativos, a psique da pessoa interpreta a transição iminente para a morte como uma viagem — geralmente uma travessia de rio ou uma viagem de barco. Minha espessa pilha de registros médicos indicava que eu sempre pedia para falar com o capitão do barco. Será que eu pensava que estava no Rio Estige, na travessia dos mortos? Meu colega de quarto, Marty, era algum prenúncio da morte — ou o capitão Stubing da série *Barco do Amor*? Eu não tinha certeza.

Quase não sobrevivi ao coma metafórico e literal. Na época, os médicos disseram que fora um milagre de recuperação, "uma em cinco bilhões", não ter ficado em estado vegetativo. Eu sabia no íntimo da minha alma, se é que existe tal coisa, que algo estava seriamente errado, profundamente ausente, em minha vida e que as coisas precisavam mudar. Foi como se eu tivesse finalmente despertado para o fato de que sou um ser humano e de que os seres humanos não deveriam viver da forma que estava vivendo.

Como as pessoas deveriam — como eu deveria — viver? Não fazia ideia. Era um garoto do Queens; só sabia que sentia um vazio profundo, mas não entendia como deveria preenchê-lo. Recordo-me de sentir uma profunda sede existencial; uma experiência de quase morte faz isso com você. Mais do que isso, eu precisava encontrar minha felicidade, assim, encontraria o propósito e a paixão da minha existência — e precisava de um senso espiritual mais profundo de força e resiliência. Porque eu sabia, com cada célula do meu ser, que, se não encontrasse meu propósito na vida, não sobreviveria.

A Ascensão da Fênix

Quando tive alta do hospital, mergulhei em uma busca espiritual e filosófica. Lia cada vez mais sobre filosofia, religião comparada, física, metafísica e pesquisas da consciência. Fui criado como cristão ortodoxo grego, mas, em algum momento entre frequentar Cornell e ser dono de uma boate, perdi minha religião. Na elite, o quase intelectualismo da Ivy League e do mundo moralmente falido com entradas de cordas de veludo e champanhe, tornei-me um agnóstico tendente ao ateísmo.

Após a boa e velha surra existencial que recebi, tornei-me mais aberto à ideia de uma dimensão espiritual. Senti-me compelido a ler e pesquisar mais sobre esse assunto. O que posso dizer? Simplesmente não era um cara que "tinha fé".

Eu não sabia disto na época, mas estava apenas no início da minha própria Jornada do Herói. Quase fui consumido pelos seus obstáculos; agora, estava pronto para continuar minha busca. E mesmo que a essência da Jornada do Herói ou de qualquer busca espiritual não seja intelectual, e, sim, experiencial, acredito que uma pessoa pode cultivar o solo intelectual para que o fruto espiritual floresça. Além disso, eu precisava cuidar seriamente da minha sobriedade. Era uma realidade inegociável que aceitei de bom grado. Para mim, a recuperação significou uma imersão completa em uma irmandade com a metodologia de doze passos e um padrinho como mentor humano, que foi capaz de me mostrar como trilhar um caminho que eu nunca havia trilhado antes. Fui aconselhado também frequentar um programa de acompanhamento psicológico ambulatorial, o que fiz.

Foi-me explicado que eu precisava cuidar de todas as dimensões do meu ser: física, mental, psicológica e espiritual. Assim, comecei também a fazer meditações de respiração e de *insight*, bem como *mindfulness walks* pela cidade. Novamente, comecei a ir à academia todos os dias e, segundo orientações do meu padrinho, também tentei ajudar ou apoiar outros membros da irmandade — oferecendo um ombro amigo ou uma carona para a próxima reunião. Qualquer coisa que eu pudesse fazer para ajudar.

Em meio a tudo isso, nos meses seguintes, uma coisa engraçada aconteceu: não me sentia mais sozinho ou vazio. Sentia-me feliz por estar vivo — sim, sei que pode parecer piegas, mas era verdade. Adorava ir às reuniões e me conectar com as pessoas em um nível humano profundo. E comecei a aproveitar minha jornada interior de exploração, era um território interessante e desconhecido para mim. Em algum momento, quase um ano após minha recuperação, percebi também que talvez precisasse me mudar da cidade de Nova York. Sempre me considerarei um cara da cidade, mas precisava de um ambiente mais tranquilo que pudesse atender melhor a essa nova jornada autorreflexiva em que estava.

Após analisar algumas opções com minha maravilhosa namorada Lucy (que agora é minha esposa há quase vinte anos), fizemos as malas e fomos para a tranquila e idílica cidade de North Fork, em Long Island, cerca de duas horas de carro ao leste da cidade de Nova York. Em agosto de 2001, nos mudamos para um pequeno chalé alugado a um quarteirão da praia. Depois do que eu passara, o ambiente era justamente o que o médico receitou. Era um belo e pacífico oásis verde cercado por água: a Baía Peconic ao sul, o Long Island Sound ao norte, e o Oceano Atlântico ao leste, com dezenas de enseadas e estuários por toda parte.

Em retrospectiva, havia mais na minha mudança do que somente o querer escapar da insanidade de Nova York. Senti uma atração magnética de estar mais perto da natureza, e algo também me dizia que eu precisava estar próximo da água. Anos depois, durante minha formação como psicólogo, aprenderia como é importante para a psique humana ter uma conexão forte com a natureza e com o mundo natural; na realidade, a causa raiz de muitas de nossas neuroses — tanto pessoais quanto sociais — é a desconexão com a terra. Atualmente, a maioria de nós se afastou tanto da natureza, que nem percebe que está perdendo uma conexão essencial; nos sentimos estressados e ansiosos, e nem percebemos que podemos estar sofrendo do que Richard Louv chama de "transtorno de déficit de natureza".

Na época, eu nem sabia conscientemente disso, mas uma poderosa parte interna de mim sabia que retornar à natureza era fundamental para minha recuperação. E quanto a estar perto da água, muitos psicoterapeutas acreditam que ansiamos pelo estado oceânico do útero. Contudo, muitos psicólogos transpessoais não enxergam essa ânsia como regressão, e, sim, como apelo à transcendência. Eles acreditam que o estado oceânico é um nível expandido de consciência; por isso, sentir atração por oceanos e por rios seria apenas um desejo sublimado de transcendência.

Seja qual foi a atração, mudar para North Fork foi, literal e figurativamente, um sopro de ar fresco, e adorei o fato de essa ser uma região aparentemente esquecida pelo tempo. Foi uma época pré-celulares, veja bem, mas também parecia pré-eletricidade. Abençoadamente pitoresca, sem a intrusão de grandes lojas ou shoppings irritantes, North Fork consistia em vinhedos, terras agrícolas e alguns comércios familiares. Um engarrafamento significava ficar parado atrás de um trator lento que havia desviado temporariamente para a estrada principal. Não era uma metrópole agitada. Após vinte anos, isso mudou um pouco; North Fork foi "descoberta", então agora podemos ver a maldição dos Range Rovers. Ainda é um lugar bonito e relativamente pacato, mas não tão pacato.

A vida em North Fork tinha um ritmo tranquilo que era o antídoto perfeito para aquele ritmo frenético da minha vida em Nova York. Eu sabia instintivamente que, para minha mente ficar equilibrada, o corpo que abrigava aquele cérebro velho e pervertido também precisava estar bem. Comecei a fazer longos passeios de bicicleta pelos diversos estuários e reservas deslumbrantes dentro e ao redor de North Fork; também corria por cerca de 40 minutos em dias alternados. À medida que pedalava ou corria, minha mente ficava silenciosa ou pescava em águas de meditação contemplativa, ao mesmo tempo que eu ponderava todos os tipos de questões existenciais: Quem somos nós? Por que estamos aqui?

Chegar tão perto da morte faz você se perguntar essas questões profundas.

Na época, eu também não sabia disto, mas descobri que o que estava fazendo era condizente com o que alguns dos antigos filósofos gregos faziam. O filósofo neoplatônico Jâmblico, em sua obra do século III, *Sobre A Vida Pitagórica,* explica como Pitágoras e seus seguidores faziam longas e reflexivas caminhadas pela manhã, antes mesmo de terem permissão para interagir com outras pessoas, a fim de acalmar qualquer intranquilidade da mente, "deixar a alma serena" e, assim, tornar "o intelecto imperturbável".[2] Após isso, eles se envolveriam em atividade física extenuante (por exemplo, corrida, luta livre) como parte de seu regime vespertino de exercício e contemplação. Sozinho, descobri a vantagem da noção pitagórica do "alinhamento harmônico" entre uma mente sã e contemplativa, um corpo sadio e um caráter são.

Na época, eu só sabia que, por meio desses momentos de reflexão, surgiam meus insights mais poderosos, e o propósito e sentido da minha vida se tornavam claros. Definitivamente, algo interessante estava acontecendo comigo, mas levaria anos de mais reflexão, estudo e pesquisa para compreender melhor.

Por isso, continuei a ler de forma voraz. Ken Wilber, Daisetz Suzuki, Thomas Merton, Stanislav Grof, Huston Smith, Fritjof Capra — li tudo o que consegui para entender melhor a relação entre o reino espiritual e o mundo físico. Percebi também que, além de me exercitar, meditar e mergulhar nos livros adequados, um componente criticamente importante de uma prática espiritual era se engajar na espiritualidade ativa, ou seja, ajudar outras pessoas — o que eu descobriria ser o denominador comum em quase todas as práticas espirituais ou religiosas.

De volta à ativa

Eu estava definitivamente crescendo — espiritual e intelectualmente. No entanto, percebi que para esse crescimento continuar, precisava seguir uma carreira que pudesse ser útil. Estudei algumas opções, porém acabei me inscrevendo e sendo aceito no programa de mestrado de trabalho social na Universidade Stony Brook em 2002.

Depois de tudo que passei, era incrível estar novamente em um mundo em que ideias eram trocadas em um ambiente saudável e acolhedor e em que eu tinha professores maravilhosos que me apoiavam e me incentivavam a seguir em frente. Minha mente — e o mundo ao meu redor — estava fervilhando com possibilidades.

Aos 36 anos, eu me sentia como um calouro ansioso para aprender na Bronx High School of Science. No meu primeiro ano de pós-graduação, decidi adquirir experiências da vida real no campo do trabalho social. Após um breve período como conselheiro em um abrigo para pessoas em situação de rua em Southampton, fui contratado como assistente social em um hospital com uma unidade psiquiátrica e outra de desintoxicação e reabilitação de drogas e álcool. Agarrei a oportunidade de conseguir aquele emprego no hospital, porque me possibilitaria receber um treinamento clínico maravilhoso — e trabalhar com outros adictos. Quem recusaria? O ex-proprietário de boate, ex-viciado, que ganhava a vida embebedando as pessoas agora estava tentando ajudá-las a ficar sóbrias. Eu adorava conversar com os pacientes e ouvir sobre suas vidas. Penso que eles me ajudaram mais do que os ajudei, pois ser útil me forneceu um senso de propósito, algo que não sentia há muito tempo.

Nos dois anos seguintes, trabalhei com centenas de pacientes de todas as camadas sociais — policiais, bombeiros, professores, chefs, artistas, advogados, clérigos, trabalhadores da construção civil, sem-teto, mães solo, aposentados, adolescentes. Todos foram para desintoxicação ou reabilitação, voluntária ou involuntariamente, devido às suas lutas com o grande equalizador: a adicção. Como um bom adicto, eu não me cansava de uma coisa boa e me matriculei em um programa de doutorado de psicologia após concluir meu mestrado em serviço social.

O Despertar, Parte 2

A vida, o amor e o crescimento se sucederam. Eu me vi recém-casado com minha amada esposa, Lucy, viajando pela Grécia, minha terra natal, em 2003. Foi então que fiz uma descoberta crucial que mudaria minha vida: enquanto bisbilhotava as prateleiras de uma livraria minúscula e desordenada em Mykonos, encontrei um pequeno livro fascinante chamado *God and the Evolving Universe* ["Deus e o Universo em Evolução", em tradução livre], de Michael Murphy e de James Redfield. Nesta obra fascinante, Murphy e Redfield apresentam uma breve visão geral da história do desenvolvimento humano e descrevem o que chamam de "milagre grego" da filosofia antiga.[3] As palavras pareciam me envolver enquanto me sentava em uma parede caiada sob o sol do Mediterrâneo, devorando o livro. Na terra dos meus antepassados, a porta para os antigos gregos se abriu. Percebi que minha jornada para casa já havia começado; estava vivendo o *Bios Pythagorikos* (estilo de vida pitagórico) sem nem mesmo perceber. Quanto mais eu lia, mais sentia que as portas do entendimento estavam se abrindo.

De volta aos Estados Unidos, comecei meu programa de doutorado enquanto lia quantos livros de filosofia conseguisse. Como havia percebido que minha vida e prática meditativa compartilhavam uma linhagem com Pitágoras e Platão, mergulhei ainda mais fundo no assunto. Dei-me conta de que não apenas estava ganhando um elevado senso de consciência, como também me sentia mais feliz e, para minha surpresa, estava me tornando uma pessoa melhor. Quanto mais leio sobre a vida e a sabedoria de almas iluminadas como Platão e Pitágoras, mais começo a imitá-los, no verdadeiro "O que Platão faria?" Não tão surpreendente, descobri que quando o modelo idealizado era Platão, em vez de P. Diddy, mudanças extraordinárias poderiam ocorrer dentro de nós.

Com todos esses insights e ideias pululando em minha mente, decidi fazer um longo passeio de bicicleta para tentar resolver o tópico da minha tese de doutorado. Conforme pedalava por uma estrada tranquila e arborizada, diversos pensamentos passaram pela minha cabeça: como nosso mundo moderno se tornou conflituoso e neurótico, e, finalmente, perguntas sobre como — e por que — sobrevivi ao coma.

Quando terminei meu passeio de bicicleta, exausto, encontrei-me sentado em um velho tronco de madeira em uma tarde fria e nublada de outubro, encarando o reflexo perfeitamente imóvel e vítreo na Baía Peconic. Quando o céu estava carregado, ela criava um espetáculo maravilhoso de luzes, podendo rivalizar com a melhor exposição de lasers; encarei com espanto os feixes de luz alaranjados e avermelhados que irrompiam por entre as nuvens azul-acinzentadas, refletindo na luz da água azul cristalina como um prisma caleidoscópico.

E naquele belo momento de admiração inspirada pela natureza, o seguinte pensamento ocorreu à minha mente: reviver a sabedoria dos antigos. Pitágoras se tornou minha estrela-guia filosófica conforme passei a entender que ele era muito mais do que apenas um matemático e o cara do teorema. Ele influenciou muito Platão, sendo uma incrível mistura de matemática, música, poesia, filosofia e uma vida de crescimento e compreensão mais profunda, em que ultrapassamos a superfície da ilusão. Seria justo dizer que uma vida inspirada em Pitágoras seria o oposto do *influencer* moderno do TikTok. E fiquei emocionado e maravilhado ao descobrir que a sabedoria pitagórica era também aquela de todo o mundo antigo, incluindo a África e o Oriente Médio, pois ambos eram partes do mundo para os quais ele havia viajado e nos quais passara um tempo considerável aprendendo.

Continuei a aprender coisas novas ao embarcar em uma jornada incrível e transformadora, em que descobri — quase por acaso — o caminho da filosofia metafísica grega antiga, poderosa tradição de sabedoria que adotava a noção de morte como renascimento. Na verdade, Platão até descreveu a própria filosofia como uma forma de "morrer antes de morrer".

O que significa isso?

Aprendi que os gregos descobriram um método que pode permitir a uma pessoa "morrer antes de morrer": na realidade, trocar a pele biológica e conquistar um nível expandido de consciência noética, o que pode, então, levar à transformação pessoal. Tudo sem levar a morte aos extremos literais a que levei. Platão até usou "libertar o pássaro da gaiola" como metáfora para a alma que transcende o corpo físico por meio da purificação holística mente-corpo da *filosofia*. Como é que é? A filosofia como método transformador de purificação? Eu havia pensado de forma estereotipada que eles eram somente um bando de velhos brancos chatos em togas falando bobagens antiquadas e irrelevantes, que, com certeza, não era nada que pudesse ter relevância na sociedade de *hoje*.

Eram ideias novas e impactantes para mim: que a filosofia fora originalmente concebida como um modo de vida holístico destinado a purificar o indivíduo rumo à transcendência. Equivocadamente, eu havia pensado que ela era um esforço intelectual insípido, uma obsessão misteriosa com a semântica, escrita em linguagem incompreensível, cujos textos empoeirados eram guardados nas profundezas de alguma biblioteca universitária.

Para ser honesto, eu considerava a filosofia como algo velho e morto, não aplicável ao mundo de hoje. Eu estava redondamente enganado. Uma prática holística vivida da filosofia como forma de *purificação*, como, de fato, um *modo de vida*, fora originada por Pitágoras (com a ajuda de seus amigos egípcios e babilônios). E, no que veio a ser conhecido como *Bios Pythagorikos*, a mente, o corpo e o espírito eram cultivados com dietas e exercícios físicos rigorosos, caminhadas meditativas diárias e lições sobre ética e caráter, bem como profundas meditações contemplativas sobre matemática, música e filosofia. Infelizmente, como a filosofia atual foi sequestrada por *professores de filosofia, guardiões de criptas*, em vez de filósofos que caminham, quase perdemos a alma vibrante da sabedoria grega. Em nossa cultura narcisista do YouTube, em que a maioria das pessoas está mais inclinada ao egoísmo do que à autorreflexão, precisamos da profundidade e da alma há muito perdidas de Platão e Pitágoras — agora mais do que nunca.

Eu estava tendo um despertar semelhante ao que o acadêmico dominicano Roosevelt Montás teve quando era estudante de graduação na Universidade de Columbia. Como descreve em seu livro *Rescuing Socrates* ["Resgatando Sócrates", em tradução livre], Montás emigrou para Queens, Nova York, aos 12 anos, mal falando inglês, mas se moldou e se transformou ao mergulhar nos clássicos e na filosofia antiga. Após obter seu doutorado, ele se tornaria o diretor do prestigioso *Center for the Core Curriculum* ["Centro do Currículo Essencial", em tradução livre] de Columbia e iniciaria um programa para alunos de baixa renda do ensino médio que aspiravam ser os primeiros de suas famílias a chegar à faculdade, acreditando que os clássicos podem ser a ferramenta mais poderosa para membros de comunidades historicamente marginalizadas.

Montás alega que ensinar adolescentes desprivilegiados e observá-los "passar por uma espécie de despertar interior" é vê-los adotando Sócrates e Platão "séria e pessoalmente". Por experiência própria, ele compreendeu a magia transformadora que poderia ocorrer quando os leitores fossem expostos a pensar sobre o que descreve como *virtude* e *excelência*. Atualmente, Montás leciona Introdução à Civilização Contemporânea no Ocidente, curso de um ano sobre textos primários de pensamento moral e político, bem como seminários na área de Estudos Americanos, incluindo Liberdade e Cidadania nos Estados Unidos.

Além da virtude e excelência, os antigos ensinaram ao mundo como olhar para o céu noturno e *se maravilhar*; como examinar a natureza da existência e nosso papel dentro dessa estrutura ontológica. E eles também nos ensinaram a usar nosso senso de razão para pensar criticamente e investigar a fundo nossos sistemas de crenças. De fato, os ensinamentos ancestrais prosperavam em debate e oposição — ideias antagônicas não eram apenas aceitas, como bem-vindas. Imagine só. Na verdade, Sócrates havia desenvolvido a dialética, em que crenças contrárias podiam ser exploradas por meio de um método de perguntas e respostas chamado *elenchus*, que buscava encontrar a verdade e a compreensão mais profundas.

Em sua origem, a filosofia antiga não é somente o domínio dos gregos, ou mesmo a sabedoria eurocêntrica, aliás, trata-se da sabedoria *universal*. Mencionei o Egito e a Babilônia (atualmente o Iraque) como partes integrantes dos estudos e ensinamentos de Pitágoras. Devido às viagens frequentes entre as cidades portuárias da antiguidade — uma espécie de internet antiga —, Pitágoras passou muito tempo estudando em Memphis e posteriormente em Tebas, no Egito. Na verdade, foi na África que aprendeu suas teorias de matemática e de geometria sagrada. E, sempre sedento por absorver mais sabedoria, ele também viajou para a Babilônia, no Oriente Médio, em que disse ter aprendido com seus magos (sábios) e estudado os ensinamentos do filósofo e poeta persa Zoroastro, fundador do zoroastrismo.

Um dos princípios básicos do zoroastrismo é buscar *asa* (verdade) por meio da participação ativa na vida e do exercício de palavras, pensamentos e ações construtivos. Esses princípios também foram dogmas críticos posteriores no pitagorismo. Assim, Pitágoras pode ter vindo da Grécia, porém sua sabedoria foi emprestada generosamente de uma variedade diversificada de culturas antigas. De fato, como o biógrafo e filósofo Porfírio disse sobre Pitágoras: "Na Babilônia, ele se associou a outros caldeus, conectando-se especialmente a Zoroastro, que o purificou das poluições de sua vida passada e ensinou-lhe as coisas que um homem virtuoso deve aprender para ser livre. Da mesma forma, Pitágoras ouviu preleções sobre a natureza e sobre os princípios dos todos. Foi a partir de sua jornada entre esses estrangeiros que ele adquiriu a maior parte de sua sabedoria."[4]

Foi magnífico e esclarecedor descobrir que a sabedoria antiga não era somente domínio de um país ou região, mas era nossa herança humana coletiva. E quanto mais eu descobria acerca desses ensinamentos antigos, mais me tornava capaz de incorporá-los à minha vida, de transformar a fragilidade em cura e, finalmente, prosperar.

EU ESTAVA SENTADO DE FRENTE PARA A BAÍA, A CERCA DE DUZENTOS METROS da marina de New Suffolk em Cutchogue, North Fork, Long Island. Levantei-me lentamente, sentindo-me determinado enquanto caminhava em direção à marina para esticar as pernas e olhar para os barcos balançando na água. Desfrutando de uma profunda sensação de paz e calma interior, observei um barco em particular que estava um pouco mais desgastado do que todos os outros; ao olhar mais de perto, li o nome escrito na popa: *Odisseia*.

Fechei os olhos e respirei fundo outra vez. Sim, eu sabia o que tinha que fazer: investigar academicamente em minha tese de doutorado como a filosofia pitagórica pode transformar as pessoas. Por que não criar um método em que diversos participantes de um estudo de pesquisa também possam mergulhar na sabedoria dos antigos? Neste ponto, talvez alguns perguntem como posso comprovar que a sabedoria de Pitágoras e Platão foi tão transformadora em minha vida. Como posso provar isso? É assim que eu responderia: como dizem, por experiência própria. Eu havia sido um ex-proprietário de boates com problemas morais e terrivelmente viciado que havia perdido tudo; estivera falido, sem casa, abalado fisicamente, emocionalmente devastado e espiritualmente destruído.

Após minha descoberta dos antigos, estou limpo e sóbrio há duas décadas. Sou um professor universitário respeitado há quase dez anos e um psicoterapeuta atencioso que abriu clínicas para tratar de centenas de jovens, em todo o país. Mais importante, sou um marido amoroso e dedicado, bem como um pai carinhoso e amoroso (de garotos gêmeos idênticos). Tornei-me alguém em quem as pessoas da minha comunidade podem confiar e com quem podem contar enquanto tento o meu melhor para levar uma vida honesta e ética. Eu descobrira que a verdadeira essência da filosofia antiga era a alquimia — a alquimia *humana*. Incluí minha narrativa pessoal para os leitores terem uma ideia do potencial transformador do método que descrevi, mesmo que eu o tenha descrito de forma breve. A filosofia também é o antídoto para nosso mundo tecnológico em excesso; trata-se da reivindicação de nossa capacidade profundamente humana de usar a razão, de pensar de forma crítica, contemplativa e profunda sobre as coisas que importam, de estar próximo à natureza e de sempre tentar continuar crescendo.

Preciso acrescentar que, embora tenha feito terapia individual e em grupo com alguns terapeutas diferentes ao longo dos anos, foi minha imersão na filosofia antiga e meu comprometimento de doze passos e trabalho com um padrinho (e minha ajuda simultânea a outras pessoas) que deu sentido à minha vida. Fazer terapia é muito bom, em alguns casos, ela pode ser extremamente benéfica; mas existem algumas limitações inerentes que podem prejudicar em vez de promover o crescimento.

Como terapeuta de longa data — que tem e administra dois programas de tratamento —, definitivamente tenho algumas ideias sobre o assunto, que explorarei no próximo capítulo.

10

Além da Terapia

Resiliência Natural

Na manhã do dia 6 de dezembro de 1917, em Halifax, Nova Escócia, ocorreu um evento traumático semelhante em proporção aos ataques do 11 de Setembro: o cargueiro francês SS *Mont-Blanc* colidiu com o navio norueguês SS *Imo* no estreito que liga o porto de Halifax à doca principal. O *Mont-Blanc* acabara de chegar de Nova York carregado de explosivos: TNT, ácido pícrico e benzol, altamente inflamáveis. Após a colisão com o *Imo*, ele pegou fogo, que rapidamente começou a se espalhar. Como resultado, a tripulação abandonou mais do que depressa o *Mont-Blanc*, que ficou à deriva; sem tripulação a bordo para guiá-lo, o navio derivou pelo cais: às 09h04 desencadeou uma enorme explosão que destruiu todo o extremo norte da cidade — uma área de aproximadamente seis quilômetros e meio.

Fora a maior explosão provocada pelo homem até então, liberando o equivalente a 2,9 toneladas de TNT. O *Mont-Blanc* foi completamente destruído, e uma poderosa onda de impacto irradiou da explosão a mais de 3.300 pés por segundo. Temperaturas de 5.000°C e pressões de milhares de atmosferas a acompanharam, ao mesmo tempo que estilhaços de ferro incandescentes caíram sobre Halifax e a cidade vizinha de Dartmouth. O canhão de 90mm do *Mont-Blanc* foi parar, com seu cano derretido, a mais de quatro quilômetros ao norte do local da explosão original; a âncora do navio, pesando meia tonelada, acabou a mais de três quilômetros ao sul, na cidade de Armdale.[1]

Uma nuvem de fumaça branca se ergueu a, pelo menos, 3,5km, e um tsunami de 18 metros levou o SS *Imo* para a costa da cidade vizinha de Dartmouth. A explosão foi sentida na Ilha de Cape Breton, a mais de 190 quilômetros de distância; centenas de pessoas que assistiam ao incêndio de suas casas ficaram cegas quando a onda de impacto quebrou as janelas; fogões e lâmpadas derrubados iniciaram incêndios em Halifax: quarteirões inteiros queimaram, prendendo os residentes dentro de suas casas.

A devastação foi quase inimaginável: mais de 2 mil pessoas morreram e outras 9 mil ficaram feridas — muitas delas horrivelmente queimadas, desmembradas e cegas. Somando-se ao desastre inacreditável, na noite após a explosão, uma nevasca atingiu Halifax com 16 centímetros de neve, impedindo quaisquer tentativas de socorro: muitas pessoas cujas casas foram destruídas pela explosão congelaram até a morte. A pacata cidade do norte de repente se transformou em um inferno na Terra: os moradores ou morriam no fogo do inferno ou congelavam até a morte devido ao frio desolador e implacável da noite canadense. Talvez, os sobreviventes tenham vivenciado um dos eventos mais traumatizantes e horríveis da história humana.

Após muitas décadas, uma pesquisadora de saúde mental queria descobrir qual tinha sido o custo psicológico desse evento. April Naturale é a assistente social psiquiátrica que liderou o *Project Liberty* ["Projeto Liberdade", em tradução livre], programa patrocinado pelo governo dos Estados Unidos que havia sido criado para coordenar a resposta terapêutica ao 11 de setembro. A fim de entender melhor os efeitos posteriores do que aconteceu na Nova Escócia, Naturale foi a Halifax para ler os materiais arquivados sobre o acidente de 1917.[2] Segundo ela, em entrevista a um repórter do *The New Yorker*, "Alguns dos sobreviventes pareciam psicóticos, alucinavam por dias." Uma mulher continuou a falar com sua filha morta, Alma; outras vítimas ficaram em estado tão grande de choque que os médicos conseguiram realizar cirurgias sem o uso de clorofórmio.

Como especialista em traumas, ela descobriu algo espantoso: depois de cerca de uma semana, esses sintomas psiquiátricos perturbadores diminuíam de forma espontânea na grande maioria dos casos — sem qualquer ajuda de profissionais de saúde mental, que, na época, eram quase inexistentes, era uma área insipiente. Esses relatos levaram Naturale a concluir que a intervenção psiquiátrica após tal evento deveria ser idealmente mínima; que a mente é extremamente resiliente e precisa ter tempo para organicamente se curar. Em suma, o comportamento "anormal" testemunhado pós-explosão era parte de um processo saudável de recuperação. Estudos científicos sugerem que, após eventos catastróficos, a maioria das pessoas é realmente resiliente e se recupera de forma espontânea com o tempo. Uma pequena porcentagem de indivíduos não "se recupera" e exige cuidados psicológicos prolongados. No entanto, pesquisadores descobriram que uma única intervenção com uma sessão de *debriefing* psicológico não altera essa dinâmica. E, aparentemente, aqueles que não "se recuperam" já tinham vulnerabilidades psicológicas.

Estudos descobriram que pessoas com maior risco de TEPT têm histórico de abuso na infância, de disfunção familiar ou de transtorno psicológico preexistente. Outro mais antigo, de 1996, sobre pilotos norte-americanos que foram prisioneiros de guerra no Vietnã do Norte, destacou a importância e o papel de uma base sólida de saúde mental. Ainda que tenham sofrido anos de tortura e, muitas vezes, confinamento solitário, eles demonstraram incidência surpreendentemente baixa de TEPT. Levantou-se a hipótese de que, como os pilotos foram examinados quanto à saúde psicológica e treinados para combate de alto estresse, talvez tivessem um "sistema imunológico psicológico" mais forte e fossem capazes de tolerar o trauma de uma forma que pessoas psicologicamente mais vulneráveis nunca conseguiriam.

Mesmo para aqueles que sofrem um impacto mais adverso, o *debriefing* psicológico provou ter vantagens bastante limitadas. Em 2004, Brett Litz, psicólogo pesquisador do *Boston Veterans Affairs Medical Center* ["Centro Médico dos Veteranos de Boston", em tradução livre] e especialista em transtorno de estresse pós-traumático, fez um ensaio clínico randomizado de *debriefing* com um grupo de soldados das forças de manutenção da paz em Kosovo, que estavam destacados em zonas de combate. Essas forças ficam expostas a franco-atiradores, a explosões de minas e à descoberta de valas coletivas. Ele resumiu seus achados sobre o *debriefing* psicológico da seguinte forma: "As técnicas praticadas pela maioria dos conselheiros de luto norte-americanos para prevenir o estresse pós-traumáticos são ineficazes."

Na verdade, ensaios clínicos comparando *debriefings* psicológicos individuais à ausência de intervenção após grandes traumas, por exemplo, após um acidente de carro ou um incêndio, apresentaram resultados desanimadores. Na prática, alguns pesquisadores afirmam que essa prática terapêutica pode impedir a recuperação. Um estudo específico sobre vítimas de queimaduras, por exemplo, descobriu que os pacientes que passaram por ela eram mais propensos a relatar sintomas de TEPT do que os do grupo de controle. Partiu-se do princípio que a terapia e o *debriefing*, ao incentivar os pacientes a abrir suas feridas emocionais durante um período vulnerável, podem aumentar o sofrimento e o trauma em vez de amenizá-los.

As intervenções terapêuticas ocorridas imediatamente após o 11 de Setembro também nos ensinaram muito. Um grande fluxo de conselheiros de luto foi para Manhattan imediatamente após as torres desabarem, mas a maioria dos nova-iorquinos não recebeu nenhuma terapia depois dos ataques. Dados coletados por pesquisas após o atentado contradiziam as previsões iniciais de que haveria danos psicológicos generalizados. Agora, isso não significa que as pessoas não foram afetadas, claro que foram, todos nós fomos. Mas, esse momento decisivo teria suplantado a resposta comum ao luto, a qual todos temos em níveis normais e naturais a ponto de nos recuperarmos?

Um estudo com 988 adultos que viviam nos arredores da 110th Street, realizado em outubro e novembro de 2001, constatou que apenas 7,5% foram diagnosticados como TEPT. (Segundo a *American Psychological Association*, afirma-se que um paciente tem essa condição se, por um mês ou mais após um evento trágico, apresentar inúmeros dos sintomas clássicos: *flashbacks*, pensamentos intrusivos e pesadelos; evitar atividades e lugares reminiscentes ao trauma; demonstrar entorpecimento emocional e sofrer de insônia crônica.) Uma sequência desse estudo, em março de 2002, descobriu que apenas 1,7% dos nova-iorquinos sofria de TEPT prolongado. Isso sugere que a maioria das pessoas psicológica e normalmente saudáveis apresentarão melhora natural com o tempo, mostrando resiliência inata após serem expostas a um evento traumático. No entanto, não devemos confundir essa descoberta com a situação das pessoas que sofrem de trauma crônico significativo e têm exposição prolongada a estressores psicológicos; trata-se de um perfil psicológico totalmente diferente.

A conclusão fundamental é que nós, como humanos, desenvolvemos nosso próprio reservatório de força e resiliência no curso normal de nosso desenvolvimento. O que pode ajudar é o apoio dos colegas (o paradigma AA) em vez do aconselhamento psicológico profissional.

Malachy Corrigan era o diretor da Unidade de Serviço de Aconselhamento do Corpo de Bombeiros de Nova York. Ele já defendeu o *debriefing* psicológico — porém, meses antes dos ataques do 11 de Setembro, decidiu que geralmente não era uma técnica benéfica e descreveu uma espécie de efeito de "contágio social" que pode ocorrer na terapia de grupo: "Às vezes, quando formamos grupos de pessoas e as interrogamos, elas começaram se lembrar de memórias que não tinham. Não chegamos a levá-las à psicose nem nada assim, mas, como estavam muito próximas ou no meio da tragédia, acabaram se convencendo de que viram algo ou sentiram certo cheiro, na verdade, não foi o caso."

Sendo assim, ele decidiu mudar de uma abordagem de saúde mental para um modelo de apoio mútuo entre colegas e aplicá-lo aos trabalhadores no Ground Zero. Acabou convocando outros bombeiros para serem "conselheiros de pares", fornecendo amizade e apoio moral, bem como informações educativas sobre o possível impacto do trauma prolongado na saúde mental. Corrigan se recorda: "Éramos como uma enorme família estendida. Passamos a eles muitas informações sobre TEPT, bem como sobre o fardo que colocariam nos ombros de suas famílias. Falamos com muita ousadia sobre álcool e drogas. E focamos a raiva que vem com o sofrimento, porque os membros ficavam mais do que felizes em exibir esses sintomas. Falamos a língua deles quando tocamos no assunto do álcool e da raiva. Quanto mais se simplifica os conceitos de saúde mental, mais fácil as pessoas se engajam."

Naturale também vê os benefícios da abordagem adotada por Corrigan, de buscar colegas em vez de terapeutas, como o paradigma ideal para civis também: "Profissionais que não são da área da saúde mental não patologizam. Eles não conhecem a terminologia, não sabem diagnosticar. A abordagem mais útil é adotar um modelo de saúde pública, usando pessoas da comunidade que não estão diagnosticando seu transtorno."

Em meus vinte anos clinicando na área da saúde mental, atendendo pacientes com uma variedade de níveis de sofrimento psiquiátrico, vi o uso crescente e benéfico do apoio de colegas em vez de terapeutas profissionais. E, talvez, para *algumas* pessoas — friso a palavra *algumas* aqui —, possamos realmente estar fazendo mais mal do que bem, diagnosticando-as e encaminhando-as para ambientes de tratamento clínico.

Um Novo Paradigma

Talvez seja hora de revisitar o papel dos terapeutas e do complexo industrial da terapia. O diagnóstico clínico é uma ferramenta importante para orientar o tratamento de melhores práticas para muitas pessoas em sofrimento psiquiátrico grave; mas é possível que a indústria de terapia de U$100 bilhões anuais, sim, é um negócio, possa, para pacientes menos graves, perpetuar e exacerbar problemas psicológicos, quase na forma de um efeito de "contágio social" (como mencionado anteriormente), em que pacientes se acostumam a ficar doentes e imitar modelos doentios?

Será possível que tenhamos medicalizado e patologizado processos psicológicos inteiramente naturais e que, nesse processo, tenhamos criado um modelo de dependência paternalista? Que ele tenha passado a exigir terapeutas pagos que criam dragões psicológicos os quais só eles conseguem matar? Processos humanos naturais como estresse, adversidade, trauma e vergonha não apenas foram patologizados, como também apresentam modelos teóricos completos, representados pelos seus respectivos terapeutas superestrelas (aprovados pela Oprah, claro), os quais criaram monstros clínicos que, por sua vez, exigem intervenções médicas ou tratamentos terapêuticos para serem dominados.

No entanto, fomos advertidos. Thomas Szasz, psiquiatra do século XX, foi um pensador influente que se manifestou contra a patologização das pessoas como forma de controle, apontando os psicólogos e terapeutas da época como os novos padres e xamãs secularizados que ditavam o que era comportamento aceitável e normativo. Szasz também argumentou que doenças mentais eram simplesmente uma metáfora conceitual para problemas humanos cotidianos e desconfiava do *DSM*, a bíblia de diagnóstico para profissionais de saúde mental.[3] O mesmo aconteceu com o autor e analista James Hillman e sua "teoria do fruto do carvalho". Ele também acreditava que estávamos patologizando coisas que eram, na verdade, somente processos naturais ou necessários aos quais um indivíduo reagia para crescer de maneira ideal — como a bolota do carvalho. Por exemplo, uma criança diagnosticada com mutismo seletivo que simplesmente precisava ouvir mais e, depois de um longo período de tempo, passa a dominar suas habilidades linguísticas.[4]

Contudo, os dragões só são dragões se acreditarmos nisso. A percepção de nossos desafios é componente primordial do impacto que nos causam; o nosso

Além da Terapia

entendimento e categorização das coisas é extremamente importante à nossa saúde mental. Ou seja, se percebemos ou definimos algo como problemático, esse algo pode se tornar tóxico ou assumir características mais prejudiciais.

Vejamos o estresse como exemplo. Todos já ouvimos a frase "o estresse mata"; e muitos fazem tudo o que podem para reduzi-lo, porque acreditam que ele *é* ruim. Mas, como a psicóloga da saúde Kelly McGonigal salienta em seu livro *The Upside of Stress* ["O Lado Positivo do Estresse", em tradução livre] e em seu cativante TED Talk, pesquisas demonstraram que não é o *estresse* que mata, e, sim, nossas *crenças* sobre ele que o tornam prejudicial para nós.[5]

Em grandes estudos longitudinais, os pesquisadores descobriram que pessoas com alto grau de estresse e com crenças arraigadas quanto à sua prejudicialidade tinham as maiores taxas de mortalidade. Mas, surpreendentemente, aquelas que tiveram as taxas de mortalidade mais baixas *não* eram as que sofriam pouco estresse. Ao contrário, eram aquelas altamente estressadas, mas, e este é o ponto fundamental, que escolheram não acreditar que o estresse era prejudicial e o aceitaram como ocorrência humana natural. Desse modo, a realidade é que ele pode ser benéfico, pois aumenta a resiliência, e, por meio da liberação do neuro-hormônio ocitocina (o chamado "hormônio do carinho"), liberado durante períodos de alto nível de estresse, somos impulsionados a procurar outras pessoas e ser mais sociáveis em tempos difíceis — incrível e biologicamente nos conectando rumo à socialização curativa.

Além disso, o hormônio do estresse, a ocitocina, é cardioprotetor e ajuda as células cardíacas a se recuperarem de qualquer dano induzido por ele. Na verdade, McGonigal analisou o perfil cardíaco dos participantes do estudo que acreditavam que o estresse não era prejudicial e descobriu algo surpreendente. Seus vasos sanguíneos cardíacos não estavam contraídos como o típico paciente altamente estressado; em vez disso, eles se assemelhavam ao mesmo perfil dilatado de alguém que vivencia a coragem. Trata-se de uma poderosa mensagem de reformulação que pode mudar nosso perfil biológico, e, com as mais de 28 milhões de visualizações de seu TED Talk, as pessoas estão se identificando com essa mensagem.

Outra importante e amada guru terapeuta é Brené Brown, que desenvolveu a "teoria da resiliência à vergonha", com a qual as pessoas também estão se identificando. Na verdade, a inteligentíssima e acolhedora pesquisadora criou uma indústria caseira completa em torno de suas crenças sobre a vergonha e de instruções para lidar com o sentimento: seminários, livros best-sellers, TED Talks. Na área da saúde mental, ela é uma estrela com milhões de devotos, falando sobre o poder da "vulnerabilidade" e a toxina da vergonha, na qual, essencialmente, a vergonha é demonizada. E Brown, cabe ressaltar, também enfatiza o papel crítico da conexão social.

No entanto, ao contrário do que McGonigal fez com o estresse, em que vemos esse outrora temido dragão privado de suas garras, Brown transformou a vergonha em um bicho-papão psicológico. Sim, ela diferencia semanticamente "vergonha" e "culpa": você sente *culpa* quando faz algo errado, e *vergonha* quando sente que, como pessoa, é ruim. E há mais semântica envolvida no fato de *se sentir* envergonhado e *ser* envergonhado, mas todo o conceito gira em torno da vergonha e da crença de que tornamos esse sentimento uma bagagem. Ou seja, todos nós precisamos de estratégias para lidar com isso.

Para ser claro, Brown é uma pesquisadora inteligente, atenciosa e bem-intencionada que genuinamente parece estar tentando ajudar as pessoas. No entanto, suas diferenciações entre vergonha e culpa não passam de psicologia barata sobre definições artificiais de saúde mental. O dicionário realmente define vergonha como: "sentimento de humilhação ou angústia causado pela consciência de um comportamento errado ou insensato". Assim sendo, vergonha *é*, de fato, um sentimento — não uma definição abrangente de caráter, como Brown e seus discípulos querem que acreditemos. E é um sentimento *útil* que acompanha *a consciência do comportamento errado ou insensato*.

Óbvio que a experiência da vergonha, quando internalizada como resultado de algum evento horrível ocorrido *com* uma pessoa, é uma terrível toxina psicológica que pode se beneficiar de ajuda e tratamento profissional. No entanto, no caso da variante mais comum, a vergonha de fazer algo que uma pessoa sabe contrariar seus valores, não precisamos de terapia para nos ajudar a lidar com algo assim. Contudo, devido à popularidade de Brené Brown tanto na área da saúde mental quanto na cultura em geral, a *vergonha* (e a interpretação dela) se tornou parte de nosso vocabulário socioemocional, uma construção e prisma psicológico predominante por meio dos quais muitos agora enxergam suas vidas; e, como em qualquer contágio social, o paradigma culturalmente popular moldou a percepção das pessoas.

Meu ponto é: a vergonha não é o inimigo, assim como o estresse ou a adversidade não é; trata-se de uma emoção humana adaptativa saudável e necessária que nos ajuda a corrigir o comportamento desadaptativo. Atualmente, o problema de muitas pessoas não é sentir *muita* vergonha, é não senti-la o *suficiente*, pois há um narcisismo social que, não raro, leva a algum comportamento desonesto ou infame que realmente é digno desse sentimento.

Em minha humilde opinião profissional, demonizamos as coisas erradas. Eventos difíceis da vida *não* são o problema. O estresse é parte dela. A adversidade acontece. E há comportamentos dignos de vergonha. Não precisamos de todo um complexo industrial de terapia para demonizar processos naturais que não precisam ser demonizados. O que precisamos é de amizades e vínculos sólidos que nos ajudem a ter um senso genuíno de comunidade e de apoio que nos ajude a lidar com os desafios da vida. E, mesmo assim, sabemos que estamos passando pelo que muitos chamam de "epidemia de solidão"; é possível que a *maioria* das pessoas precise somente de um bom amigo, ou dois, ou três, para poder conversar, em vez de um terapeuta pago? E, além disso, não seria ideal se as crianças, à medida que crescessem, fossem incentivadas a desenvolver um sólido "sistema imunológico psicológico" que possa fornecer resiliência inata aos inevitáveis obstáculos da vida?

Penso que, se analisarmos o panorama geral, perceberemos que nossa sociedade moderna e tecnológica nos levou a uma direção oposta; nos tornou menos resilientes, mais reativos e mais frágeis, mais impulsivos e, com certeza, mais solitários. Todos os ingredientes para ficarmos vulneráveis às dificuldades da vida. Recordo-me mais uma vez do meu pai. Apesar de ter sobrevivido aos nazistas, ele teve uma forte rede de apoio familiar, uma infância indutora de resiliência e determinação, e suas paixões ao longo da vida eram cozinhar e fazer jardinagem. Você sabe, a forma como as pessoas foram geneticamente programadas para viver.

Mas na era moderna, num piscar de olhos, ao menos pelos padrões evolutivos, suplantamos os caçadores-coletores, ultrapassamos nossos ancestrais agrários, atropelamos a Era Industrial e fomos parar bem no meio da Era da Informação — tudo em menos de duzentos anos. O único problema é que essas mudanças avassaladoras mudaram o ambiente sociocultural estimulante, do qual nos tornamos dependentes.

Todos os pilares fundamentais da sociedade tradicional — ou eram redes de segurança? — que mantinham o tecido da sociedade unido desapareceram. A própria família nuclear? Foi aniquilada em uma nuvem de cogumelo por uma multidão complexa de fatores sociais. Organizações comunitárias, sociedades e apoios (como YMCA, clubes do livro, centros comunitários, 4-H, escoteiros, escoteiras, organizações religiosas, sociedades sociais)? Todas, com a maioria das configurações que exige interações presenciais, estão rapidamente seguindo o caminho da marca Edsel — obrigado, internet.

E quanto aos psicoterapeutas? Sem dúvida, eles podem ajudar a acalmar os nervos das massas inquietas do século XXI e proporcionar um pouco de senso de estabilidade ao nosso mundo desestabilizado. Mas não conte com a ajuda deles. Na melhor das hipóteses, esses profissionais foram mal orientados pelo oportuno chamado "mito da autoestima"[6], já que pensam equivocadamente que o Santo Graal do processo terapêutico é o falso deus do *como-isso-faz-você-se-sentir-com-sua-autoestima*, mesmo que nossa atual Geração Z e populações inteiras de Millennials sejam obcecadas pelas mídias sociais, que, potencialmente, podem estimular e agravar o egoísmo, o narcisismo e o egocentrismo. Na pior das hipóteses, os psicoterapeutas podem criar uma dependência doentia, infantilizando os pacientes e os mantendo presos para cutucar as feridas da infância, perpetuando, assim, a dinâmica de poder do terapeuta como deus e a dependência infantil dos pacientes.

Já posso ouvir os clamores do meus compadres terapeutas, que certamente responderão: "*Não* estamos criando um modelo de dependência! Somos todos a favor da autonomia dos pacientes!" Sim, alguns acreditam piamente nisso. E penso que podemos aceitar as ações de curto prazo e resoluções rápidas dos profissionais que genuinamente compartilham algumas habilidades práticas e úteis de superação com eles, sem a necessidade de criar um cordão umbilical de décadas.

No entanto, os psicanalistas freudianos — ou qualquer terapeuta de muitos anos, no caso — é, no final, apenas um amigo pago, ou pior, somente um ouvinte pago. Nada mais, nada menos. Trata-se de um relacionamento transacional monetário com menos resultado e impacto genuínos do que aquele não pago. É uma das razões mais convincentes pelas quais considero os modelos de apoio de colegas tão eficazes.

Lógico que, se você está sozinho e não tem ninguém em sua vida, conversar com um terapeuta é melhor do que não ter nenhum apoio, mas o padrão de excelência é o modelo social de apoio comunitário. Como sou terapeuta há vinte anos, posso afirmar honestamente que a maioria das pessoas que estão com dificuldades e precisam de ajuda não precisa de alguém como eu ou meus colegas bem treinados e bem pagos. Elas só precisam de um bom amigo. Gratuito. Ou um mentor. Ou um padrinho. Ou um padre, rabino ou xamã. Ou uma comunidade de amigos. Ou um parente de confiança ou ancião do bairro. Mas nos Estados Unidos do século XXI, tudo isso são relíquias de uma era esquecida — embora, segundo pesquisas, uma era esquecida psicologicamente mais saudável. Em vez do ancião do bairro atencioso e sábio, temos alguns amigos recém-saídos da pós-graduação que podemos pagar, ou um número qualquer de gurus de "autoajuda". No entanto, como George Carlin costumava ressaltar, "Se é *autoajuda*, por que você precisa deles?"

Receio que, e é isso que algumas das pesquisas sugerem, a comunidade terapêutica tenha, em geral, feito mais mal do que bem; que essa dependência de terapia comprometeu a capacidade das pessoas de desenvolver e cultivar as próprias habilidades inatas de perseverança e resiliência. De fato, alguns têm defendido que estamos sofrendo com a pobreza dessa última; que nos falta cada vez mais o conjunto de habilidades de superação, mesmo que a indústria da terapia esteja prosperando.

O Paradoxo da Adversidade

Há uma dinâmica poderosa que tem sido amplamente negligenciada: nossas vidas altamente tecnológicas estão comprometendo o que eu escolhi chamar de nosso *sistema imunológico psicológico*. A Era Digital despojou as crianças de todos os ingredientes necessários para desenvolver o que os psicólogos chamam de *resiliência* e que os coaches às vezes chamam de *determinação* — os ingredientes decisivos para o desenvolvimento social, emocional e psicológico saudável de uma pessoa.

Convenhamos: no mundo atual de cliques e compartilhamentos, criamos crianças como invólucros de gratificação instantânea que não aprenderam as habilidades fundamentais e vitais de paciência e superação de adversidades. Como o velho teste do marshmallow desenvolvido pelo Dr. Walter Mischel nos mostrou (embora recentemente seja considerado um tanto controverso), a capacidade de postergar a gratificação era fator preditivo essencial para o sucesso ao longo da vida.[7] Como alguns talvez lembrem, esse teste colocava um marshmallow na mão de uma criança. Em seguida, ela tinha opção de comê-lo imediatamente, ou, se esperasse, receberia dois marshmallows no dia seguinte. Era um parâmetro de sua capacidade de postergar a gratificação. Normalmente, as crianças mais velhas se saíam melhor, e aquelas menos impulsivas também tinham melhores resultados na vida.

Hoje, temos índices recordes de impulsividade, como evidenciado pelo aumento de quase 50% do TDAH[8]. E muitos, como eu, estão analisando o transtorno e pesquisas sobre o tempo que passamos nas telas, análises conduzidas por pessoas como o Dr. Dimitri Christakis que evidenciam claramente a relação do aumento do tempo de tela com o TDAH. Isso só faz sentido se refletirmos: as telas são bastante estimulantes para uma criança. Alguns podem até afirmar que são estimulantes *demais*. Ela, então, torna-se dependente de estímulos e não consegue se concentrar, a menos que esteja sendo excessivamente estimulada.[9]

Tudo começa na infância. A criança embrulhada na bolha criada pelos pais-helicópteros é privada da oportunidade de desenvolver um sistema imunológico de superação. Assim como o bebê "protegido" por seus pais em ambientes artificialmente livres de germes nunca desenvolve os anticorpos para um sistema imunológico saudável, as crianças superprotegidas e mimadas são privadas de resiliência. Afinal, desenvolvê-la exige paciência e perseverança. Mas quanto disso é cultivado pela Alexa, pelo Google ou por qualquer outro gênio digital instantaneamente gratificante?

O mimo (como descrito perfeitamente por Jonathan Haidt no livro *The Coddling of the American Mind* ["O Mimo da Mente Norte-Americana", em tradução livre]) continua durante a adolescência e fica turbinado no cenário universitário moderno, o mundo sintético muito divulgado de espaços seguros, avisos de gatilho e microagressões.[10]

Independentemente de qualquer orientação política que se tenha, da perspectiva psicológica, esse sistema cria o adulto "não resiliente", também conhecido como adulto frágil. Mesmo que Nassim Nicholas Taleb analise em seu livro *Antifrágil* como *sistemas* inteiros podem crescer, se fortalecer ou, de outra forma, se beneficiar de um estresse imprevisto,[11] sabemos que isso também pode se aplicar aos humanos — até certo ponto. Adversidade, competição, sofrimento, dor, obstáculos, todos podem desenvolver e fortalecer nossa resiliência. Mas há um ponto decisivo, ou melhor, um ponto de ruptura dos benefícios decrescentes. Sim, Nietzsche está certo: "Aquilo que não nos mata nos torna mais fortes", porém muito "aquilo", o estressor a que ele se refere, pode acabar nos ferindo ou nos matando.

No mundo natural, *estresse = fortalecimento* e *muito estresse = destruição*: o fogo forja o aço mais forte, mas o *superaquecimento* do aço pode enfraquecê-lo, pois altera a microestrutura e o torna mais frágil. O "sem dor, sem ganho" dos humanos tem a ver com treinamento físico, atlético ou competição. A resistência muscular e a dor são estressores, mesmo que estejam construindo tendões musculares mais fortes. Contudo, malhar *demais* pode resultar em tensão muscular e em cãibras, ou até mesmo em trauma, como lesões musculares. E se realmente exagerarmos, podemos ocasionar um ataque cardíaco.

Já no domínio emocional, um rompimento difícil pode levar ao estado emocional de fortalecimento, mais fundamentado e menos dependente. Muitos rompimentos? Como um boxeador que continua sendo derrubado no chão, mais cedo ou mais tarde, isso pode levar a um nocaute, e o lutador — ou a pessoa amada — ficará fora do combate. Dito de outro modo: é um rompimento romântico tão intenso a ponto de a pessoa não ter mais relacionamentos. Portanto, do ponto de vista psicológico e de desenvolvimento, existe um nível ideal de estresse para desenvolver um sistema imunológico psicológico mais robusto e cultivar um forte senso de resiliência. A adversidade não precisa ser o inimigo; na verdade, *precisamos* dela à medida que crescemos e nos desenvolvemos — ela, de fato, estimula nosso crescimento.

Infelizmente, assim como fizemos com a vergonha, criamos um dragão psicológico semelhante a partir da *adversidade,* e nos dizem que ele precisa ser morto. Na prática, atualmente, a área da saúde mental demoniza a adversidade e a trata como palavra obscena. Literalmente. Na comunidade de tratamento de saúde mental, o modelo explicativo predominante de sofrimento psicológico é o paradigma ACES: a crença informada sobre o trauma de que "experiências adversas na infância" se correlacionam com sofrimento psiquiátrico (e físico) adulto. Eles se correlacionam mesmo.

E em muitos centros de tratamento, recebemos uma escala de classificação ACES que nos fornece uma pontuação baseada em diversos tipos ou episódios de adversidade vivenciados quando criança. Pesquisas indicam que uma pontuação alta se correlaciona com uma maior incidência de problemas de saúde mental ou de dependência. Com base nisso, a maioria das pessoas simplifica as coisas: adversidade = ruim. No entanto, o problema, em minha humilde opinião, não é *necessariamente* sofrê-la na infância; como dissemos, precisamos dela para crescer e prosperar (com o entendimento de que muita adversidade pode nos levar a um ponto de ruptura). Mas agora, graças aos sumos sacerdotes da saúde mental, como o psiquiatra Bessel van der Kolk e seu best-seller *The Body Keeps the Score* ["O Corpo Mantém o Score", em tradução livre], quase toda dificuldade ou adversidade na vida de uma pessoa foi apelidada de "trauma" — que ele sugere estar armazenado no corpo.[12]

Só que isso não é verdade — nem toda adversidade é trauma, e as dificuldades em nossas vidas nos dão experiência, compaixão e resiliência. Elas nos tornam humanos e não precisam ser incapacitantes. Agora, como afirmei antes, existem pontos de ruptura e algumas coisas muito graves que podem acontecer com as pessoas e que são realmente traumáticas: agressão sexual, doença debilitante, abuso físico, negligência profunda. Mesmo assim, tiramos a importância da palavra e atenuamos os eventos *genuinamente* traumáticos, tornando *tudo* um trauma. Lamento informar, mas sua mãe não ter lhe dado aquele brinquedo que você queria quando tinha 6 anos *não* é um trauma.

Como Brené Brown com a vergonha e Van der Kolk com o trauma, o problema não é *necessariamente* a adversidade da infância; precisamos dela para crescer e florescer (como mencionado, com o entendimento de que muita adversidade pode levar a um ponto de ruptura).

No entanto, quando profissionais da saúde famosos e suas teorias se popularizam e se tornam virais no TED Talk, eles começam a moldar o cenário psicológico e cultural. Por causa do seu poder sugestivo, vergonha e trauma são agora onipresentes. Basta analisarmos o fiasco anterior ocorrido na década de 1990 com o fenômeno das "memórias recuperadas", em que os terapeutas faziam perguntas importantes sobre memórias reprimidas que, muitas vezes, resultavam em declarações comprovadamente falsas de abuso. Assim, podemos entender e perceber totalmente o poder que eles exercem sobre os pacientes.

Na verdade, segundo a pesquisa, aqueles cujos terapeutas lhes sugeriram a presença de memórias reprimidas eram vinte vezes mais propensos a "vivenciá-las".[13] Isso também ocorre quando outros tipos de figuras de autoridade (por exemplo, investigadores policiais) fazem perguntas sugestivas: pessoas com poder influenciam bastante a percepção, as memórias e as crenças daquelas com quem estão interagindo. Seria de se admirar que os populares e famosos terapeutas "estrelas" conseguissem basicamente demonizar um fenômeno humano natural que afirmam ser prejudicial e, depois, por meio de sua popularidade, criar a disseminação sociogênica entre seus devotos seguidores, de modo que esse processo natural seja patologizado? Que, como mencionado, eles criassem os dragões que insistem em matar?

Em seu convincente ensaio *A Posthumous Shock: How Everything Became Trauma* ["Choque Póstumo: Como Tudo Se Tornou Trauma", em tradução livre]",[14] Will Self analisa como o outrora desconhecido Van der Kolk (e suas teorias) ganhou força depois que seu capítulo sobre o assunto apareceu na antologia *Trauma* de Cathy Caruth em 1995: *Explorations in Memory* ["Explorações da Memória", em tradução livre] serviu como divisor de águas na teoria moderna do trauma, pois seu livro *The Body Keeps the Score* se tornou fenômeno internacional. No entanto, em seu ensaio, Self questiona: "Como uma interpretação deturpada de uma patologia psicológica marginal passou a influenciar tanto as ciências humanas — e cada vez mais o discurso popular?" Mesmo que Self tenha diversas teorias a respeito disso, ele ressalta a diferença primordial, que se aplica tanto ao paradigma dominante do trauma quanto ao da vergonha: ao que parece, ambos são desprovidos de quaisquer construtos éticos ou de valor.

Ao não distinguir os fatos que *ocorrem* com uma pessoa dos comportamentos repugnantes cometidos *por* essa pessoa (como o fuzileiro naval descrito por Van der Kolk que estuprou uma mulher vietnamita e assassinou inúmeras crianças), "a concepção moderna dos teóricos do trauma sobre as enfermidades e as terapias que as acompanham destroem a distinção *ética* fundamental" (os grifos são meus).

Distinção *ética*.

Mas, no cenário moderno de saúde mental, onde reside a ética? Ela não existe, e isso é parte significativa do problema paradigmático de valor neutro. No contexto da vergonha e do trauma, é importante saber se nosso sofrimento emocional e psicológico é resultado de nossas ações ou se fomos vítima das ações de outrem. Claro que, às vezes, pessoas boas em situações extremas podem fazer coisas ruins — mas, nesse caso, a resposta natural e saudável é sentir remorso e, sim, até vergonha. E talvez seja até traumático. Independentemente da quantidade de bálsamo terapêutico que se aplique nessa ferida psíquica autoinfligida, isso não poderá curá-la ou anestesiá-la devidamente, nem deveria. A ferida é a consciência; ferida de origem ética em que uma pessoa cometeu um ato antitético ao seu sistema de valores.

O único caminho rumo ao crescimento e à redenção é sentir o desconforto autoinfligido e crescer por meio dele. Como afirmado, a história é bem diferente quando uma pessoa é vítima de ações repugnantes cometidas contra ela, ficando traumatizada ou internalizando esse abuso como vergonha. Nesses casos, não existe conflito ético — apenas sofrimento psíquico e emocional.

Nos paradigmas de saúde mental, apesar de ausentes, as considerações éticas são determinantes na filosofia. Por isso, parte importante de qualquer solução moderna de um "novo paradigma" é adotar orientação filosófica para compreender a saúde mental e o bem-estar, sobretudo na complicada e eticamente distorcida era digital. Na verdade, conforme já mencionado, o problema de muitas pessoas hoje não é sentir *muita* vergonha, é não senti-la o *suficiente*, pois há um narcisismo social que, não raro, leva a algum comportamento desonesto ou infame que realmente é digno do sentimento de vergonha. No entanto, não existe um construto ético correspondente — uma *bússola moral tradicional e avançada*.

Se fôssemos adotar os ensinamentos filosóficos milenares, uma das estratégias eficazes contra a vergonha seria: não cometa atos vergonhosos; tente se comportar de maneira ética e respeitável. Assim, você não sentirá vergonha, nem será envergonhado, nem será uma vergonha... Ou seja lá qual for a palavra que queira usar. Mas, para tal, é preciso estudar o cálculo ético e desenvolver um sistema de valores mais elaborado com o qual as pessoas se identifiquem.

Outro ponto fundamental que estou destacando é a noção de que confundimos uma variedade de experiências naturais na arena da patologia, já que se tornaram medicalizadas devido ao zeitgeist e a linguagem de nossa cultura. No entanto, essa dinâmica de medicalizar um processo natural e torná-lo um negócio expressivo não é nova. A mesma coisa aconteceu com o parto; por milhares de anos, as mulheres praticaram o "parto social", em que as gestantes contavam com amigas, com familiares e com parteiras experientes para ajudá-las. Mas, no século XVII, a profissão incipiente médica basicamente sequestrou o processo das mulheres e parteiras, no que tem sido chamado de "medicalização do parto".[15] Agora, o que antes era o mais natural dos processos se transformou na atual indústria multibilionária medicalizadora do parto, que é, na grande maioria dos casos, totalmente desnecessária.

O parto, como a maioria de nossos desafios diários de saúde mental, pode ser melhor abordado pelo modelo social. Sabemos disso pelas nossas análises anteriores sobre a importância da conexão social na depressão, bem como pelo trabalho do Dr. Robin Dunbar com grupos e pelo "número de Dunbar" ideal de ao menos cinco amigos por pessoa. E também sabemos pela pesquisa sobre depressão do Dr. Stephen Ilardi e pela saúde daqueles que vivem na Zona Azul que vínculos sólidos e sociais de grupo e de família são a característica mais essencial de um perfil psicológico mentalmente saudável. Cabe ressaltar, ainda, que o modelo de adversidade do ACES mencionado anteriormente não leva em consideração uma variável importante: nossa capacidade de *lidar* com a adversidade. E essa habilidade de superação é consequência de um sistema imunológico psicológico saudável que só pode ser desenvolvido pela exposição — sim, adivinhe só? — à adversidade.

Usando uma metáfora médica: um sistema imunológico saudável se torna mais forte quando exposto a bactérias e a vírus oportunistas, que não são, propriamente ditos, o problema. O problema é o sistema imunológico comprometido que não consegue lidar com essas bactérias oportunistas cotidianas e bastante comuns. Para o sistema imunológico fragilizado, em vez de fortalecer as defesas, essas bactérias se tornam mortais.

Infelizmente, no mundo de hoje, crianças e adolescentes estão sendo privados da adversidade ou do estresse necessários que resultam em habilidades bem desenvolvidas de superação e em um sistema imuno-psicológico saudável. São fatores como os pais-helicópteros ou o complexo industrial de terapia de formação de dependência e infantilização; e, claro, a cultura da Bolha dos PCs, que ajudou a criar jovens adultos frágeis, reativos e perpetuamente ofendidos, totalmente incapazes de viver em um mundo em que (aviso de gatilho: linguagem depreciativa à frente) *merdas acontecem.*

Ao que parece, a vida do século XXI criou uma população que simplesmente não consegue suportar os problemas e as desventuras da vida — ou não consegue lidar com eles. Em parte, isso ocorre porque a impulsividade estimulada pela tecnologia é ingrediente crítico na personalidade do tipo "não consigo lidar com isso". Ser impulsivo está altamente correlacionado com todos os tipos de resultados negativos ao longo da vida, incluindo de transtornos de dependência a relacionamentos doentios. E, infelizmente, há uma infinidade de pesquisas revisadas por pares que correlacionam a Era Digital à impulsividade por meio de ciclos de feedback de gratificação instantânea das telas e da vida altamente tecnológica.[16]

Assim sendo, a adversidade em vez da Alexa e o *ganho* de certas recompensas em vez da gratificação instantânea de um botão ajudam a desenvolver essas habilidades necessárias. Nossos pais e avós não tiveram que lidar com esses problemas. Não quero dizer que a vida deles era melhor — suas vidas eram mais *difíceis* (na maior parte), e, nessa dificuldade, havia sua fonte de resiliência, de caráter, de perseverança e de determinação. Não é necessário comparar a invasão das praias da Normandia à criação de um tweet sarcástico como contraste de estilo de vida. Ah, sim, posso ouvir os gritos de "Ele está caindo naquela velha armadilha de glorificar e romantizar o passado!". Sim, estou.

Na verdade, trata-se de um dos pontos principais deste livro: a Era Digital extinguiu certas dinâmicas imprescindíveis e sustentadoras da sanidade que antes prevaleciam e que, agora, não existem mais: precisamos de experiências que cultivam a habilidade da paciência. Mas, em vez disso, temos o Twitter. Precisamos de experiências reais e vivas. Em vez disso, temos videogames. Necessitamos de experiências sociais interpessoais e presenciais. Em vez disso, temos mídias sociais. Precisamos de experiências imersivas na natureza. Em vez disso, temos algumas fotos da natureza no Instagram.

Isso *não* basta, se quisermos ser verdadeiramente saudáveis, fortes e felizes.

Nós nos tornamos invólucros deprimidos e de gratificação instantânea que não aprenderam a habilidade fundamental da paciência na vida. E, convenhamos: nossa era de *Alexa, faça isso*, também nos preparou para a preguiça. Se tudo é feito por nós, torna-se uma *verdadeira* chatice ter que fazer *qualquer coisa*. Não estamos somente sendo preparados para a preguiça, como também digitalmente superestimulados: agora estamos também sendo preparados para o tédio, como os adolescentes com acédia que mencionei antes. *Enfadonho*. Já passei por isso. Claro, tudo pode ser uma experiência metaversa de fantasia, mas você entendeu.

A Determinação Genuína

Sejamos realistas: amamos nossa facilidade e conforto, mas não há como negar que isso nos tornou doentes, preguiçosos e facilmente entediados. O que pode nos ajudar a curar essas tendências indesejáveis? E essa tal de *determinação* de que todos ouvimos falar? Sem dúvida, tem sido uma palavra da moda muito comentada, sobretudo nas áreas da saúde mental e da educação. Uma pessoa nasce com determinação ou pode cultivá-la?

Quando se trata de determinação, a Dra. Angela Duckworth é especialista; a psicóloga da Universidade da Pensilvânia literalmente escreveu um livro a respeito disso.[17] Ela começou a se interessar por essa variável não cognitiva quando ensinava matemática para alunos da sétima série e percebeu que o QI nem sempre parecia determinar quem tirava as melhores notas. Além disso, percebeu que havia outro atributo, uma variável essencial que definiu como "determinação": *entusiasmo* ou *persistência assídua* aplicada a conquistas de longo prazo, sem nenhuma preocupação específica com recompensas ou reconhecimento durante o processo. Isso combina resiliência, ambição e autocontrole na busca de objetivos que levam meses, anos ou até décadas.

Mas os dois ingredientes principais eram *entusiasmo* e *persistência*. Ela acabou desenvolvendo uma "escala de determinação" padronizada, um teste simples de dez perguntas a fim de calcular essa variável. Ele tinha afirmações como: "Contratempos não me desencorajam. Não desisto facilmente" e "Termino tudo o que começo". E dependendo das respostas, você obtém sua classificação de determinação.

No entanto, Duckworth também queria analisar se esse preditor era bom no mundo real: as pessoas com pontuação mais alta no teste se sairiam melhor em circunstâncias difíceis? Ela escolheu os cadetes da Academia Militar West Point como grupo de estudo. Aliás, uma boa escolha quando se trata de estudar a determinação. Melhor estudar os cadetes de West Point do que os jogadores de um campeonato de videogame. Todos que entram na Academia Militar de West Point têm que passar por um árduo processo de admissão de dois anos. No entanto, em média, três em cada cem cadetes desistem durante o extenuante período de treinamento de seis semanas chamado *Beast Barracks* ["O Quartel Bestial", em tradução livre]. Foi isso que despertou a curiosidade de Duckworth — o fato de eles desistirem tão rápido após um processo de admissão tão árduo: "Eu estava procurando um contexto em que as pessoas pudessem desistir muito cedo. Existe algo como desistir no momento certo. Mas também existe desistir em um dia difícil, quando você está desanimado e talvez não devesse tomar uma decisão tão importante."

Desse modo, ela forneceu aos cadetes sua escala de determinação e levantou a hipótese de que aqueles com a pontuação mais alta seriam os menos propensos a desistir e, por outro lado, aqueles com pontuação baixa seriam os mais propensos. E, com certeza, sua hipótese foi comprovada — a determinação é importante quando estamos tentando concluir algo dificílimo. Nos doze anos seguintes, ela descobriu alguns insights adicionais interessantes enquanto continuava a estudar os cadetes da Academia Militar de West Point (foram 11.258 participantes ao longo de uma década). Apesar de ter descoberto que a determinação era um importante preditor de sucesso, não era a *única* coisa.

Por exemplo, durante o *Beast Barracks*, a determinação é crucial. "Quanto mais determinado for, menor a probabilidade de você desistir durante esse período muito desanimador", explica Duckworth. Mas, durante os quatro anos na Academia Militar de West Point, em que os estudos em sala de aula *e* o treinamento físico são fundamentais, a *habilidade cognitiva* foi o preditor mais forte das notas acadêmicas. E, finalmente, a determinação e a habilidade física desempenharam papel mais importante do que a habilidade cognitiva na definição de quem acabaria se formando em West Point após quatro anos em comparação com quem poderia sair mais cedo. Portanto, temos as variáveis determinação, habilidade cognitiva e força física desempenhando papéis significativos na previsão do sucesso.

Esta pesquisa valida e corrobora o conteúdo do próximo capítulo: o arquétipo do Filósofo-guerreiro, aquele ideal que um indivíduo pode adotar para prosperar em nossa Era Digital nociva. Combinei todos os ingredientes de sucesso comprovados de Duckworth (determinação/entusiasmo/persistência) com alguns adicionais testados pelo tempo, tudo no mesmo pacote: Sabedoria. Força. Determinação. Resiliência. Discernimento ético.

Antes de analisarmos esse arquétipo milenar, vejamos mais um ingrediente essencial.

Encontrando Significado em Um Mundo Sem Sentido

Anteriormente, mencionei que há força na dificuldade. Podemos ver isso em múltiplas formas: pessoas com diferenças físicas que prosperam e são mais ativas do que aquelas sem seus desafios; outras que superam vícios e se tornam melhores; imigrantes de diversas origens que precisaram perseverar para vencer e assim por diante. De fato, o sobrevivente de Auschwitz e psiquiatra Viktor Frankl escreveu sobre essa força conquistada por meio da dificuldade em seu livro pioneiro O *Homem em Busca de um Sentido*, que, curiosamente, foi originalmente intitulado como *In Spite of Everything, Choose Life* ["Apesar de Tudo, Escolha a Vida", em tradução livre].[18]

Frankl também identificou outra dinâmica fundamental de manutenção da humanidade: a necessidade de um senso de propósito e de significado em nossas vidas. O que nos leva ao sintoma final de nosso paciente doente, o Homo Sapien, Edição High-Tech do século XXI: carência de significado e de propósito na vida cotidiana. Mas isso só é válido para o *Homo sapiens* do "mundo modernizado", porque, de um modo geral, os autóctones *Homo sapiens* do século XXI, cada vez mais raros, demonstraram não sofrer desses problemas. Que é o cerne da minha tese. Os autóctones — e a versão antiga da humanidade — são nosso grupo de controle. Nós, modernos, somos o grupo experimental. O que acontece com as espécies na Era da Informação pós-industrial? Nada de bom. Nosso DNA simplesmente não acompanhou nosso modo de vida radicalmente novo e diferente. E, como disse certa vez o psicólogo pioneiro Carl Jung, a modernidade, para nosso prejuízo, desmistificou nosso mundo; ele acreditava, como eu, que *precisamos* de nossos mistérios e nossos mitos, pois eles incutem sentido no sem sentido e significado no sem significado.

Os variados mitos da criação e estruturas cosmológicas nos fornecem senso de lugar e propósito no universo. Caso contrário, não passamos de átomos aleatórios, voando ao acaso pelo cosmos — sem nenhum método para a insanidade —, qual o significado de tudo isso? Por que levantar da cama de manhã? É disso que são feitas as crises existenciais e os vícios autodestrutivos — pessoas perdidas que sentem que suas vidas não têm significado ou propósito em um universo hostil e aleatório. Sim, é uma perspectiva bastante desoladora, concordo. No mundo da recuperação, existe até um ditado para aqueles que se apegam ao desespero niilista: "Finja até conseguir", em relação ao sistema de crença espiritual no qual cada um acredita, já que, sem uma noção mais profunda e significativa da vida, por que *não* beber?

Falando nisso, tenho uma história bastante convincente para compartilhar sobre o que pode acontecer com um grupo de pessoas que perdeu todo o senso de propósito em suas vidas — e a magia transformadora que ocorreu quando foram inspiradas por alguém a sonhar mais uma vez.

O Padre Polonês Maluco

Li pela primeira vez sobre o padre Bogusław Paleczny em 2008. Eu estava de férias com minha família na Grécia, folheando o jornal *International Herald Tribune* (lembra-se dos jornais?), quando me deparei com a história desse homem inspirado e religioso que administrava um abrigo para sem-teto, o *St. Lazarus Social Pension*, em Varsóvia.[19] Nessa época, eu trabalhava como profissional de saúde em um hospital de reabilitação de drogas e álcool, além de ensinar sobre tratamentos de adicção na Stony Brook Medicine, em Nova York. Mas eu estava um pouco frustrado profissionalmente devido à ineficácia de nossos melhores métodos de tratamento para ajudar pessoas cujas vidas haviam sido destruídas como resultado de seu vício.

É difícil quantificar com precisão os índices bem-sucedidos de recuperação; contudo, segundo alguns dados mais confiáveis, não mais do que uma ou duas em cada dez pessoas concluem a reabilitação e permanecem limpas e sóbrias por um ano. Em outros casos, o índice é de 5%. Independentemente de ser 5% ou 20%, a indústria de tratamento tem uma péssima média de índices. As pessoas têm recaídas e, devido a drogas como fentanil e oxicodona, aquelas com recaídas fatais, que acabaram de sair da reabilitação, são cada vez mais comuns. Meu primeiro ano atuando em uma clínica de reabilitação foi em 2002, e mais de dez pacientes com quem trabalhei — pessoas que conheci, com as quais me relacionei e tentei ajudar — recaíram e morreram logo após o tratamento. Era angustiante e começou a me afetar. Ainda era relativamente novo na área, e minha overdose quase fatal não havia sido há muito tempo. Eu tinha o ardor e o entusiasmo dos recém-convertidos, mas, dia após dia, continuava vendo a realidade nua e crua do tratamento de dependência e seus resultados malsucedidos. O que nos faltava? Tínhamos décadas de pesquisa e protocolos de tratamento de melhores práticas, mas continuávamos perdendo muitas pessoas.

Por isso, fiquei tão impressionado quando li sobre o trabalho daquele polonês e seu efeito nos homens de seu abrigo. O padre Paleczny não era um típico padre; sim, ele era católico romano e usava uma batina preta marcada com uma cruz vermelha no peito, como todos os sacerdotes da Ordem de São Camilo. Mas ele era diferente. Era um músico ativo (tendo feito até turnês nos Estados Unidos) com sorriso fácil e expressão gentil, mas também com os olhos intensos de um homem que podia ver as coisas, tipo, *realmente* enxergá-las.

Ele era uma daquelas pessoas especiais que dificilmente encontramos ou de quem raramente ouvimos falar, dedicando cada grama de seu ser a ajudar os outros. Cuidava de uma cozinha comunitária ao ar livre aos pés do Palácio de Cultura e Ciência de Stalin, no centro de Varsóvia; também dirigia uma clínica gratuita no final de uma plataforma de trem subterrâneo e, claro, a casa St. Lazarus — que comprou com o próprio dinheiro e depois doou para a igreja. E ele queria veementemente que ela fosse chamada de *lar* em vez de *abrigo*. Como eu disse, era um homem especial. O que me chamou a atenção foi o projeto que havia feito com os residentes. Veja bem, Paleczny tentava conhecer e entender suas histórias — 25 homens endurecidos pela vida que se embriagavam até ficarem em estado grave. Alguns eram operários de fábrica, outros, profissionais com família. Independentemente da origem, eles agora estavam sem casa ou qualquer apoio e precisavam de ajuda.

O que impressionou o padre Paleczny foi que todos haviam perdido a noção de qualquer tipo de sonho ou de objetivo futuro. Quando lhes perguntava: "Qual é o seu sonho? Qual seria sua paixão se pudesse fazer qualquer coisa?" Ele normalmente recebia olhares perdidos ou expressões confusas. Sonhos? Eram homens destruídos que bebiam. Qualquer simulacro de sonho de suas vidas anteriores havia sido tragado pela destilaria do alcoolismo. Para ele, ficava cada vez mais evidente que eles precisavam de um propósito em suas vidas, algum tipo de projeto estimulante que os inspirasse, incentivasse e trouxesse de volta para o mundo. Então ele decidiu que todos construiriam um barco e navegariam juntos ao redor do mundo.

A Jornada do Herói! Podemos imaginar o impacto dessa sugestão nos residentes cansados do mundo quando o polonês propôs essa ideia radical. Como eu disse, não era um padre comum. Era carismático, entusiasmado e persistente. A Dra. Duckworth pode até dizer que ele tinha *determinação*. Por fim, conseguiu que os homens aceitassem essa ideia maluca. Por que não? O que eles tinham a perder?

A ideia de construir um barco ocorreu pela primeira vez a Paleczny enquanto ele estava hospitalizado com tuberculose. O homem no beliche do hospital ao seu lado era um marinheiro — foi quando teve seu momento de inspiração. Para muitos de fora do abrigo, parecia que o padre tinha enlouquecido; pegar 25 homens que se perderam na vida e não conseguiram parar de beber — e pedir-lhes que construíssem um barco? E depois navegar com eles ao redor do mundo? Parecia uma insanidade sem tamanho. Mas ao contrário, era uma inspiração sem tamanho. E, como veremos, esse tratamento é mais eficaz para o alcoolismo do que qualquer um dos protocolos desenvolvidos pelos melhores psicólogos especialistas em dependência de lugares como Harvard (com todo respeito ao meu amigo, Dr. Howard Shaffer, de Harvard).

Paleczny entrou em contato com Bogdan Malolepszy, de 74 anos, autor de um livro sobre construção naval, e perguntou se ele poderia doar plantas para os homens construírem um barco. Malolepszy precisava conhecê-lo e ver com os próprios olhos a situação em St. Lazarus: "Quando você entra nas instalações da missão, vê que eles têm boas condições, mas os homens andam por ali como perdidos." Na verdade, estavam perdidos, esse era o problema. Após conhecer Paleczny e seus residentes, o especialista em projetar navios simpatizou com a causa quixotesca e concordou em ajudá-los. "Então, desenhei o projeto, e eles começaram a construí-lo."

E construíram. Quando li o artigo em 2008, fazia 3 anos que os homens estavam construindo um barco, com um casco de metal, gigantesco, de 55 pés. Os materiais não eram baratos, mas conforme a notícia do padre maluco e de seus sem-teto se espalhava, doações de dinheiro e materiais começaram a chegar. E o bom e velho padre Paleczny estava sempre disposto a mobilizar o próprio dinheiro; quando não conseguiu persuadir ninguém a lhe doar o aço para o casco, negociou um preço mais barato e o comprou por U$27.000. Quando precisou de nove toneladas de chumbo para o lastro do barco, ligou para fundições na Polônia pedindo doações, até que uma, a White Eagle Ironworks, concordou. E assim foi.

Talvez você esteja pensando: *então um padre excêntrico estava construindo uma Arca de Noé com 25 homens que viviam em um abrigo para sem-teto. O que isso tem a ver com revolucionar o tratamento da dependência?* Fico feliz com a pergunta.

O que me deixou estarrecido enquanto eu lia o jornal é que, durante a construção, *nenhum homem havia bebido*. Como um residente disse ao repórter, eles finalmente tinham um propósito em suas vidas novamente, algo pelo qual ansiar quando acordassem de manhã.

Podemos fazer todas as terapias que quisermos — terapia cognitivo-comportamental, gestalt, terapia comportamental dialética, trabalho com traumas, teoria da resiliência à vergonha —, mas nenhuma delas terá efeito, a menos que possamos ajudar a pessoa a encontrar um senso de propósito e paixão novamente em sua vida. Todos precisamos dessa força motivadora. Paleczny, um humilde padre sem nenhum treinamento clínico, entendia isso intuitivamente.

Nos muitos anos desde que li sobre ele, compartilhei sua história com centenas de adictos em dificuldades, tanto em terapia individual quanto em grupo, e então fazia a pergunta: "Qual é o seu barco? Qual pode ser o seu propósito e projeto de sua vida?" Ao longo dos anos, muitos pacientes me contaram que a história do "padre polonês e seu barco" fora a parte mais significativa e fundamental de todo o processo de tratamento.

Se ao menos Paleczny soubesse quantas pessoas inspirou — e talvez até algumas que estão lendo este livro. A triste parte da história é que ele morreu de ataque cardíaco aos 50 anos, um ano após eu ler pela primeira vez sobre sua história. Seus homens, enlutados, mas determinados, continuaram construindo. Eles pretendiam terminar o navio e batizá-lo com o seu nome. No momento em que eu escrevia este livro, ao pesquisar na imprensa polonesa, consegui encontrar um artigo de 2021. Dezesseis anos depois, o barco foi finalmente concluído, após anos de atrasos devido à Covid-19.

O sonho, mesmo que adiado, vive.

Ao longo dos anos, mais de trezentas pessoas trabalharam para concluir o sonho compartilhado pelo padre, incluindo alguns dos residentes originais. Esta história ressalta o papel fundamental de ter um senso de propósito na vida. Basicamente, o padre Paleczny criou um paradigma da Jornada do Herói para seus homens perdidos, vazios e sem rumo. Nos últimos vinte anos, meu trabalho com adicção consiste principalmente em ajudar adictos em dificuldades a reformular seus desafios, como a trajetória cheia de obstáculos do arquétipo do herói na Jornada do Herói. Quando encontramos paixão ou objetivo em nossa busca e realização, podemos mudar e transformar nossas vidas. E quem entende essa necessidade de um senso de propósito melhor do que quase ninguém? Os designers de videogames. Quase todas as plataformas *gamers* são representações digitalizadas baseadas em avatares da clássica Jornada do Herói. O único problema é que elas não são reais: são apenas ilusões que causam dependência.

O verdadeiro desafio de qualquer empenho para alguém encontrar um significado genuíno de satisfação da alma na própria vida é, já diria o mitólogo Joseph Campbell, *encontrar sua felicidade.*

Neste capítulo, vimos algumas das limitações e benefícios da terapia tradicional. Vimos também a importância de ter determinação e de encontrar um senso de propósito em nossas vidas. O problema é que a imersão de nossas vidas nas telas age como criptonita tanto para nossa determinação quanto para qualquer senso de propósito e significado genuínos em nossas vidas. Pense nisso: perder-se no Instagram, nos jogos ou ser sugado pelos vídeos surreais do TikTok ou do YouTube apenas nos enfraquece, permite nossa preguiça e nos rouba qualquer propósito em nossas vidas reais. Não quero que minha paixão seja uma aventura virtual no metaverso, obrigado, mas, não, Mark Zuckerberg.

É hora de retomarmos nossas vidas e assumirmos o controle de nosso próprio destino, não deixando que os algoritmos das Big Techs nos moldem.

É hora de nos tornarmos um Filósofo-guerreiro.

11

O Filósofo-guerreiro

O Tao dos Antigos

Benvenuto Cellini, autor e escultor renascentista do século XVI, afirmava que uma pessoa completa e inteligente deveria ser filósofa, guerreira e também artista. De fato, ele alegava que um "homem completo" deveria ter esses três atributos. Mas, considerando nossos objetivos, sabemos que essa linguagem é antiquada e focaremos a sabedoria em condicionar *todas* as pessoas a terem esses atributos.[1]

Passemos a entendê-los não somente como vocações, mas também como arquétipos tão antigos quanto a própria condição humana. Algumas pessoas consideram os arquétipos como símbolos ou padrões universais — o que são. Na literatura psicológica junguiana, podemos interpretá-los como representantes de temas ou padrões universais, parte de um "inconsciente coletivo" que Carl Jung acreditava que todos nós compartilhamos.[2]

Ele também acreditava que os arquétipos são universais, congênitos e herdados — que não nascemos como "tábulas rasas" em branco, mas que temos essa estrutura predefinida em nossa psique humana coletiva para nos ajudar a entender as coisas. Na verdade, *arquétipo* vem do grego e significa literalmente "padrão original", e vemos que inúmeros arquétipos compatíveis podem se expressar por meio de nossa arte, mitologia, política e qualquer outra faceta da existência humana, atravessando o tempo e todas as culturas. E apesar de existir um número infinito de arquétipos, Jung identificou alguns principais, como o do herói, o do criador/artista, o do sábio, o do rebelde e o do bobo da corte. Gostaria de focar os três mencionados por Cellini, pois em minha opinião, coletivamente, essas três forças — a força criativa do artista; a força, a bravura e a honra do guerreiro e a sabedoria, o raciocínio, o discernimento ético e a curiosidade do filósofo — são os atributos que uma pessoa autorrealizada na sociedade do século XXI mais precisa cultivar.

Pense em uma mistura de um guerreiro espartano com um filósofo ateniense (como Sócrates ou Platão) e uma pitada de criatividade na forma musical ou poética de Orfeu — ou qualquer outra forma de expressão criativa. Acabei de mencionar alguns exemplos gregos clássicos e famosos de arquétipos de guerreiros, filósofos e artistas. No entanto, para que fique claro, se analisarmos todas tradições culturais, podemos encontrar outros em todas as partes do mundo: no Japão tradicional, existia o samurai, o monge Zen e o artista Kabuki. Na África, existia o guerreiro Zulu, a filosofia coletivista Ubuntu e a arte subsaariana de escultura e máscaras de madeira. Podemos também encontrar esses três arquétipos em toda a nossa cultura popular, desde em *Guerra nas Estrelas* (o cavaleiro Jedi é um bom exemplo dos arquétipos combinados de filósofo/guerreiro) até no Universo Cinematográfico Marvel, bem como no meu favorito: *Jornada nas Estrelas*.

A razão pela qual esses filmes intermináveis da Marvel são tão populares é porque exploram nossa necessidade inerente de experiências arquetípicas e míticas. O mitólogo Joseph Campbell a estudou detalhadamente. Em seu respeitável livro O *Herói de Mil Faces* (1949), ele descreve o arquétipo clássico do herói e as centenas de manifestações que assumiu em inúmeras culturas e mitologias.[3]

O problema é que, como Carl Jung disse no século passado, "desmistificamos" o mundo; relegamos nossos mitos de criação e narrativas culturais à pilha de lixo de ficções, como o Papai Noel e a fada dos dentes. Mesmo assim, somos psicologicamente programados para precisar dessas estruturas explicativas que se comportam como uma espécie de sistema estrutural, sustentando nosso senso de identidade e propósito no mundo. Sem elas, nossa identidade coletiva pode desmoronar — e o indivíduo pode se sentir perdido, vazio, desconectado do mundo e sem rumo.

Em nosso mundo altamente secularizado e tecnológico, perdemos nosso senso de lugar. O sistema de estruturas de nossas mitologias ancestrais que mencionei foi desmantelado. Mas nossa *necessidade* persiste. Vejamos os videogames e os filmes da Marvel — Jornadas do Herói arquetípicas em miniatura para nossos dispositivos brilhantes. E trata-se de negócios multibilionários justamente porque compreendem nossa necessidade humana fundamental de ter essas experiências arquetípicas — que, atualmente, não estamos conseguindo vivenciar em nenhum outro lugar. Sem elas, quando não conseguimos encontrar nosso verdadeiro senso de sentido em uma sociedade opressora e altamente mecanizada, que desvaloriza o espírito humano, recorremos sem pensar ao *Candy Crush* ou somos sugados pelas mídias sociais. No entanto, o que precisamos encontrar é nossa força interior e nossa sabedoria, não sermos distraídos ou viciados pelo canto da sereia de nossos dispositivos sedutores de flashes e *tweets*.

Entra em cena o Filósofo-guerreiro-artista. Anteriormente, mencionei que os atributos desses três arquétipos são a força, a bravura e a honra do guerreiro; a sabedoria, o raciocínio, o discernimento ético e a curiosidade do filósofo e a força criativa do artista. Vamos analisá-los por partes.

Primeiro, o que quero dizer com *filósofo*? Talvez mais importante, o que significa filosofia? Homens velhos e brancos de togas discutindo algum esoterismo intelectual desinteressante? Longe disso. Embora ela signifique literalmente o amor à sabedoria, o filósofo, pelo menos na versão original, não era uma pessoa que *estudava* o assunto da filosofia, e, sim, alguém que *vivia* na busca consagrada pela verdade e em sintonia com seus valores mais elevados.

Os filósofos procuravam compreender melhor a natureza do nosso mundo (cosmologia), a natureza do ser (ontologia) e, por sua vez, nosso lugar dentro dessas estruturas. Eles olhavam maravilhados para o céu noturno e refletiam sobre sua própria natureza; observavam de forma empírica o mundo natural e tentavam usar o raciocínio dedutivo, inferindo logicamente como as coisas funcionavam. E, talvez o mais importante, faziam a pergunta mais transformadora de todas: Por quê?

Assim, enquanto cientistas, que evoluiriam a partir dos primeiros empiristas como Aristóteles, privilegiavam a observação da natureza e dos fenômenos naturais e se perguntavam "como?" e coisas do tipo: Como um pássaro voa? Como as células se reproduzem? Como a água evapora? — os filósofos se perguntavam o *grande* e muitas vezes irresolúvel *porquê* das questões da existência (e *quais* eram elas): Por que estou aqui? Qual meu propósito? Por que o universo foi criado? O que é "Viver Bem" para um ser humano? Alguns dos primeiros filósofos, como Sócrates, estavam sobretudo preocupados com os assuntos humanos e investigavam questões como ética e o próprio significado de "viver bem". No entanto, outros, como Tales, Parmênides, Heráclito e Pitágoras estavam mais preocupados com a natureza da própria realidade.

Aqui, é importante analisar um pouco do contexto histórico e global desse período e também reconhecer que o foco nas raízes do pensamento ocidental clássico talvez seja um tanto eurocêntrico. No entanto, como observado antes, o pensamento grego antigo era, de fato, uma amálgama do pensamento grego, africano (egípcio) e do Oriente Médio.

Apesar disso, fascinante mesmo foi o despertar ocorrido globalmente na mesma época (dentro de um período aproximado de duzentos anos): na China, houve o advento de preceitos filosóficos na forma do *Tao Te Ching*, de Lao Tsu, as escrituras que iluminariam "o Caminho" ou o Tao do taoísmo. Esse misterioso Caminho harmoniza as forças elementares da natureza e do universo (simbolizado por yin-yang) e apresenta a sutil energia *chi* universal e a prática *wu wei*, a abordagem de não fazer ou "fluir" a existência. Na Índia, mais ou menos na mesma época, Siddhartha Gautama, também conhecido como Buda, buscava a iluminação sentado em uma árvore bodhi enquanto "despertava" para as Quatro Nobres Verdades e para o Nobre Caminho Óctuplo rumo à iluminação, que se tornariam os alicerces do budismo moderno.

Esse despertar global, descrito como uma mudança de centenas de milhares de anos de medo e superstição, também foi chamado de Era Axial[4] (período de 800 a 200 A.E.C.) — época na história da humanidade em que a Terra supostamente mudou de eixo, ao mesmo tempo que os humanos em todo globo descobriram não apenas novos paradigmas para entender o universo, como também novas maneiras de conceber seu propósito ou seu papel dentro deste mundo. Como máquinas pensantes programadas, os seres humanos tentaram, por centenas de milhares de anos, entender um ambiente aparentemente sem sentido e muito hostil. Na prática, durante a maior parte da história humana, as pessoas confiaram na superstição, na bruxaria e em outras fontes muitas vezes irracionais, como governantes tribais divinizados ou xamãs com mente alterada, visando compreender a natureza e a própria existência.

Contudo, durante a Era Axial, ocorreu uma mudança rumo a uma nova compreensão; agora, há quem alegue que algumas delas ainda tinham um aspecto religioso ou "pensamento mágico"; existe mesmo a força *chi* sutil descrita por Tao? E, afinal, o budismo também não é uma forma de religião? Sim e não; a maioria dos estudiosos costuma enxergar o budismo como um conjunto de ideias, chamado de "filosofia religiosa aplicada", enquanto outros o consideram mais como um construto psicológico. E aqui, entramos na área nebulosa entre filosofia, religião e ciência, talvez melhor descrita por Bertrand Russell, eminente acadêmico, filósofo e matemático, em seu pioneiro *A História da Filosofia Ocidental* (1945)[5]:

"A filosofia é algo que se encontra entre a teologia e a ciência. A exemplo da teologia, consiste ela em especulações sobre questões quanto às quais, até hoje, um conhecimento definido se mostrou inverificável; a exemplo da ciência, porém, recorre à razão humana em vez de à autoridade, seja esta a autoridade da tradição ou da revelação. Todo conhecimento *definido*... pertence à ciência; todo *dogma* referente ao que está além do conhecimento definido pertence à teologia. Entre ambas, no entanto, existe uma terra de ninguém, uma terra exposta a ataques de ambos os lados. Essa terra de ninguém é a filosofia."

Em outras palavras, filosofia, religião e ciência estão tentando obter conhecimento ou o que podemos chamar de *verdades mais profundas* — apenas usam ferramentas diferentes (ou seja, método científico, escrituras, raciocínio, etc.) para chegar lá.

É nesse ponto que reside o diferencial dos filósofos clássicos. A sua busca (ou "amor") por sabedoria implicava o uso do raciocínio e do pensamento crítico, sem superstição, dogma ou qualquer outro sistema de crenças. Pela primeira vez, a observação e o raciocínio dedutivo foram usados para fornecer descrições e explicações racionais do mundo natural, e a lógica e a análise racional foram utilizadas a fim de explorar as facetas da vida humana, bem como do mundo invisível... Coisas como matemática, cosmologia, conceitos de verdade... Tudo foi reexaminado pelos prismas do raciocínio e da análise racional.

Mas o que eles concluíram sobre a essência do ser humano?

Platão, considerado o filósofo basilar de todo o pensamento ocidental, acreditava que havia três elementos na psique humana. Simplificando: o apetite, o raciocínio e o espírito. Ainda que hoje entendamos que psique significa os aspectos conscientes e inconscientes da mente, a etimologia grega antiga da palavra *psique* se traduz como "alma", embora possamos escolher considerá-la como alma secularizada, pois Platão é anterior a qualquer construto teológico atual (mesmo que se acredite que tenha influenciado a concepção cristã primitiva de alma).

A parte "apetite" nos é autoexplicativa: trata-se de todos os nossos desejos primitivos idílicos por comida, sexo e recompensa sensorial. Compartilhamos das mesmas necessidades básicas que os animam; porém o que nos elevou em relação aos nossos amigos bestiais foi nossa capacidade de raciocínio. A qualidade dele, aliada à reflexão, poderia nos salvar dos impulsos de nossos apetites.

Como Platão alega em sua *magnum opus A República*: "Teremos boas razões, então, para afirmar que há dois princípios distintos. Podemos chamar aquela parte da alma pela qual se reflete de raciocínio; e a outra, pela qual se sente fome e sede e se distrai com a paixão sexual e com todos os outros desejos, chamaremos de apetite irracional, relacionado ao prazer e à satisfação de determinadas necessidades."[6]

Hoje, vivemos em um mundo que ataca sedutora e incessantemente nossos sentidos; um buffet 24 horas por dia, 7 dias por semana, de bem-estar digital cujos alvos são nossos "apetites". Esqueça o desejo carnal ocasional do passado; agora existem literalmente milhões de seduções digitais ao nosso alcance. Como podemos afugentar tamanha tentação? Segundo Platão: com raciocínio e honra.

Atualmente, consideramos o "viver bem" como um paraíso de consumo de sucesso material — ou será excesso? Todavia, para Platão, o "viver bem" significava conter os apetites para que a moderação, ou "temperança", pudesse ser alcançada pelo autocontrole por meio do raciocínio e da honra. Sim, Sócrates havia dito que a "vida não examinada não vale a pena ser vivida", privilegiando a reflexão sobre a própria vida e valores, mas Platão acreditava que isso não era suficiente. O indivíduo precisava de senso de raciocínio a fim de dominar suas paixões, visando o bem comum coletivo. Ou seja, agir com egocentrismo e pensar somente no próprio umbigo não é o melhor jeito de se viver, caso não controlemos nossos vícios o bastante para ajudar a comunidade.

Aqui, a ideia de "raciocínio" também é complexa. Alega-se que os gregos antigos eram os fundadores do racionalismo e da lógica, considerados ingredientes do que podemos chamar de raciocínio. E, com certeza, a lógica e os silogismos podem ajudar a elucidar e esclarecer a mais nobre das buscas — a da verdade. Na prática, os filósofos originais criaram sistemas completos de análise para discernir o que consideravam uma realidade incontestável, e não uma ofuscada por nossos sentidos facilmente ludibriáveis, pela retórica persuasiva ou pelos encantos de sofismas falaciosos.

Na Era Clássica, o sofisma era a "fake news" da época, e a retórica era retórica mesmo, com o intuito de persuadir, mas não necessariamente de se chegar à verdade. Assim, ao desenvolver um senso aguçado de raciocínio por meio da lógica e do *pensamento crítico*, definido por Sócrates como questionamento cuidadoso e sistemático de afirmações ou crenças, uma pessoa *conseguiria* focar o cerne da questão, alcançando a elucidação ou clareza da verdade — tanto a prática e cotidiana quanto a transcendental mais profunda. Verdade *transcendental*? Sim, pois *o raciocínio*, de acordo com Platão, também ia além do prático e racional; ele também tinha qualidade transcendental, porque era o caminho para verdades eternas e objetivas (pense na matemática). E além da matemática, o filósofo acreditava que havia todo um reino de verdades eternas, o reino das *formas*: ideias e conceitos eternos que antecederam não apenas a humanidade, mas o próprio tempo.

Vejamos um breve exemplo: boa parte do mundo joga algum tipo de esporte com uma bola esférica — vamos escolher o basquete para este exercício de pensamento. Para confeccionar bolas de basquete em uma fábrica, algum ser humano teve que, em algum momento, ser capaz de conceituar a forma de uma esfera. Segundo Platão, essa pessoa acessou a ideia eterna da forma de uma esfera a partir do reino das formas — lugar eterno e incorpóreo onde se acredita que todas as ideias existam — devido à nossa capacidade de usar o raciocínio (ou seja, aquele em forma de conhecimento matemático que descortina as realidades de uma esfera). Assim, nesse contexto, o *raciocínio* pode ser entendido como a vara de pescar que se pode usar para uma exploração metafísica mais profunda a fim de acessar verdades transcendentais.

Trata-se da faceta metafísica desse conceito; mas quanto à nossa análise anterior sobre nossos impulsos mais primitivos, o *raciocínio* e a *honra* também são os freios para nossos apetites; o primeiro na forma de análise crítica reflexiva da causa e efeito de nossas ações, e a segunda, situando nossas ações em um contrato social mais amplo em vez de somente enxergá-las por meio do prisma de impulsos egocêntricos. Infelizmente, na área da saúde mental, não ouvimos muito sobre "honra" nos dias de hoje — estamos muito atarefados aprendendo sobre "vergonha" e "trauma".

No entanto, para Platão, ela era o segredo para a sanidade, o sentido, a coerência, a identidade e a comunidade. No contexto anterior, a honra não tem nada a ver com *orgulho*, jogo estúpido de vaidades pessoais. Ao contrário, esse conceito tem contexto coletivo e social — o senso de honra é obtido agindo corretamente na sociedade ou no grupo familiar. Sinto-me *orgulhoso* por ter feito esse excelente trabalho, mas me sinto *honrado* quando faço um bom trabalho para toda a minha comunidade. E, na terminologia platônica, o "espírito" era a personificação desse senso de honra coletiva.

Assim, para Platão, o caminho rumo à sanidade era claro:

> Será função do raciocínio governar com sabedoria e previdência em nome de toda a alma; ao passo que o elemento espirituoso deve agir como seu subordinado e aliado. Os dois elementos estarão em sintonia... Uma vez conciliados e afinados pelo treinamento mental e físico, serão harmonizados como as cordas de um instrumento: um beberá na fonte racional dos nobres estudos de literatura, e outro conterá a selvageria pela harmonia e pelo ritmo. E esses dois elementos, assim educados e cultivados, conhecerão a própria função verdadeira, controlando os apetites, que formam a maior parte da alma de cada homem, que são, por natureza, insaciavelmente cobiçosos.

E se o raciocínio e a honra (elemento espirituoso) não conseguirem controlar os apetites de cada homem "que são, por natureza, insaciavelmente cobiçosos"? Desastre.

> "E devem vigiá-los, para evitar que este elemento, saciando-se dos prazeres da carne, germine e floresça a tal ponto, que não consiga mais desempenhar sua função, tentando escravizar a outrem e surripiar um domínio que não lhe é direito, subvertendo toda a vida".

Parece bastante uma adicção ou outra compulsão.

A analogia de ritmo e harmonia usada por Platão também é compatível com a visão pitagórica. Pitágoras também acreditava que precisávamos nos afinar como as cordas de uma lira e que isso era possível pela combinação de práticas diárias meditativas, musicais e exercícios — bem como um estilo de vida moderado e equilibrado. Como Platão, Pitágoras também era fã das virtudes da moderação.

EM UM NÍVEL MACRO, PODEMOS ENTENDER QUE INÚMERAS SOCIEDADES TÊM guerreiros que costumam passar por treinamentos físicos, abraçar um código de honra e lutar por essa sociedade. Depois, há a classe intelectual: o grupo de pensadores acadêmicos, filósofos, cientistas e especialistas em ética. E, por último, os amáveis (e, não raro, torturados) artistas: os músicos, os poetas, os artistas e os escritores, que constituem a alma e a voz dessa sociedade. Juntos, esses três grupos (com ainda outros, é claro) criam coletivamente um todo equilibrado que pode se sustentar e prosperar.

Minha sugestão é adotarmos os arquétipos existentes dentro de uma sociedade saudável e, como Platão sugeriu, abraçarmos essas características como *indivíduos*. Assim, podemos atingir o equilíbrio e prosperar em uma sociedade desafiadora e desequilibrada — como a nossa é atualmente. Precisamos encontrar nosso guerreiro interior (porque o mundo lá fora é difícil); cultivar nosso filósofo interior (pois, atualmente, vivemos em um mundo irracional e insano) e, por fim, precisamos também descobrir nosso artista interior (porque, lá fora, o mundo é desalmado, desumano e altamente tecnológico), para isso, precisamos nos conectar com nossa criatividade e com nossa humanidade.

Como um banquinho de três pernas, precisamos de todas para funcionar devidamente. Em nossa insanidade digital moderna, é necessário adotarmos a mentalidade do guerreiro: sermos fortes física e mentalmente, adotando talvez até uma pitada de determinação da Dra. Duckworth, e também termos um senso de honra e integridade.

Contudo, no mundo atual, as características do guerreiro, como independentes, simplesmente não são o bastante. Você pode ser fisicamente forte, mas, sem resistência mental (ou sem a determinação ou a sabedoria de um filósofo), o que lhe resta? Força bruta. E que tal apenas ter determinação? A pesquisa de Duckworth demonstrou que essa virtude propriamente dita não era o bastante, que a força cognitiva (do arquétipo do filósofo) e física também eram necessárias.

Ao pensar a respeito, você pode ser determinado, forte e até mesmo inteligente. Mas se não tiver discernimento ético, o que lhe resta? Existem muitos criminosos determinados, fortes e inteligentes, mas que não têm a bússola moral necessária à prosperidade. E, para que fique claro, quando falamos do arquétipo do "guerreiro", não estamos falando de violência, mas, sim, de força e uma certa dose de determinação e coragem. Segundo essa definição, penso que seria justo chamar alguém como Stephen Hawking ou Jane Goodall de filósofo-guerreiro. Também é possível ser um guerreiro *espiritual* pacifista. De acordo com o budismo tibetano, o termo *guerreiro espiritual* se refere a um ser heroico com mente corajosa e com ímpeto ético que combate o inimigo universal: a autoignorância, fonte derradeira de sofrimento, segundo a filosofia budista.

Em contrapartida, se alguém adota somente os atributos do filósofo e está interessado no raciocínio, no discernimento ético e na curiosidade, mas carece de força e determinação para agir conforme sua sabedoria e insights intelectuais, o que nos resta? Uma pessoa apática. Como mencionado anteriormente neste livro, muitos cientistas têm a curiosidade e o intelecto, mas não foram expostos ao discernimento ético, então o que nos restaria? O que temos hoje: cientistas realizando todo tipo de pesquisa perigosa, potencialmente antiética e imoral na promoção de sua curiosidade científica, ou de seus egos.

O fato aqui é que precisamos ser *os dois*: o guerreiro, alguém forte e que age, *e* o filósofo, uma pessoa ponderada, racional e ética. Ao entender o quanto precisamos do nosso lado intelectual e do nosso lado de ação trabalhando em conjunto, lembro-me de como esse tema foi explorado em uma fonte inesgotável de profunda sabedoria: *Jornada nas Estrelas*.

Na série original (a série *Kirk e Spock* de 1966), houve um episódio chamado *The Enemy Within* ["O Inimigo Interno", em tradução livre], em que nosso arrojado Capitão Kirk é dividido em duas versões de si mesmo por um feixe defeituoso da máquina de teletransporte. Uma versão é "boa" e ética, porém indecisa e inepta; a outra é "má", impulsiva e irracional, mas age. Adivinha qual é a moral da história? Nenhuma das versões foi capaz de sobreviver sem a outra: tiveram que fundir *Good Kirk* e *Shadow Kirk* para obter um Kirk saudável e completo.[7]

E quanto ao artista — por que esse arquétipo é relevante para o filósofo-guerreiro ideal do século XXI? Muitos acreditam que a criatividade se origina de uma fonte transcendental além do indivíduo. Alguns podem discordar dessa perspectiva, ainda que a maioria dos artistas, de fato, afirme que sua arte não se origina deles — ou que é um canal para uma verdade mais profunda. Independentemente disso, na pior das hipóteses, abrir o canal criativo possibilita uma forma mais saudável e expansiva de ser. Na prática, existem inúmeros programas de doutorado de engenharia que passaram a exigir que os doutorandos façam aulas de arte, porque, assim, cultivam um tipo de pensamento mais criativo e pouco convencional. Do mesmo modo, caso queira ser um filósofo-guerreiro revigorado e feliz, é preciso encontrar um ponto de acesso à sua criatividade. No mundo de tratamentos clínicos, também sabemos que isso significa a cura profunda.

A ideia do filósofo-guerreiro é se preparar mental e fisicamente, filosófica e eticamente para conseguir enfrentar esse novo cenário surreal em que todos estamos atualmente vivendo, repleto de armadilhas morais, informações desorientadoras e excesso de informações falsas. Assim como Morpheus teve que treinar Neo para que ele pudesse enfrentar as forças da Matrix, precisamos também estar impecavelmente preparados, já que a ilusão está se tornando realidade, a realidade está sendo remodelada como ilusão, e o metaverso está aceitando passageiros. Por isso, é essencial que, quanto mais nos aproximamos da *Singularidade*, mais abracemos nossa humanidade — tanto o filósofo quanto o guerreiro.

Para exemplificar melhor essa tensão dinâmica "completamente humana" entre o arquétipo do guerreiro como *pessoa de ação* e o do filósofo como *pessoa reflexiva*, sugiro um filme icônico que pode esclarecer bastante como *ambos* são necessários para prosperarmos.

O Dilema de Zorba

Desde que li o clássico *Zorba, o Grego*, de Nikos Kazantzakis, sua proeza em relação à condição humana — e sua meditação sobre a vida bem vivida —, tenho refletido sobre a tensão dinâmica entre os dois protagonistas do livro. Temos o primeiro, homônimo do título, Zorba — puramente instintivo, entusiasmado e impulsivo — e o narrador anônimo, inteligente, absorto e perdido em seus livros; um homem que incorpora o axioma "paralisia por superanálise".[8] Ambos extremos estão repletos de perigos; o viciado em drogas vive por impulso, o trabalhador braçal que odeia a própria vida também sofre o destino cruel daqueles que podem sonhar, mas não conseguem dar o grande passo para conquistar seus sonhos. O mundo está cheio de seres cadavéricos tristes de ambos os arquétipos extremos: o fantasma faminto e o ratinho assustado.

Ao que parece, os verdadeiramente realizados e felizes têm o entusiasmo de um Zorba como força animadora (isto é, a determinação de um guerreiro espartano) para que não se atrofiem e definhem por causa da falta de ação. No entanto, eles também recorrem à espada do raciocínio e ao senso de dever e honra para mitigar essa força animadora, de modo a não se autodestruir apenas por impulso (o filósofo).

Onde mora a felicidade? No livro, Zorba se depara com um homem muito velho que está plantando uma oliveira. O protagonista debocha dele por desperdiçar seu tempo: "Velhote, você nunca viverá para ver essa árvore crescer!" O velho responde: "Vivo cada dia como se fosse viver para sempre". Zorba responde: "Vivo cada dia como se fosse o último!" Ele reconta essa história para seu amigo, o narrador inteligente, e pergunta: "Qual de nós está certo?" No final das contas, o adepto do "viva para sempre" e o hedonista do "viva o presente" não acabam no mesmo lugar? Não seriam ambos adeptos da própria versão *carpe diem*, aproveitando o dia?

Falando nesse personagem, tive a oportunidade de conhecer meu próprio Zorba da vida real — uma personificação viva, respirando e espalhando esse arquétipo completamente humano que abraçava o entusiasmo, bem como o conceito de dever e honra. Essa pessoa também foi exemplo de alguém que vive na Zona Azul e do jeito de viver dos Kaluli. Apesar de um tanto grisalho, ele continua sendo uma inspiração e um poderoso exemplo de personificação de alguns dos ideais analisados neste livro.

O Filósofo-guerreiro

Zorba Revisitado: A Zona Azul do Primo Maki

Quando o conheci, nossa família o chamava de "o primo Maki maluco". Meu primo de 64 anos vivia longe das conveniências mundanas em seu complexo sustentável na ilha em que minha mãe nascera, ilha de Kefalonia, no meio do mar Jônico.

Como posso melhor descrevê-lo? Imagine o entusiasmo selvagem do Zorba de Anthony Quinn em um corpo forte e robusto que trabalhou por décadas em sua fazenda, cuidando de seu rebanho: ovelhas, galinhas, cabras, coelhos, mulas e suas amadas abelhas! "As abelhas, Niko! As outras estão morrendo, mas sei como manter as minhas vivas!", ele exclamava com um brilho transloucado nos olhos. Embora seu corpo fosse robusto e forte, estava longe de ter o físico de um deus do Olimpo; ao contrário, tinha a altivez de uma velha e impenetrável parede de pedra. E mãos grandes e fortes, endurecidas pelos anos em que lidou com a terra, com os arbustos secos e com as rochas antigas.

Seu cabelo preto e encaracolado estava começando a mostrar mechas grisalhas agora que estava na casa dos sessenta. Ele costumava usar as mesmas roupas: uma camisa aberta de manga curta, com os botões abertos para dar espaço aos ombros largos e para que seu peitoral se movesse e respirasse. Como um grego tradicional, evitava vestir shorts; mesmo nos dias mais quentes, usava calças, um cinto de couro preto e sapatos de trabalho, resistentes para a vida no campo.

Sempre o conheci como "Maki maluco", o primo doido que produzia o próprio alimento: queijo, azeite, vinho, mel, legumes e pão. Ele até construiu o próprio moinho de vento e o forno, feito de barro em sua propriedade rochosa, que assaria o pão mais incrível que comi. Maki tinha muito orgulho de não precisar de apoio externo para sobreviver. Detestava o governo corrupto local, que estava tentando incessantemente taxar suas terras e, em um ponto, foi obrigado a trocar algumas de suas amadas ovelhas para afastar o leão da receita. Ele era ecológico e sustentável antes mesmo de essas palavras começarem a ser usadas. É justo dizer que vivia de maneira semelhante à que meu pai viveu em seu vilarejo remoto nas décadas de 1930 e 1940.

A ilha de Kefalonia é uma combinação deslumbrante de oceano, céu e montanhas; uma bela ilha com sua conhecida população bravamente independente. Como sobreviveu às ocupações dos mouros, turcos, franceses, britânicos, italianos e nazistas, sem contar um terremoto devastador em 1953 que matou milhares e a destruiu inteira, exceto a vila portuária de Fiskardo, ao norte, o lugar suscita um senso de resiliência, de força e de independência.

Sem mencionar o fato de que seus moradores se consideram descendentes diretos de Odisseu. Isso levou a uma rivalidade semiamigável com a ilha vizinha de Ítaca, terra que Homero apontou na Ilíada ser o lar de Odisseu. Mas tenham calma, dizem os kefalonianos. Não se tratam apenas de evidências arqueológicas que, supostamente, sugerem que Kefalonia era o lugar que Odisseu chamava de lar; em termos mais significativos, evidências geológicas sugerem que as duas eram uma só ilha, antes de um terremoto catastrófico separá-las. Ainda que a glória da antiga Grécia tenha se desvanecido na poeira do tempo, algo dessa cultura rica e daqueles guerreiros e filósofos míticos ainda cintila na psique e no DNA dos gregos modernos: uma certa qualidade de independência, resiliência, curiosidade e engenhosidade.

Não é de admirar que os kefalonianos sejam intensos, independentes — e um pouco malucos —, como a proverbial raposa. E assim meu primo Maki passou a vida inteira na ilha, no vilarejo de Dorizata, próximo àquele de minha mãe, Pessada, a pitoresca cidade portuária de onde sai diariamente a balsa para a ilha vizinha de Zakynthos. Enquanto ele nem pensava em sair da ilha e construía seu complexo em Kefalonia, seu irmão sentiu desejo de viajar e se tornou um marinheiro; o primeiro capitão daquela pequena balsa de Zakynthos e, depois, de cargueiros maiores que viajariam para a Rússia e outros portos bálticos.

Maki ficou.

Nos Estados Unidos, quando era garoto, meus pais sempre se referiam a ele como o "primo Maki maluco", com quem minha mãe ficou brigada por mais de trinta anos porque ousou chamá-lo de comunista. Ele não era comunista. Não era nada. Simplesmente não queria fazer parte do jogo e estava vivendo de sua terra.

Eu costumava evitá-lo durante minhas frequentes visitas a Kefalonia porque ele podia ser bastante... intenso. Tinha opinião forte e falava alto, mas era sempre amoroso. No entanto, minha esposa adepta da alimentação orgânica e bastante progressista de Nova York ficou sabendo que eu tinha um primo que tinha abelhas, fazia o próprio pão, o próprio azeite e o próprio queijo. Isso estava além de seus sonhos mais loucos! Como estava pesquisando na internet por passeios de aventura sustentáveis, ela não apenas ficou encantada ao saber que eu tinha uma criatura dessas em minha árvore genealógica numa ilha grega, como insistiu que fôssemos, e que as crianças levassem aventais para cozinhar.

Reclamei: Mas era o primo Maki maluco! Por anos, eu evitava visitar aquele tornado em forma de ser humano. Não desta vez. Após chegarmos à ilha de Kefalonia, minha esposa ligou para ele, que queria que todos estivessem em sua casa prontos para assar pão às 06h em ponto! Muito convenientemente, eu tinha um prazo para escrever meu último livro e me recusei a ir neste horário tão cedo, mas concordei em ir na hora do almoço. Eu era o chato que não havia ido. Quando cheguei lá, meus filhos gêmeos, Ari e Alexi, com 9 anos de idade, estampavam um sorriso no rosto e tinham 21 pães recém-assados, de aroma doce e empilhados em cestas de vime na frente do forno meio primitivo de Maki.

Sua esposa arrumou a mesa para o almoço, nisso, ele colocou sua mão grande atrás do meu pescoço, puxou meu rosto para perto do dele e disse: "Agora você vai comer comida de verdade. Comida que não encontra nos seus Estados Unidos. Cultivamos tudo aqui. Tudo aqui é mais saboroso e nutritivo do que os alimentos de lá. Prove e me diga se existe comida assim nos Estados Unidos." Ele tinha razão. Havia algo de especial naquela refeição na casa dele. Lembre-se, não era um lugar como Shangri-la; era um fruto do seu trabalho, com diversas estruturas que saíram da sua cabeça. Era a casa inacabada e excêntrica de um cientista maluco, porém, um lugar muito especial.

Eu e meus filhos o ajudamos com o feno para alimentar os animais e ficamos olhando para sua prensa de azeite. Como psicólogo, atendi muitas pessoas neuróticas, às vezes bastante insanas, nos Estados Unidos, então gosto de pensar que entendo de insanidade. Enquanto estava sentado lá, com o sol se pondo no complexo de Maki, ele não me parecia tão maluco assim. Continuou olhando para mim com um sorriso enorme e, com seu senso de humor afiado, zombava de mim, seu primo norte-americano. E eu zombava de volta, e todos riam. Foi uma noite serena e agradável, em um nível que raramente, ou nunca, experimentei em minha cidade natal, Nova York.

Enquanto me sentava em sua varanda, encarei um homem durão e grisalho que estava feliz e satisfeito. Sua felicidade não era o sorriso bobo e o ouro de tolo dos ignorantes; como autodidata, ele sabia mais sobre política, engenharia, filosofia e dinâmica humana do que a maioria dos professores universitários. Mesmo assim, foi capaz de adotar um modo alegre de viver, apesar das provações físicas de sua vida, ou talvez por causa delas, estava totalmente presente e apreciando o momento, ao mesmo tempo que sua mente refletia sobre questões mundanas e profundas.

Pensei em meus pacientes ricos, bem-sucedidos e extremamente deprimidos em meu consultório particular nos Hamptons e comecei a me perguntar: quem é realmente maluco? Um Maki satisfeito que levará uma vida longa e saudável até os 90 anos (como todos os nossos parentes na Grécia) ou aqueles de nós que optaram pela competição desenfreada, como Sísifo, andando em círculos, tentando alcançar o inalcançável, ao mesmo tempo que procuramos uma variedade de especialistas para tratar uma série de doenças da vida moderna?

Além de Maki, tive o próprio experimento natural das Zonas Azuis em minha família: tive três tios que se mudaram para Nova York quando estavam na casa dos trinta, na década de 1960, para conquistar o sonho americano. Todos eram trabalhadores braçais, labutavam arduamente sete dias por semana. Dois deles morreram aos 52 anos (doenças cardíacas, câncer) antes mesmo de colherem os frutos de todo seu trabalho árduo. Mas meu terceiro tio, Dionísio, que inicialmente viera com eles e fora parceiro de negócios dos dois, decidiu que estava farto do suposto sonho americano e retornou para Kefalonia há quarenta anos.

Hoje, é o homem de 85 anos mais saudável e feliz de seu vilarejo. Ele está em boa forma física, tem muitos amigos, faz longas caminhadas diárias e está envolvido na política local do vilarejo, não poderia estar mais feliz. Quando lhe pergunto se sente falta de Nova York, ele olha para mim e sorri da mesma forma que um adulto sorri para uma criança ingênua quando ela faz uma pergunta tola. Sorri enquanto seus olhos brilham para mim como se dissesse: "Menino bobo!" Tio Dionísio encontrou um senso revigorante e curativo quando decidiu retornar à sua ilha natal e viver uma vida mais simples e natural.

Lembro-me de mais uma história de Maki que pode ajudar a ilustrar como ele personifica determinadas características importantes. No verão anterior à Covid-19, minha família e eu estávamos na Grécia e paramos para visitá-lo, quando algo incrível aconteceu. O clima nas Ilhas Jônicas é absurdamente quente e seco em meados de agosto. Assim, como na Califórnia, incêndios florestais repentinos e agressivos são bastante comuns. Enquanto estávamos sentados em sua varanda em uma noite clara e fresca, uma grande nuvem de fogo de cerca de 20 metros de altura irrompeu a cerca de duzentos metros de sua casa.

Quando minha esposa e eu começamos a reunir nossos filhos e entender a situação, olhamos para cima e vimos que o fogo já havia subido mais trinta metros em nossa direção — a brisa noturna estava fazendo-o se mover mais rápido do que qualquer um de nós havia previsto. Antes que eu pudesse gritar "Maki!", ouvi um barulho atrás de mim. Era meu primo com sua moto antiga, em toda a sua glória de Steve McQueen, como no filme *Fugindo do Inferno*. O escapamento expelia muita fumaça. A poeira levantou, e as pedras voaram quando Maki passou em alta velocidade pela estrada, como um super-herói desajustado da ilha grega, gritando para nós e desaparecendo no meio dos matagais que queimavam intensamente a apenas cem metros de distância.

Ele teria enlouquecido? Quem dirige matagal adentro no meio do fogo? Reunimos as crianças e afastamos todos da estrada, longe do incêndio que se espalhava; alguns minutos depois, um Maki com a cara suja de fuligem voltou gritando: ele havia soltado seus animais e os levado a um local seguro, em um terreno mais alto. Dever. Honra. Raciocínio.

Afinal, o Maki "maluco" sabia exatamente o que estava fazendo, tinha a força vital para agir rapidamente e de acordo com seus planos. Apesar dos hectares a menos, ele continua feliz, com sua sanidade e seus animais intactos. Maki leva uma vida orgânica e saudável, incorporando intuitivamente determinados elementos ancestrais de estilo de vida — e agora cientificamente comprovados — em sua rotina diária. Abaixo, elenquei algumas dicas de bem-estar inspiradas pelos antigos que podem nos ajudar a levar uma vida mais natural e fundamentada, ao mesmo tempo que cultivamos as características do guerreiro-filósofo.

SABEDORIA À MODA ANTIGA: DICAS ANCESTRAIS DE BEM-ESTAR INSPIRADAS EM PLATÃO E PITÁGORAS

Comece cada dia com uma caminhada reflexiva ou contemplativa.

Pitágoras acreditava que as pessoas precisavam de um tempo todas as manhãs para se concentrar antes de se relacionar com outras pessoas: "Era essencial não encontrar ninguém até que a própria alma e o intelecto estivessem alinhados."

**Todas as noites, reserve uns minutos
para contemplar o céu noturno e apenas... maravilhe-se.**

Platão afirmava que "toda filosofia começa com o fato de se maravilhar". Na verdade, os gregos antigos eram obcecados com a cosmologia — o estudo da natureza do universo. Quando olhamos para o céu com admiração contemplativa, uma mudança incrível pode acontecer dentro de nós.

Parafraseando Spike Lee: "Faça a coisa certa."

Os gregos acreditavam que o caráter era importante. Era essencial viver uma vida honesta e digna de integridade e virtude. Eles acreditavam que, para alcançar nosso maior potencial, precisamos viver corretamente. Todos sabemos, na maioria dos casos, qual é a "coisa certa"; Pitágoras e Platão acreditavam que devemos agir com base nesse conhecimento e *fazê-la*.

Faça questão de entrar todos os dias em um diálogo profundo em que questione as próprias suposições sobre um assunto — qualquer coisa, na verdade, política, ciência, artes — e reexamine quais são seus valores e crenças sobre esse assunto.

Como o professor Jonathan Haidt da NYU tem feito com seu grupo na *Heterodoxy Academy*, passe um tempo com pessoas que tenham perspectivas diferentes e permita que elas o questionem, assim como o faz com suas próprias crenças. Neste *elenchus* de perguntas e respostas, é possível encontrar uma verdade mais profunda do que podemos imaginar. Assim como na dialética hegeliana, duas ideias opostas (*tese* e *antítese*) pode se unir para formar uma nova *síntese* mais integrada e mais próxima da verdade.

Faça uma meditação musical de cinco minutos todos os dias, ouvindo música instrumental de cordas; tente "experimentá-la" de uma forma não racional. Na verdade, tente se tornar a música.

Pitágoras acreditava que todo o universo era vibracional e que nós, como humanos, poderíamos nos "sintonizar" com esse ritmo maior. Por isso, seus discípulos ouviam a música/vibração da lira como forma de se sintonizar.

Faça de 30 a 45 minutos de exercício físico todos os dias.

Uma vez que consideravam o corpo análogo a um instrumento musical, que precisava ser devidamente afinado por meio da "purificação" filosófica da mente e do corpo, os pitagóricos praticavam exercícios físicos diários, como correr, lutar e assim por diante, como parte de sua prática holística.

Faça questão de ter uma discussão pessoal animada e engajada todos os dias com pelo menos uma pessoa (de preferência mais de uma) sobre qualquer tópico pelo qual esteja entusiasmado.

Os gregos adoravam conversas espontâneas na praça da cidade sobre coisas que lhes interessavam. Sócrates vagava por Atenas e se relacionava com quase qualquer pessoa, já que outros grupos se reuniam para almoçar ou conversar ao ar livre.

Valorize a moderação em tudo.

Novamente, uma vez que os filósofos metafísicos sentiam que a mente e o corpo são o nosso instrumento mais puro, Platão e Pitágoras sentiram que precisávamos tratá-los de acordo.

Faça algo criativo todos os dias.

Pitágoras e seus seguidores tocavam a lira diariamente. Mas a criatividade, que cultiva a psique, pode assumir qualquer forma. Basta fornecer à mente todos os dias algum tempo para se libertar da estrutura da rotina enquanto divaga e cria algo — talvez até inspirado por algo fora de você.

Seja um mentor ou um mentorado — e honre esse relacionamento.

Mentoria era a palavra de ordem. Sócrates orientou Platão, que orientou Aristóteles. Nesses relacionamentos, existe uma simbiose mutuamente benéfica que pode possibilitar que você alcance o valor humano mais elevado — ajudar outro ser humano.

Então, qual a conclusão que tiramos disso?

Resistir *Não* É Inútil

Admito francamente que conquistamos avanços maravilhosos nas ciências e em nossas habilidades tecnológicas. Mas nossa *espécie* está se deteriorando; estamos ficando mais frágeis, tanto física quanto mentalmente. Claro, a ciência pode estender nossa expectativa de vida; mas nos tornamos tão dependentes da tecnologia que nossas capacidades, saúde e desenvolvimento se deterioraram. Telas mais finas, pessoas mais adoecidas. Mais informação, menos sabedoria. Jovens tecnológicos precoces que "já viram de tudo", mas se transformam em quase-homens de 35 anos que ainda vivem no porão da mãe, aprisionados na adolescência perpétua.

Em um futuro próximo, a pergunta que será respondida é: O que acontecerá após o choque entre duas forças, o choque da humanidade com uma tecnologia inteligente e em evolução — tecnologia essa desenvolvida por nossas próprias mãos? Como sobreviveremos a ele, se sobrevivermos, e que ação tomaremos para retomar nosso controle sobre o que criamos determinarão nosso futuro.

Ainda não é tarde demais. Basta recorrermos às ferramentas ancestrais, nosso legado, que poderemos nos desvencilhar de nossas telas, escapar de nossas gaiolas digitais e retomar nossa saúde física, emocional e mental.

Espero que este livro ajude outras pessoas a fazer isso, assim como outros me ajudaram.

NOTAS

CAPÍTULO 1: VICIADOS NA MATRIX

1. BAILEY, Matt. "What Mark Zuckerberg Really Means When He Talks About the Metaverse". *Slate*, 28 de outubro de 2021.
2. BARRAT, James. *Our Final Invention*. New York: St. Martin's Press, 2019. p. 151–160.
3. BENSON, Thor. "If This Era of Automations Mirrors the Past, We're in Trouble". *Inverse*, 29 de janeiro de 2020.
4. BRODSKY, Sascha. "How Self-Driving Cars Can Be Hacked". *Lifewire*, 26 de fevereiro de 2021.
5. ZAFARINI, Reza; AL ABASSI, Mohammed; LIU, Huan. *Social Media Mining*. Boston: Cambridge University Press, 2014.
6. O'FLAHERTY, Kate. "Amazon, Apple, Google Eavesdropping: Should You Ditch Your Smart Speaker?". *Forbes*, 26 de fevereiro de 2020.
7. DANCE, Amber. "The Shifting Sands of 'Gain of Function' Research". *Nature*, 27 de outubro de 2021.
8. RODRIGUEZ, Adrianna. "Screen Time Among Teenagers During Covid More Than Doubled Outside of Virtual School, Study Finds". *USA Today*, 1 de novembro de 2021.
9. PIERCE, Matthias *et al*. "Mental Health Before and During Covid-19 Pandemic: A Longitudinal Probability Sample Survey of the U.K. Population". *Lancet*, v. 7, n. 10 (21 de julho de 2020): 883–892.
10. SOLLY, Meilan. "Humans May Have Been Crafting Stone Tools for 2.6 Million Years". *Smithsonian*, 4 de junho de 2019.

11. BERNA, Francesco *et al.* "Microstratiagraphic Evidence of In Situ Fire in the Acheulean Strata of Wonderwerk Cave, Northern Cape Province, South Africa". *Anais da Academia Nacional de Ciências dos Estados Unidos da América* 109, n. 20 (15 de maio de 2012): 1215–1220.

12. ZUBOFF, Shoshana. *A Era do Capitalismo de Vigilância*. Rio de Janeiro: Intrínseca, 2021.

13. MEYER, David. "Facebook Is 'Ripping Apart' Society, Former Executive Warns". *Fortune*, 12 de dezembro de 2017.

14. *O Dilema das Redes*. Dirigido por Jeff Orlowski. Boulder, CO: Exposure Labs, 2020.

15. *Ibid*.

16. SOLON, Olivia. "Ex-Facebook President Sean Parker: Site Made to Exploit Human 'Vulnerability'". *Guardian*, 9 de novembro de 2017.

17. WELLS, Georgia *et al.* "Facebook Knows Instagram Is Toxic for Teen Girls, Company Shows". *Wall Street Journal*, 14 de setembro de 2021.

18. FOROOHAR, Rana. *Don't Be Evil*. Redfern, NSW, Australia: Currency, 2019.

19. CONGER, Kate. "Google Removes 'Don't Be Evil' Clause from Its Code of Conduct". *Gizmodo*, 18 de maio de 2018.

20. KARDARAS, Nicholas. "Our Digital Addictions Are Killing Our Kids". *New York Post*, 19 de maio de 2018.

21. BERRIDGE, Kent C. *et al.* "Pleasure Systems in the Brain". *Neuron* 86, n. 3 (6 de maio de 2015): 646–664.

22. GOLDSTEIN, Rita; VOLKOW, Nora."Dysfunction of the Prefrontal Cortex in Addiction: Neuroimaging Findings and Clinical Implications". *Nature Reviews Neuroscience* 12, n. 11 (20 de outubro de 2011): 652–669.

23. LEMBKE, Anna. *Nação Dopamina*. São Paulo: Vestígio, 2022.

24. KOEPP, M. J. *et al.* "Evidence for Striatal Dopamine Release During a Video Game". *Nature*, 393 (21 de maio de 1998): 266–268.

25. GAGE, S. H. *et al.* "Rat Park: How a Rat Paradise Changed the Narrative of Addiction". *Addiction* 114, n. 5 (maio de 2019): 917–922.

26. ALEXANDER, Bruce. "Addiction: The View from Rat Park", 2010. Disponível em: https://www.brucekalexander.com/articles-speeches/rat-park/148-addiction-the-view-from-rat-park.

27. RODRIGUEZ, Salvador. "Facebook Teaming Up with Ray Ban Maker for First Smart Glasses in 2021". NBCNews.com, 16 de setembro de 2020.
28. TOWEY, Hannah. "Mark Zuckerberg Said He Wanted to Transform Facebook from a Social Media Company into a 'Metaverse Company'". *Business Insider*, 22 de julho de 2021.

CAPÍTULO 2: UM MUNDO QUE ENLOUQUECEU

1. PIERCE, Matthias *et al.* "Mental Health Before and During Covid-19 Pandemic: A Longitudinal Probability Sample Survey of the U.K. Population". *Lancet*, v. 7, n. 10 (21 de julho de 2020): 883–892.
2. SIMON, Stacy. "Obesity Rates Continue to Rise Among Adults in the U.S.". American Cancer Society, 6 de abril de 2018.
3. HASELTINE, William. "Cancer Rates Are on the Rise in Adolescents and Young Adults New Study Shows". *Forbes,* 9 de dezembro de 2020.
4. "Physical Inactivity a Leading Cause of Disease and Disability Warns WHO". Organização Mundial de Saúde, 4 de abril de 2002.
5. "U.S. Obesity Rates Reach Historic Highs—Racial, Ethnic and Geographic Disparities Continue to Persist". Trust for America's Health, 2019.
6. "Rates of New Diagnosed Cases of Type 1 and Type 2 Diabetes Continue to Rise Among Children, Teens". Centers for Disease Control and Prevention, 2020.
7. RODRIGUEZ, Adrianna. "Screen Time Among Teenagers During Covid More Than Doubled Outside of Virtual School, Study Finds". *USA Today,* 1 de novembro de 2021.
8. PREIDT, Robert. "Heart Disease Is World's No. 1 Killer". WebMD, 10 de dezembro de 2020.
9. "Morbidity and Mortality Report". Center for Disease Control and Prevention, 2020.
10. "Why 'Deaths of Despair' Are Rising in the U.S.". Harvard School of Public Health, 26 de novembro de 2019.
11. BALLARD, Jamie. "Millennials Are the Loneliest Generation". YouGovAmerica, 30 de julho de 2019.
12. GUERRERO, Michelle *et al.* "24-Hour Movement Behaviors and Impulsivity". *Pediatrics*, v. 144, n. 3 (setembro de 2019).

13. American Foundation for Suicide Prevention Fact Sheet, 2019.
14. MORY, Bill. "TLC Can Help with Depression". *Herald Democrat,* 17 de outubro de 2019.
15. BROWN, George et al. "Social Class and Psychiatric Distress Among Women in an Urban Population". *Sociology,* 1 de maio de 1975.
16. HARI, Johann. *Lost Connections: Why You're Depressed and How to Find Hope.* New York: Bloomsbury, 2019.
17. BUETTNER, Dan. *Zonas Azuis.* Washington, D.C.: National Geographic, 2008.
18. ILARDI, Stephen. *The Depression Cure.* Boston: Da Capo, 2010.
19. WEHRWEIN, Peter. "Astounding Increase in Antidepressant Use by Americans". *Harvard Health Publishing,* 20 de outubro de 2011.
20. "Depression Fact Sheet". Organização Mundial da Saúde, 2020.
21. SAGIOGLOU, Christina; GREITEMEYER, Tobias. "Facebook's Emotional Consequences: Why Facebook Causes a Decrease in Mood and Why People Still Use it". *Computers in Human Behavior,* v. 35 (junho de 2014): 359–363.
22. WILSON, Edward O. *Biophilia.* Boston: Harvard University Press, 1984.
23. LOUV, Richard. *Last Child in the Woods.* Chapel Hill, NC: Algonquin Books, 2008.
24. RAKOW, Donald; EELLS, Greg. *Nature Rx: Improving College Student Mental Health.* Ithaca, NY: Comstock, 2019.

CAPÍTULO 3: O EFEITO DO CONTÁGIO SOCIAL

1. LESKIN, Paige. "American Kids Want to Be Famous on YouTube, and Kids in China Want to go to Space: Survey". *Business Insider,* 17 de julho de 2019.
2. MOLOSHOK, Danny. "Kylie Jenner Is Not a Billionaire, Forbes Magazine Now Says". *Reuters,* 29 de maio de 2020.
3. MARTIN, Andrew. "The Puma Clyde: The Story of the First NBA Player Shoe Endorsement Deal". *Medium,* 7 de maio de 2020.
4. TELANDER, Rick. "Senseless". *Sports Illustrated,* 14 de maio de 1990.
5. KARDARAS, Nicholas. "Digital Heroin". *New York Post,* 2016.
6. CANNON, Lisa. "Nobody Is Lonelier Than Generation Z". *Lifeway Research,* 4 de maio de 2018.

7. HORWITZ, Jeff. "The Facebook Files". *Wall Street Journal*, 1 de outubro de 2021

8. GOODKIND, Nicole. "Whistleblower to Senate: Facebook Is 'Morally Bankrupt' and 'Disastrous' for Democracy". *Fortune*, 5 de outubro de 2021.

9. FREEMAN, Simon. "Web Summit 2021: Facebook Whistleblower Frances Haugen Calls for Mark Zuckerberg to Step Down". *Evening Standard (UK)*, 2 de novembro de 2021.

10. MOLINA, Brett. "Facebook's Controversial Study: What You Need to Know". *USA Today*, 30 de junho de 2014.

11. HOBBS, Tawnell *et al.* "The Corpse Bride Diet: How TikTok Inundates Teens with Eating Disorder Videos". *Wall Street Journal*, 17 de dezembro de 2021.

12. "Excessive Screen Time Linked to Suicide Risk". *Science Daily*, 30 de novembro de 2017.

13. SHAKYA, Holly; CHRISTAKIS, Nicholas. "Association of Facebook Use with Compromised Well-Being: A Longitudinal Study". *American Journal of Epidemiology*, v. 185, n. 3 (1 de fevereiro de 2017): 203–211.

14. Hyper-Texting and Hyper-Networking Pose New Health Risks for Teens". *Case Western Reserve School of Medicine*, 9 de novembro de 2010.

15. STEERS, Mai-Ly *et al.* "Seeing Everyone Else's Highlight Reels: How Facebook Usage Is Linked to Depressive Symptoms". *Journal of Social and Clinical Psychology*, v. 33, n. 8 (outubro de 2014): 701–731.

16. JARGON, Julie. "Teen Girls Are Developing Tics. Doctors Say TikTok Could Be a Factor". *Wall Street Journal*, 19 de outubro de 2021.

17. SINGER, Harvey *et al.* "Elevated Intrasynaptic Dopamine Release in Tourette's Syndrome Measured by PET". *American Journal of Psychiatry*, v. 159, n. 8 (1 de agosto de 2002).

18. PULMAN, Andy; TAYLOR, Jacqui. "Munchausen by Internet: Current Research and Future Direction". *Journal of Medical Internet Research*, v. 14(4) e115. 22 de agosto de 2012.

19. BASS, Christopher; HALLIGAN, Peter. "Factitious disorders and malingering: challenges for clinical assessment and management". *Lancet*, v. 383, 9926 (19 de abril de 2014): 1422–1432.

20. HULL, Mariam *et al*. "Tics and TikTok: Functional Tics Spread Through Social Media". *Movement Disorder Clinical Practice* 8, n. 8 (novembro de 2021): 1248–1252.
21. ANDREWS, Evan. "What Was the Dancing Plague of 1518?". History.com, 25 de março de 2020.

CAPÍTULO 4: VIOLÊNCIA VIRAL

1. SHOUMATOFF, Alex. "The Mystery Suicides of Bridgend County". *Vanity Fair*, 27 de fevereiro de 2009.
2. GOODE, Erica. "Chemical Suicides, Popular in Japan, Are Increasing in the U.S.". *New York Times*, 18 de junho de 2011.
3. COLEMAN, Loren. *Suicide Clusters*. London: Faber & Faber, 1987.
4. MOYER, Justin. "'Cannibal Cop' Wins in Court Again". *Washington Post*, 4 de dezembro de 2015.
5. BEAUCHAMP, Zack. "Our Incel Problem". *Vox*, 23 de abril de 2019.
6. KASSAM, Ashifa. "Woman Behind 'Incel' Says Angry Men Hijacked Her Word 'As Weapon of War'". *Guardian*, 25 de abril de 2018.
7. NAGOURNEY, Adam *et al*. "Before Deadly Spree, Troubled Since Age 8". *New York Times*, 1 de junho de 2014.
8. "Elliot Rodger: How Misogynist Killer Became 'Incel Hero'". BBC News, 26 de abril de 2018.
9. BEAUCHAMP, Zack. "Our Incel Problem". *Vox*, 23 de abril de 2019.
10. HUNWICK, Robert Foyle. "Why Does China Have So Many School Stabbings". *New Republic*, 2 de novembro de 2018.
11. "Gunfire on School Grounds in the United States". Everytown Research, 2021.
12. "The UT Tower Shooting". *TexasMonthly.com*
13. "Columbine Shooting". History.com, 4 de março de 2021.
14. POTTER, Ned *et al*. "Killer's Note: 'You Caused Me to Do This'". ABC News, 22 de maio de 2008.
15. CULLEN, Dave. *Columbine*. New York: Twelve, 2010.
16. HORNG, Eric; KLONICK, Kate. "'Columbine Massacre' Game Puts Players in Killers' Shoes". ABC News, 15 de setembro de 2006.

17. ARENDT, Susan. "V-Tech Rampage Creator Will Take Game Down for a Price". *Wired*, 15 de maio de 2007.
18. VELLA, Vinny; PALMER, Chris. "What We Know and Don't Know About the SEPTA Rape Case". *Philadelphia Inquirer*, 1 de novembro de 2021.
19. SMERCORNISH, Michael. "A Brother's Search for the Real Kitty Genovese". *Philadelphia Inquirer*, 19 de junho de 2006.
20. MUSGRAVE, Jane. "Corey Johnson's Longtime Best Friend Tells Jury of Fatal Stabbing, Attacks at 2018 Sleepover". *Palm Beach Post*, 28 de outubro de 2021.

CAPÍTULO 5: MÍDIAS SOCIAIS E A ARMADILHA BINÁRIA

1. SANSONE, Randy; SANSONE, Lori. "Borderline Personality and the Pain Paradox". *Psychiatry*, v. 4, n. 4 (abril de 2007): 40-46.
2. SALTERS-PEDNEAULT, Kristalyn. "Suicidality in Borderline Personality Disorder". *Verywell Mind*, 26 de março de 2020.
3. *Diagnostic and Statistical Manual of Mental Disorders*, 5ª ed. Washington, D.C.: American Psychiatric Association, 2013.
4. SALTERS-PEDNEAULT, Kristalyn. "History of the Term 'Borderline' in Borderline Personality Disorder". *Verywell Mind*, 10 de abril de 2020.
5. BATEMAN, Anthony; FONAGY, Peter. "Mentalization Based Treatment for BPD". *Journal of Personality Disorders*, v. 18, n. 1 (junho de 2005).
6. LINEHAN, Marsha. *Building a Life Worth Living*. New York: Random House, 2021.
7. HAHN, Patrick. "The Real Myth of the Schizophrenogenic Mother". *Mad in America: Science, Psychiatry and Social Justice*, 10 de janeiro de 2020.
8. REED, Phil. "Munchausen by Internet: What is Digital Factitious Disorder?". *Psychology Today*, 30 de novembro de 2021.
9. ALSAADI, Taoufik *et al.* "Psychogenic Nonepileptic Seizures", *American Family Physician*, v. 72, n. 5 (1 de setembro de 2005): 849-856.
10. LUCY, J. A. "Sapir-Whorf Hypothesis". *International Encyclopedia of the Behavioral & Social Sciences*, 2001.
11. LITTMAN, Lisa. "Parent Reports of Adolescents and Young Adults Perceived to Show Signs of a Rapid Onset of Gender Dysphoria". *PLOS ONE*, 2018.

12. MÄRCZ, Lisa. "Feral Children: Questioning the Human-Animal Boundary from an Anthropological Perspective". BA thesis (setembro de 2018).
13. *Ibid*.
14. MITRA, Paroma; JAIN, Ankit. *Dissociative Identity Disorder*. Treasure Island, FL: StatPearls Publishing, 2022.

CAPÍTULO 6: A NOVA TECNOCRACIA

1. O'MARA, Margaret. *O Código: As Verdadeiras Origens do Vale do Silício e o Big Tech, Para Além de Mitos*. Rio de Janeiro: Alta Books, 2021.
2. LAFRANCE, Adrienne. "The Largest Autocracy on Earth". *Atlantic*, novembro de 2021.
3. LESKIN, Paige. "A Facebook Cofounder Says That Zuckerberg's Master Plan Always Boiled Down to One Word: 'Domination'". *Business Insider*, 9 de maio de 2019.
4. MAK, Aaron. "Mark Zuckerberg Wrote a Program to Beat a High Schooler at Scrabble". *Slate*, 10 de setembro de 2018.
5. O'MARE, Margaret. *O Código: As Verdadeiras Origens do Vale do Silício e o Big Tech, Para Além de Mitos*. Rio de Janeiro: Alta Books, 2021.
6. *Ibid*.
7. Equipe da Forbes. "Bill Gates Honors Paul Allen, Recipient of the 2019 Forbes 400 Lifetime Achievement Award for Philanthropy, at Eighth Annual Summit on Philanthropy". *Forbes*, 28 de junho de 2019.
8. TOFFLER, Alvin. *O Choque do Futuro*. Rio de Janeiro: Record, 1988.
9. O'MARE, Margaret. *O Código: As Verdadeiras Origens do Vale do Silício e o Big Tech, Para Além de Mitos*. Rio de Janeiro: Alta Books, 2021.
10. ZUBOFF, Shoshana. *A Era do Capitalismo de Vigilância*. Rio de Janeiro: Intrínseca, 2021.
11. KIEFER, Halle. "HBO Must 'Change Direction' So It Can Get More of That Sweet, Sweet Viewer Engagement". *Vulture*, 8 de julho de 2018.
12. CONFESSORE, Nicholas. "Cambridge Analytica and Facebook: The Scandal and the Fallout So Far". *New York Times*, 4 de abril de 2018.

CAPÍTULO 7: MANTENDO A DISTOPIA

1. SOLON, Olivia. "Ex-Facebook President Sean Parker: Site Made to Exploit Human 'Vulnerability'". *Guardian,* 9 de novembro de 2017.
2. KAHN, Lina. "The Amazon Antitrust Paradox". *Yale Law Journal,* janeiro de 2017.
3. HAGEY, Keach *et al.* "Facebook's Pushback: Stem the Leaks, Spin the Politics, Don't Say Sorry". *Wall Street Journal,* 29 de dezembro de 2021.
4. DEVINE, Miranda. *Laptop from Hell.* Franklin, TN: Post Hill Press, 2021.
5. LECHER, Colin. "Facebook Executive: We Got Trump Elected, and We Shouldn't Stop Him in 2020". *Verge,* 7 de janeiro de 2020.
6. LEONHARDT, David. "The Lab-Leak Theory". *New York Times,* 27 de maio de 2021.
7. HAWLEY, Josh. *The Tyranny of Big Tech.* Washington, D.C.: Regnery Publishing, 2021.
8. MERCHANT, Brian. "Life and Death in Apple's Forbidden City". *Guardian,* 18 de junho de 2017.
9. "Apple Boss Defends Conditions at iPhone Factory". BBC News, 2 de junho de 2010.
10. TORRES-SPELLISCY, Ciara. "Blood on Your Handset". *Slate,* 20 de setembro de 2013.
11. LEIBOWITZ, Glenn. "Apple CEO Tim Cook: This Is the No. 1 Reason We Make iPhones in China (It's Not What You Think)". *Inc.,* 2017.
12. "iPhone Would Cost $30,000 to Produce in the U.S.". *Medium,* 23 de setembro de 2019.
13. METZ, Cade. "A.I. Is Learning from Humans. Many Humans". *New York Times Magazine,* 16 de agosto de 2019.

CAPÍTULO 8: COMPLEXOS DE DEUS E IMORTALIDADE

1. KURZWEIL, Ray. *A Singularidade Está Próxima.* Itaú Cultural: Iluminuras, 2019.
2. BECKER, Ernest *A Negação da Morte.* Rio de Janeiro: Record, 1991.
3. HAM, Paul. *Hiroshima Nagasaki.* New York: Thomas Dunne Books, 2014.

4. PLATÃO. *A República*. Trad. R. E. Allen. New Haven, CT: Yale University Press, 2006.

5. URBI, Jaden. "The Complicated Truth About Sophia the Robot — An Almost Human Robot or PR Stunt". CNBC, 5 de junho de 2018.

6. CHO, Adrian. "Tiny Black Holes Could Trigger Collapse of the Universe — Except That They Don't". *Science*, 3 de agosto de 2015.

7. "Stephen Hawking Warned Artificial Intelligence Could End Human Race". *Economic Times*, 14 de março de 2018.

8. *Hyper Evolution*: *Rise of the Robots*. Dirigido e produzido por Matt Cottingham. London: Windfall Films, 2018.

CAPÍTULO 9: MINHA ODISSEIA PESSOAL

1. Descrevo também minha quase morte, coma e renascimento em meu livro anterior *How Plato and Pythagoras Can Save Your Life*. San Francisco: Conari Press, 2011.

2. JÂMBLICO. *Sobre a Vida Pitagórica*. Liverpool: Liverpool University Press, 1998.

3. MURPHY, Michael; REDFIELD, James. *God and the Evolving Universe*. New York: TarcherPerigee, 2003.

4. PORFÍRIO. *Vida de Pitágoras*. Edição em inglês (1920).

CAPÍTULO 10: ALÉM DA TERAPIA

1. "The Great Halifax Explosion". History.com.

2. GROOPMAN, Jerome. "The Grief Industry". *New Yorker*, 2004.

3. SZASZ, Thomas. *The Manufacture of Madness*. New York: Syracuse University Press, 1970.

4. HILLMAN, James. *The Soul's Code*. New York: Ballantine Books, 1996.

5. MCGONIGAL, Kelly. "How To Make Stress Your Friend". TED Global, 2013.

6. BAUMEISTER, Roy *et al.* "Exploding the Self-Esteem Myth". *Scientific American*, janeiro de 2005.

7. MISCHEL, Walter. *The Marshmallow Test*. New York: Little Brown, 2014.

8. CLOPTON, Jennifer. "ADHD Rates Are Rising in the U.S., but Why?". WebMD, 26 de novembro de 2018.
9. KLASS, Perri. "Fixated by Screens, but Seemingly Nothing Else". *New York Times*, 9 de maio de 2011.
10. HAIDT, Jonathon; LUKIANOFF, Greg. *The Coddling of the American Mind*. New York: Penguin Press, 2018.
11. TALEB, Nassim. *Antifrágil: Coisas que se beneficiam com o caos*. São Paulo: Objetiva, 2020.
12. VAN DER KOLK, Bessel. *The Body Keeps the Score*. New York: Penguin, 2014.
13. PATIHIS, Lawrence *et al*. "Reports of Recovered Memories of Abuse in Therapy in a Large Age-Representative U.S. National Sample: Therapy Type and Decade Comparisons". *Clinical Psychological Science*, 31 de maio de 2018.
14. SELF, Will. "A Posthumous Shock: How Everything Became Trauma". *Harper's*, dezembro de 2021.
15. VAN TEIJLINGEN, E. *Midwifery and the Medicalization of Childbirth*. Hauppauge, NY: Nova Science Publishers, 2000.
16. TAMANA, S. K. *et al*. "Screen-time Is Associated with Inattention Problems in Preschoolers: Results from the CHILD Birth Cohort Study". *PLOS ONE*, v. 14, n. 4, e0213995 (2019).
17. DUCKWORTH, Angela. *Garra: O Poder da Paixão e da Perseverança*. New York: Scribner, 2016.
18. FRANKL, Viktor. *O Homem em Busca de Sentido*. Boston: Beacon Press, 1946.
19. KULISH, Nicholas. "Homeless in Poland, Preparing an Odyssey at Sea". *New York Times*, 1 de agosto de 2009.

CAPÍTULO 11: O FILÓSOFO-GUERREIRO

1. CELLINI, Benvenuto. *The Autobiography of Benvenuto Cellini*. New York: Modern Library, 1910.
2. JUNG, C. G. *Arquétipos e o inconsciente coletivo*. Petrópolis: Vozes, 2014.
3. CAMPBELL, Joseph. *O Herói de Mil Faces*. São Paulo: Pensamento, 1989.
4. JASPERS, Karl. *The Future of Mankind*. Chicago, IL: University of Chicago, 1961.

5. RUSSELL, Bertrand. *A História da Filosofia Ocidental*. Rio de Janeiro: Nova Fronteira, 1991.
6. PLATÃO. *A República*. Trad. de R. E. Allen. New Haven, CT: Yale University Press, 2006.
7. MATHESON, Richard. "The Enemy Within". *Jornada nas Estrelas*, Temporada 1, Episódio 5. Dirigido por Leo Penn. Transmitido dia 06 de outubro de 1966 na NBC.
8. KAZANTZAKIS, Nikos. *Vida e Proezas de Aléxis Zorbás*. São Paulo: Grua Livros, 2011.

ÍNDICE

A

acédia, 49, 66, 80, 103, 230
adicção/vício, 20, 45, 126, 176, 195, 201, 207, 233
Alexander, Bruce, 35
algoritmo(s), 5, 24, 78, 99, 159, 183, 238
Allen, Paul, 154
Amazon, 5, 56, 152, 163
Anderson, Elijah, 67
Anderson, Erica, 135
anorexia, 74–80, 149
ansiedade, 3, 33, 44, 83, 195
　da morte, 185
Apple, 56, 152
Aristóteles, 242
arquétipo, 96–106, 156, 239–249.
　Consulte Jornada do Herói
　de Frankenstein, 187
autoaversão, 5, 79
autoflagelação, 78
autoignorância, 248
automutilação, 5, 83, 117

B

Barrat, James, 191
Bateman, Anthony, 119
Beauchamp, Zack, 95
Becker, Ernest, 185
Bell, Art, 7
Bezos, Jeff, 24, 152, 162
Big Tech(s), 4, 106, 157, 190
　abusos antitruste das, 161
　estratégias das, 10
　Igreja das, 72
Bowles, Nellie, 19
Brin, Sergey, 24, 152
Brown, Brené, 219
Brown, George, 51
Buettner, Dan, 56
bullying, 97–98

C

câmara de eco digital, 8, 25, 99
Campbell, Joseph, 106, 240
câncer, 1–12, 45–48, 195
Carlin, George, 196
Caruth, Cathy, 227

Cellini, Benvenuto, 239
Christakis, Dimitri, 224
Coleman, Loren, 89
complexo de Deus, 27, 184–189
contágio social, 60, 83–86, 122–137, 180, 218
   o efeito Werther, 87, 93
Cook, Tim, 159, 162
copycat, 88–89, 97–98
Corrigan, Malachy, 217
Costolo, Dick, 151
Covid-19, 1–9, 19, 44, 70, 161, 237
Cullen, Dave, 99

D

debriefing psicológico, 215–217
dependência, 3–10, 20–29, 30–38, 59
   do terapeuta, 222–229
depressão, 3–8, 19, 33, 44, 57, 78, 98, 195, 229
Descartes, 100
desconexão humana, sete tipos de, 54
disforia de gênero, 133–136
distopia digital, 41, 114, 178, 192
dopamina, 23, 30–34, 48–49, 81, 105
   loops de feedback de, 162
Dorsey, Jack, 6, 168
Duckworth, Angela, 231, 247
Dunbar, Robin, 229

E

Ellis, John, 189
epidemia
   de dança, 86
   de solidão, 221
   de tédio, 127

Epstein, Robert, 169
ergot, 86
estresse, 9, 53–59, 83, 117, 219
ética(o), 27, 73, 188, 227, 242
exaustão digital, 157–160, 196
extremificação, loop de, 8–9, 25, 90, 106

F

Facebook, 5, 17, 56, 72, 149, 193
   moderadores de conteúdo, 179
Fonagy, Peter, 119
Frankl, Viktor, 58, 233
Frank, Scott, 79
Fromm-Reichmann, Frieda, 120

G

Garrod, Ben, 193
Gates, Bill, 24, 41, 152, 184
Gautama, Siddhartha (Buda), 242
Gilbert, Donald, 83
Goethe, 88
Google, 28, 56, 106, 152
gratificação instantânea, 26, 49, 223–230
Greene, Brian, 189
Greitemeyer, Tobias, 58

H

Haidt, Jonathan, 224, 256
Hari, Johann, 60
Harris, Tristan, 10
Haugen, Frances, 5, 72, 159, 162, 193
Hawking, Stephen, 190
Heinlein, Robert, 17
heroína digital, 5, 38
Hillman, James, 218
Homo sapiens, 44–46, 233

Horvitz, Eric, 191
Hull, Mariam, 84
Huxley, Aldous, 17, 41

I

IA, 2, 23, 106, 188
   Inteligência Artificial Geral (AGI), 151, 183
Ilardi, Stephen, 50, 56, 229
incel, 90–98
influencers, 61–70, 80–86, 88, 136–139
insanidade, 27, 80, 188
   digital, 88, 247
Instagram, 3, 27, 58, 61, 230
Ishiguro, Hiroshi, 193

J

Jâmblico, filósofo neoplatônico, 205
Jobs, Steve, 24, 41, 152
Jordan, Michael, 64
Jornada do Herói, 203, 235
   arquetípica, 241
Jung, Carl, 106, 233, 239

K

Kazantzakis, Nikos, 249
Kernberg, Otto, 120
Khan, Lina, 171
Kurzweil, Ray, 184

L

LaFrance, Adrienne, 148
Lee, Spike, 256
Lembke, Anna, 33, 48
Lester, Gregory, 118
Linehan, Marsha, 119

Linz, Marcia, 138
Littman, Lisa, 135
Litz, Brett, 215
lockdown digital, 42
Louv, Richard, 59, 204

M

Marx, Karl, 35
Matrix, 4, 17, 38, 95, 160, 194, 249
McCulloch, Gretchen, 125
McGonigal, Kelly, 219
McLuhan, Marshall, 9
Meredith, Gen, 59
metaverso, 4, 17, 39, 149, 191, 238
Microsoft, 56, 152
mídias digitais, 90, 97, 124, 139
mídias sociais, 6, 46, 67, 193, 230
   monstro das, 26
   poder das, 88
   toxina mental, 123
   vício em, 162
Mischel, Walter
   teste do marshmallow, 223
Montás, Roosevelt, 210
morte por desespero, 3, 48
Mosseri, Adam, 76
Mudanças Terapêuticas no Estilo de Vida (TLC), 58
Murphy, Michael, 207
Musk, Elon, 6, 41, 185

N

narcisismo, 25, 99, 184
   social, 221, 228
Naturale, April, 214
Netflix, 5, 46

Nietzsche, 185, 224
Noguera, Felipe, 155, 172

O

ocitocina, neuro-hormônio, 219
O'Mara, Margaret, 152
Omohundro, Steve, 190
ópio das massas, 35-38
Oppenheimer, Robert, 187
Orwell, George, 17, 41
overdose, 3, 35, 45, 115, 195

P

Page, Larry, 28, 152
Paleczny, Bogusław, 234
Palihapitiya, Chamath, 10, 26
Parker, Sean, 27, 162
Parnes, Mered, 84
patologia, 42, 63, 121, 218
Pelley, Scott, 72
pensamento, tipos de, 7-11, 26, 116, 125, 245
Pes, Gianni, 56
Pichai, Sundar, 162
Pitágoras, 208, 247
Platão, 189, 208, 244
Porfírio, 211
Poulain, Michel, 56
pseudoconvulsões, 83, 123
pseudo-TPB, 83, 124, 130
pseudotransgêneros, 133

R

Rakow, Don, 59
Reddit, 20, 58
redes sociais, 68, 78-79, 136

Redfield, James, 207
Reid, David, 194
resiliência, 58, 119, 127, 202, 216
Richardson, Bailey, 27
Richardson, Kathleen, 189
Rockefeller, J. D., 151, 163
Russell, Bertrand, 243

S

Sagioglou, Christina, 58
Sapir, Edward, 124
saúde mental, 3, 45, 78
  crise de, 27
  distúrbio de, 56
  paradigmas de, 228
  problemas de, 123
sedentarismo, 6, 20, 50, 80
Seibert, Jeff, 26
Self, Will, 227
senso
  de comunidade, 58
  de estabilidade, 222
  de identidade e propósito, 240
  de pertencimento e propósito, 71
  de propósito, 58, 100
  de propósito e de significado, 49, 233
  de propósito, perda, 201
serotonina, 34, 50
síndrome de Estocolmo, 41, 182
síndrome de Munchausen, 82. *Consulte* Transtorno Factício Digital (DFD)
síndrome de Tourette, 80, 123. *Consulte* TikTok
singularidade, 184, 249
Skinner, caixas de, 35-37, 160

Sócrates, 210, 242
splitting, 118-120
Stankey, John, 157
Steers, Mai-Ly, 79
suicídio, 5, 27, 45, 127, 149, 174
   "em série", 87
Systrom, Kevin, 27
Szasz, Thomas, 218

T

Taleb, Nassim Nicholas, 224
TDAH, 5, 84, 224
tecnocolonialismo, 172-178
Tecnocracia, Nova, 24, 106, 147, 183
teoria da aprendizagem social, 60, 82, 122
teorias etiológicas, 33
terapia comportamental dialética consistente (TCD), 123
Thiel, Peter, 167, 184
Thoreau, Henry, 12
TikTok, 8, 62, 68, 123, 238
Toffler, Alvin, 155
transgêneros, 134
transtorno de déficit de natureza, 59, 204.
   Consulte Louv, Richard
transtorno de personalidade bipolar, 119
transtorno de personalidade borderline (TPB), 9, 26, 115-130
   causas do, 118
transtorno dissociativo de identidade (TDI), 138
transtorno factício digital (DFD), 82, 123
transtornos alimentares, 75.
   Consulte Instagram
transtornos mentais, 26, 50

Twitter, 8, 21, 56, 110, 151, 168, 230

U

usuário(s), 7-12, 72-79, 106, 148-149, 168

V

Vale do Silício, 27, 56, 144, 148, 184
   modelo de startups do, 166
Van der Kolk, Bessel, 226

W

Warhol, Andy, 62
Wells, HG, 17
Werther, 87
   febre de, 88
White, Sarah, 127
Whorf, Benjamin Lee, 124
Wilson, Edward O., 59
Wozniak, Steve, 154

Y

YouTube, 3, 46, 62, 106, 238

Z

Zona Azul, 56, 229, 250
Zoom, 5, 161
Zoroastro, 211
Zuboff, Shoshana, 10, 157
Zuckerberg, Mark, 4, 17, 76, 149, 162, 193

Este livro foi impresso nas oficinas gráficas da Editora Vozes Ltda.,
Rua Frei Luís, 100 – Petrópolis, RJ.